Faszination Mikroskopie

Band 2:
Präparation und Mikroskopie von Pflanzen, Tieren und anorganischen Strukturen

Faszination Mikroskopie

Band 2: Präparation und Mikroskopie von Pflanzen, Tieren und anorganischen Strukturen

Von
Werner Nachtigall,
Jörg Piper,
Frank Fox

Hachinger Verlagsgesellschaft
Oberhaching bei München

Prof. em. Dr. rer. nat. Werner Nachtigall
Höhenweg 169
66133 Saarbrücken-Scheidt
nachtigall.werner@t-online.de

Prof. Dr. med. Jörg Piper
Marienburgstr. 23
56859 Bullay
JPu.MP@t-online.de

Dipl.-Ing.(FH) Frank Fox
Langenbergring 66
54329 Konz
fox@fh-trier.de

In Co-Produktion mit
Dustri-Verlag Dr.Karl Feistle GmbH & Co. KG
Bajuwarenring 4, 82041 Oberhaching

Druck: EsserDruck Solutions GmbH, Ergolding

Dustri-Verlag Dr. Karl Feistle
ISBN 978-3-87185-595-5

Hachinger-Verlagsgesellschaft
ISBN 978-3-944291-62-8
ISBN 978-3-944291-63-5 (e-book)

Vorwort

Die Buchreihe „Mikroskopie in Texten und Bildern“ wurde aus der Praxis für die Praxis geschrieben. Sie verfolgt das Anliegen, Einsteigern die ersten Schritte zu erleichtern und Fortgeschrittenen weiterführende Anregungen zu geben. Neben Interesse und Neugier auf die Geheimnisse des Mikrokosmos bedarf es für Streifzüge durch die Welt der kleinen Dinge auch geeigneter Gerätschaften und Techniken. Hierauf geht der erste Band dieser Buchreihe schwerpunktmäßig ein.

Der vorliegende zweite Band unserer Buchreihe widmet sich der Präparation und mikroskopischen Betrachtung von höheren pflanzlichen und tierischen Objekten, geht zusätzlich auch auf die Mikroskopie unbelebter Objekte ein. Die gezeigten Bildbeispiele sollen auf ästhetisch ansprechende Weise die hohe Vielfalt der beobachtbaren Strukturen verdeutlichen. Sie erheben keinen Anspruch auf Vollständigkeit, wurden aber so ausgewählt und zur Präsentation aufbereitet, dass sie auch ohne erklärende Worte für sich sprechen.

Ein weiteres Feld der Mikroskopie stellen die unzähligen, zumeist einzelligen Lebewesen des Wassers dar. In diese die „Wunderwelt im Wassertropfen“ soll ein separater dritter Band einführen.

Insgesamt sollen die jeweils behandelten Themen dem Mikroskopiker Anregungen zu eigenen Beobachtungen und mikrofotografischen Aktivitäten geben. Wir hoffen, dass es uns gelingt, unsere eigenen Erfahrungen und Freuden an mikroskopischen Streifzügen durch die Welt der kleinen Dinge an unsere Leser weiterzugeben.

W. Nachtigall, J. Piper und F. Fox

Zu den Autoren

Werner Nachtigall

Werner Nachtigall arbeitet als Fachbiologe und Uni-Professor heute mit schönen Spezialgeräten bekannter Firmen, zuhause aber am liebsten mit einem nicht mehr ganz taufrischen binokularen „Klassiker". Mikroskope hatte er aber schon als kleiner Schüler und junger Werkstudent, teils abenteuerliche, selbstgebastelte Gebilde. Er weiß daher, was improvisieren bedeutet und beschreibt deshalb viele Verfahren und Tricks, die wenig oder praktisch gar nichts kosten. Auf der anderen Seite ist er sich schon klar, dass der Hobbyjäger heute nicht mehr mit Vorderladern schießt und nicht mit einem Billigfernglas beobachtet. Man lässt sich sein Hobby schon etwas kosten. Warum sollte dann der Hobbymikroskopiker nicht auf ein solides Forschungsgerät hinarbeiten? Es werden deshalb auch professionellere Geräte und verschiedene Spezialverfahren angesprochen.

Jörg Piper

Jörg Piper ist Mediziner und hat als Arzt hauptberuflich in verschiedenen Kliniken gearbeitet. Auch er ist schon als Kind in die Mikroskopie „eingestiegen", zunächst mit einem alten Messing-Mikroskop, fasziniert von der Idee, Dinge sichtbar werden zu lassen, die man mit unbewaffnetem Auge nicht erfassen kann. Bis heute widmet er sich neben seiner ärztlichen Tätigkeit verschiedenen wissenschaftlichen und technischen Fragestellungen im Bereich der Mikroskopie. In 2010 wurde ihm ein US-amerikanischer Forschungspreis verliehen („Microscopy Today Innovation Award"); er ist zudem Mitglied der „Optical Society of America (OSA)" und der „Microscopy Society of America (MSA)". Daneben ist er Herausgeber der Zeitschrift „Mikroskopie" und Europäischer Herausgeber der amerikanischen Fachzeitschrift „Journal of Advanced Microscopy Research".

Frank Fox

Frank Fox ist als Diplomingenieur an einer Hochschule für angewandte Wissenschaften in der wissenschaftlichen Lehre tätig. Seine technisch perfekten und ästhetisch ansprechenden Mikroaufnahmen (hochauflösende Fotografien und Video-Dokumentationen), mit denen er sich in seiner Freizeit befasst, zeugen von einer außerordentlichen und sehr individuellen Kreativität und wurden auf internationalen Wettbewerben bereits mehrfach ausgezeichnet. In enger Zusammenarbeit mit dem renommierten Natur- und Tierfilmer Jan Haft produziert Herr Fox auch Filmbeiträge im extremen Makro- und Mikrobereich, welche in die jeweiligen Naturfilm-Projekte integriert und so einem breiteren Publikum zugänglich werden. Herr Fox ist zudem Mitglied in der Schriftleitung der deutschen Fachzeitschrift "Mikroskopie". Er erstellt seine Foto- und Video-Dokumentationen mit qualitativ hochwertigem optischen Gerätschaften und einer digitalen Spiegelreflex-Kamera mit Vollformat-Chip.

Inhalt

Biologische und präparationstechnische Grundlagen 1
Einführung 1
Grundlagen der Zell- und Gewebelehre .1
Einfaches botanisches Schnittpräparat . 17
Kommerzielle Mikrotome 17
Hilfsmittel für einfache botanische Schnittpräparate 18
Einfache Färbungen 20
Einfache Dauerpräparate 21
Einfache zoologische Präparate 21
Der Weg zum gefärbten Dauerpräparat. 30
Warum und wo kauft man Dauerpräparate? 32
Aufbau und Lagerung einer Präparatesammlung 34

Pflanzenwelt 43
Jagdgründe 43
Was lohnt sich? 43
Wo sollte man immer wieder nachsehen? 43
Algen (Phycophyta) 44
Pilze (Mycophyta) 45
Flechten (Lichenes). 51
Moose (Bryophyta). 51
Farnpflanzen (Pteridophyta) 51
Höhere Pflanzen 52
Histologie und grundlegende funktionelle Merkmale höherer Pflanzen. 53
Die Wurzel (radix) 54
Der Spross (caulis) 57
Das Blatt (folium) 63
Die Blüte (Flos). 66
Samenpflanzen (Spermatophyta) 68

Tierwelt. 91
Jagdgründe 91
Was lohnt sich? 91
Bodenkleintiere. 92
Tierentwicklung 93
Präparieren 94

Anorganische Strukturen 135
Kristallisationen 135
Schneekristalle 141
Gesteinsschliffe. 145
Oberflächenstrukturen 145
Mikroskopie von Seifenblasen 145
Mikrofossilien 150
Nannofossilien 151

Sachwortregister 163

Anhang 181

Biologische und präparationstechnische Grundlagen

Einführung

Wer ein Mikroskop besitzt bzw. erworben hat und hiermit seine ersten Streifzüge unternimmt, ist versucht, verschiedene Gegenstände seiner unmittelbaren Umgebung hiermit vergrößert in Augenschein zu nehmen. In Betracht kommen beispielsweise Haare, Hausstaub, Oberflächen von Blättern und kleinen Steinen, Zucker- und Salzkristalle und vieles andere. Wenn man solche Objekte so untersucht, wie man sie findet und wie sie sind, wird man, sofern sie nicht transparent sind, nur ihre Oberfläche betrachten können. Ihr innerer Feinbau bleibt jedoch verborgen. Dieser Einschränkung kann abgeholfen werden, wenn man von geeigneten Objekten dünne Schnitte anfertigt, welche aufgrund ihrer geringen Dicke das beleuchtende Licht hindurch lassen. Auf diese Weise können Einsichten über die Struktur und Funktion solcher Objekte in vielen Fällen wesentlich erweitert werden.

Der vorliegende zweite Band unserer dreibändigen Buchreihe gibt eine Einführung in die Mikroskopie unserer belebten und unbelebten Umwelt, wobei auch auf vorerwähnte Schnitttechniken und andere Präparationsverfahren eingegangen wird. Die Faszination und Vielgestaltigkeit der so sichtbar werdenden kleinen Strukturen wird in zahlreichen Bildbeispielen veranschaulicht, welche zu eigenen Reisen in die Welt des mikroskopisch Kleinen anregen sollen.

Grundlagen der Zell- und Gewebelehre

Bevor wir in den folgenden Kapiteln beschreiben, wie man von pflanzlichen und tierischen Objekten Schnitte anfertigen und Präparate herstellen kann, möchten wir eine Einführung in die Grundlagen der Zell- und Gewebelehre geben. Dieses Grundwissen ist erforderlich, um das jeweils Gesehene mikroskopisch einordnen und verstehen zu können.

Die Zelle ist der kleinste Baustein des Lebens, der unter anderem dadurch gekennzeichnet ist, dass er sich vermehren und einen eigenen Stoffwechsel betreiben kann, also bestimmte Stoffe aufnimmt, diese unter Energieverbrauch oder Energiegewinn zu anderen Stoffen aufbaut, umbaut oder abbaut und schließlich nicht weiter benötigte Stoffe ausscheidet. Die Zell-Lehre (Zytologie) befasst sich mit Aufbau und Funktion von Zellen. Bei höheren (mehrzelligen) Organismen schließen sich mehrere Zellen zu Zellverbänden bzw. Funktionseinheiten (Geweben) zusammen, hierbei differenzieren und „spezialisieren“ sich die jeweils beteiligten Zellen entsprechend ihrer vorgesehenen Funktion. Die Gewebelehre (Histologie) befasst sich mit dem Aufbau und der Funktion der unterschiedlichen Gewebe und dem mikroskopischen Feinbau der Organe, welche aus spezifischen, für das jeweilige Organ typischen Zellen und Geweben bestehen.

Allgemeine Zytologie

Grundsätzlich kann man zwischen tierischen und pflanzlichen Zellen unterscheiden. Die tierischen Zellen, also auch die Zellen des Menschen, besitzen im Unterschied zu pflanzlichen Zellen keine starren Zellwände, sondern sind nur von einer Zellmembran umschlossen. Daher sind die meisten tierischen Zellen in ihrer äußeren Form mehr oder weniger stark veränderlich. Pflanzenzellen besitzen hingegen zusätzlich eine starre, aus Zellulose bestehende Zellwand, innerhalb derer sich der von einer Zellmembran umschlossene Zellkörper befindet. Daher sind typische Pflanzenzellen in ihrer Form deutlich weniger veränderlich als tierische Zellen.

Bei tierischen wie pflanzlichen Zellen befindet sich innerhalb der Zellmembran die Zellflüssigkeit (Zytoplasma), zusätzlich wird das Innere der Zelle von einem feinen Zellskelett (Zytoskelett) durchzogen. Das genetische Material der Zelle (beim Menschen und den meisten tierischen und pflanzlichen Organismen DNA, Desoxyribonukleinsäure) befindet sich im Zellkern (Nukleus). Unter dem Mikroskop stellt sich die DNA innerhalb des Zellkerns regionär unterschiedlich dicht dar; die Gesamtheit des lichtmikroskopisch sichtbaren Kernmaterials wird als Chromatin bezeichnet. Gelegentlich kann man im mikroskopischen Zellpräparat innerhalb des Zellkerns auch noch eine kleine rundliche Verdichtung, das „Kernkörperchen“ (Nukleolus) erkennen, dieses kann einfach oder mehrfach vorhanden sein. Umschlossen ist der Zellkern von einer eigenen Kernmembran, welche zahlreiche Poren enthält. Außerhalb des Zellkerns befinden sich im Zell-Leib (Perikaryon) unterschiedliche Zellorganelle, welche verschiedene Funktionen haben. In routinemäßigen Gewebeschnitten erscheinen die Zellorganellen im Lichtmikroskop nur als Körnchen (Granula bzw. Granulationen) von unterschiedlicher Größe.

Zellmembran und Kernmembran können ebenso wie der Feinbau der Zellorganelle nur mit einem Elektronenmikroskop in ihren Einzelheiten studiert werden. Die Membranen selbst sind bei üblichen lichtmikroskopischen Verfahren unsichtbar, die größeren Organellen liegen bereits im Grenzbereich der Auflösung eines Standard-Labormikroskops. Abbildung 1 zeigt in einer Skizze die wichtigsten elektronenmikroskopisch fassbaren Bestandteile einer tierischen Zelle. Der Zellkern (1) mit seinem Chromatin-Gerüst kann hier sehr gut aufgelöst werden, ebenso wie der Nukleolus (2). In den Lysosomen (3) befinden sich verschiedene Enzyme, welche von der Zelle aufgenommenes bzw. inkorporiertes Material chemisch aufbereiten („Zellverdauung“). In den Mitochondrien (4) findet die Oxidation (Verbrennung“) von Traubenzucker statt („Zellatmung“, sog. „Atmungskette“); die hierbei gewonnene Energie dient dem Aufbau des „Energieträgers“ ATP (Adenosintriphosphat). Das Endoplasmatische Retikulum (ER, 5) bildet ein komplexes und stark verzweigtes Kanalsystem, welches aus Membranen besteht, als Transportsystem fungiert und den gesamten Zell-Leib durchzieht. Umsäumt wird es zu großen Anteilen von zahlreichen Ribosomen (im Bild durch kleine rötliche Punkte angedeutet), welche Orte des Eiweiß-Aufbaus (Protein-Synthese) sind. Die von Ribosomen besetzten Anteile des ER werden als „rauhes“ ER bezeichnet, im Unterscheid zu den geringeren Anteilen ohne Ribosomen, welche das „glatte“ ER bilden. Mikrokörper (6) sind Reservoire weiterer Enzyme. Manche Zellen lagern bestimmte Speicherstoffe (7) ein, so zum Beispiel Leberzellen das Glykogen. Der Golgi-Apparat (8) besteht aus Membranstapeln. Er dient der Ausscheidung bzw. Ausschleusung von Stoffen aus der Zelle, indem er kleine Membran-umhüllte Blasen abschnürt, welche zur äußeren Zellmemb-

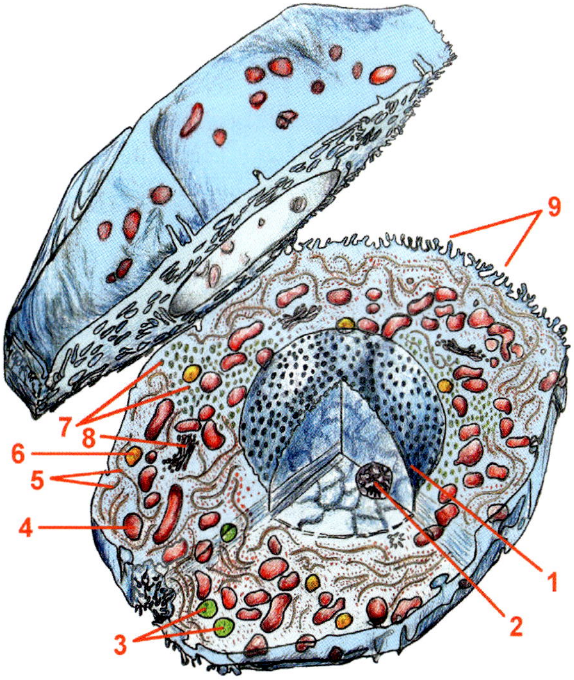

Abb. 1. Elektronenmikroskopisch fassbarer Feinbau einer tierischen/menschlichen Zelle. 1 = Zellkern (Nukleus), 2 = Kernkörperchen (Nukleolus), 3 = Lysosomen, 4 = Mitochondrium, 5 = Endoplasmatisches Retikulum, umsäumt von Ribosomen (sog. „rauhes" ER), 6 = Mikrokörper, 7 = Speicherstoffe (z. B. Glykogen), 8 = Golgi-Apparat, 9 = Mikrovilli.

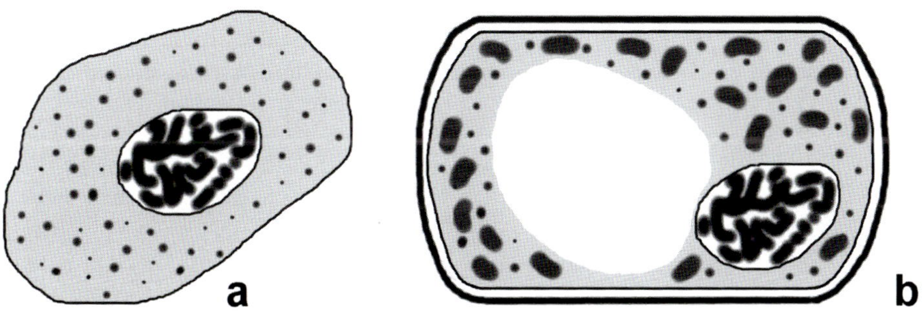

Abb. 2. Tierische (a) und pflanzliche (b) Zelle im Lichtmikroskop (schematisch).

ran bewegt werden und dort ihren Inhalt nach außen abgeben. Die Zellmembran kann zahlreiche fingerförmige Ausstülpungen bilden (Mikrovilli, 9), welche der Oberflächenvergrößerung dienen.

Pflanzliche Zellen beinhalten zusätzlich zu den vorgenannten Strukturen und Organellen zunächst die schon erwähnten Zellwände, welche ihnen eine starre Form verleihen. Zusätzlich enthalten viele Pflanzenzellen in ihrem Inneren als spezielle pflanzentypische Organellen die Chloroplasten. Diese beinhalten das „Blattgrün" (Chlorophyll), welches zur Photosynthese erforderlich ist: Wasser und Kohlendioxid werden unter Nutzung der Energie des Sonnenlichts zu Traubenzucker aufgebaut, wobei Sauerstoff freigesetzt und nach außen abgegeben wird.

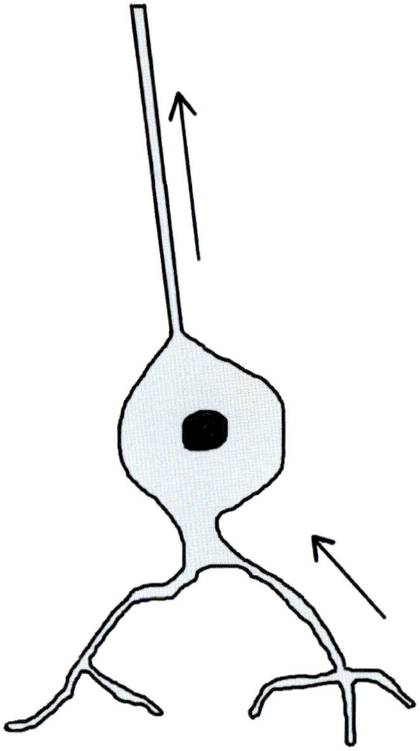

Abb. 3. Nervenzelle (schematisch).

In lichtmikroskopischen Routinepräparaten von tierischen Zellen und Organschnitten können in der Regel lediglich der Zell-Leib als Protoplast bzw. Perikaryon sowie der Zellkern und ggf. das Kernkörperchen erkannt werden. Innerhalb des Zell-Leibs bildet die dort befindliche Zellflüssigkeit mit ihren als feine Körnung wahrnehmbaren Zellorganellen das Protoplasma. Abbildung 2a zeigt schematisch eine tierische Zelle auf dem Level des im normalen Lichtmikroskop Erkennbaren (Nukleus mit Chromatingerüst und Perikaryon/Protoplast mit feinen Granulationen). Abbildung 2b lässt erkennen, dass man unter Normalbedingungen in einem Lichtmikroskop bei pflanzlichen Zellen zusätzlich noch die Zellwände und Chloroplasten unterscheiden kann. Letztere sind zwar um einiges kleiner als der Zellkern, aber deutlich größer als die sonstigen Organellen. Zusätzlich enthalten viele Pflanzenzellen eine große Vakuole (im Schema weiß).

Undifferenzierte Stammzellen stehen am Anfang einer jeden Zelldifferenzierung; die können sich zu diversen spezialisierten Zellen weiterentwickeln bzw. differenzieren. Ihr Aussehen kann der in Abbildung 2a gezeigten schematischen Zelle ähneln. Innerhalb der Organe nehmen die jeweils spezialisierten Organzellen als differenzierte Zellen sehr unterschiedliche Formen an, die an die jeweilige Funktion angepasst sind. Hierfür sollen nur einige Beispiele gegeben werden.

Eine Nervenzelle (Neuron) (Abb. 3) ist darauf spezialisiert, sich mit anderen Nervenzellen (Neuronen) zu „verschalten“ und bestimmte elektrische Signale als „Aktionspotenziale“ zu bilden, diese ihrerseits von anderen Nervenzellen aufzunehmen und wiederum an andere Zellen weiterzuleiten. Entsprechend dieser Funktion bildet der Zell-Leib verschiedene Fortsätze aus. Kürzere und mehrfach verzweigte Fortsätze (Dendriten, im Bild nach unten verlaufend) stehen mit Fortsätzen diverser benachbarter Nervenzellen in Kontakt. Ein einzelner langer Fortsatz, Neurit oder Axon genannt (im Bild nach oben orientiert), kann lange Nervenbahnen bilden und folglich den Kontakt zu weit entfernten anderen Zellen herstellen. Die Aktionspotentiale verlaufen stets gerichtet. Die Dendriten können zum Beispiel Potenziale benachbarter Nervenzellen aufnehmen und zum Perikaryon leiten, von wo sie über den Neurit weitergegeben werden (vgl. Pfeile).

Eine quergestreifte Skelettmuskelfaser (Abb. 4) hat hingegen einen gänzlich anderen Feinbau. Hier ist eine einzelne Muskelzelle so lang wie der betreffende Muskel selbst, also durchaus mehrere Zentimeter. Folgerichtig enthält eine solche Skelett-

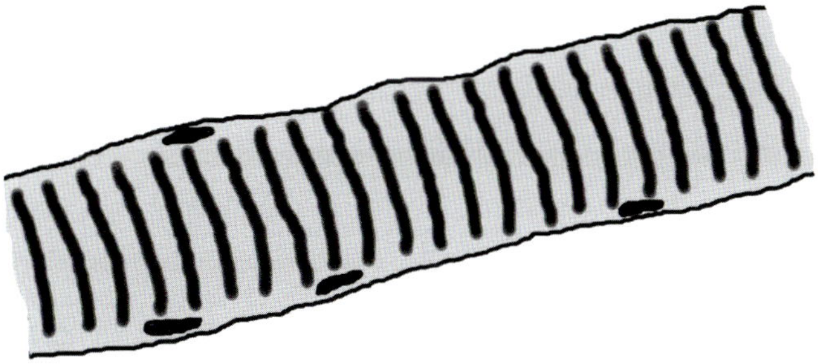

Abb. 4. Skelettmuskelzelle (schematisch).

muskelfaser diverse Zellkerne innerhalb ihrer Zellmembran, 20 – 40 Stück pro Millimeter. Die Zellkerne liegen im Gegensatz zu einer Nervenzelle im Randbereich, weil der überwiegende Anteil des Zellquerschnitts von spezialisierten Strukturen ausgefüllt wird, welche der Verkürzung (Kontraktion) der Muskelfaser dienen. Diese Strukturen bilden eine im Lichtmikroskop erkennbare typische Querstreifung; sie bestehen aus den Muskeleiweißen (Proteinen) Aktin und Myosin. Der Streifenabstand vergrößert sich, wenn der Muskel gedehnt wird und er verringert sich, wenn sich der Muskel anspannt und verkürzt (kontrahiert). Ähnliche Querstreifen lassen sich auch an der Herzmuskulatur erkennen, die sich ansonsten in ihrem Feinbau von der Skelettmuskulatur in mehrfacher Hinsicht unterscheidet.

Glatte Muskelzellen (Abb. 5), wie sie sich zum Beispiel in den Wänden von Blutgefäßen, Darm und Bronchien finden, kontrahieren sich ebenfalls, sind aber wiederum gänzlich anders gebaut als eine Skelettmuskelzelle. Sie bestehen aus vergleichsweise kurzen, spindelförmigen Einzelzellen mit einem mittig liegenden Zellkern. Auch diese Muskelzellen enthalten kontraktile Elemente. Diese lassen aber im Gegensatz zur Skelett- und Herzmuskulatur keine Querstreifung erkennen.

Diese wenigen Beispiele lassen bereits erahnen, dass die Gestalt verschiedener Körperzellen so variantenreich ist wie die zahlreichen Aufgaben bzw. Funktionen, welche die unterschiedlichen Zellen des Körpers in den jeweiligen Organen zu erfüllen haben.

Auch Pflanzenzellen unterscheiden sich je nach ihrer Funktion. Die Zellen von grünen Blättern, Nadeln und Halmen beinhalten in großer Menge Chloroplasten und können so mithilfe des Chlorophylls Photosynthese betreiben. Abgesehen von dieser Gemeinsamkeit zeigen aber schon innerhalb eines Blattes die Zellen unterschiedlicher Schichten eine unterschiedliche Gestalt. Wiederum gänzlich anders se-

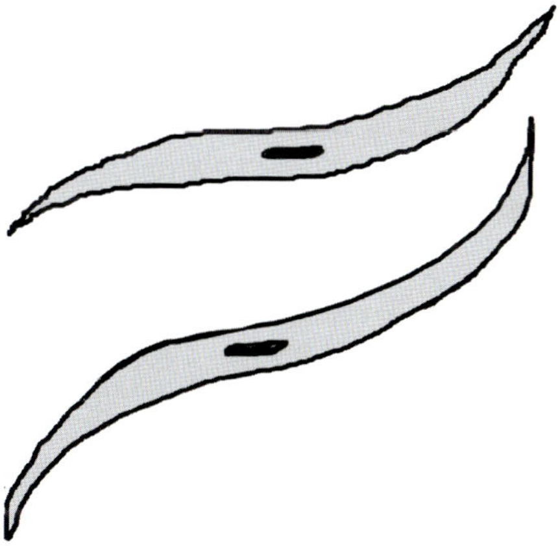

Abb. 5. Zwei glatte Muskelzellen (schematisch).

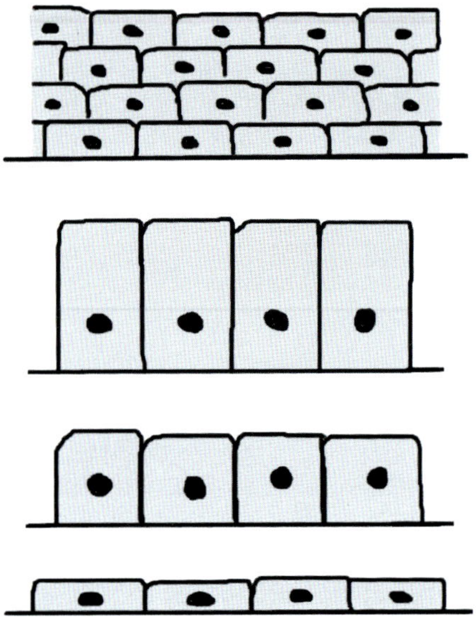

Abb. 6. Verschiedene Deck-Epithelien (schematisch).

hen zum Beispiel Zellen in Wurzeln, Holz sowie im Inneren von Stängeln aus.

Allgemeine Histologie

In jedem höher entwickelten tierischen und pflanzlichen Organismus finden sich verschiedene Arten von Zellen, die miteinander vernetzt sind und auf unterschiedliche Weise zusammenwirken. Die mechanische Verbindung der Zellen wird durch verschiedene Feinstrukturen erreicht, die letztlich dazu führen, dass die Membranen benachbarter Zellen an bestimmten Stellen aneinanderhaften. Auch diese Haftapparate sind nur im Elektronenmikroskop erkennbar. Im Folgenden sollen die Prinzipien der Gewebsbildung anhand einiger Beispiele tierischer und pflanzlicher Gewebe verdeutlicht werden.

Tierische Gewebe

Epithelgewebe (Hautgewebe)

Ebenso, wie die Oberfläche des Körpers selbst, wird auch jede Oberfläche eines Hohlorgans von einem feinen Haut- bzw. Schleimhautgewebe überzogen bzw. ausgekleidet, das aus Epithelzellen besteht. Beispiele: Blutgefäße (Arterien und Venen), Herz, Harnblase, Gallenblase und Gallenwege, Bronchien, Speiseröhre, Magen und Darm, Gebärmutter, Vagina, Harnleiter, Eileiter, Samenleiter, Mundhöhle. Die Zellen, welche innere Hohlräume, also Binnenräume eines Organs auskleiden, werden auch als Endothel bezeichnet (Beispiele: Gefäßendothel, Herzendothel). In manchen Organen können die Endothelgewebe auch komplexe Strukturen ausbilden. So werden in den großen Venen die Venenklappen vom Gefäßendothel gebildet und die Herzklappen vom Herzendothel, dem sog. Endokard.

Je nach Organ können die Epithelien unterschiedlich ausgestaltet sein (Abb. 6). So gibt es zum Beispiel einschichtige (einreihige) Epithelien, welche nur aus einer Zellschicht bestehen. Hierbei unterscheidet man je nach Höhe der Zellen zwischen flachem Plattenepithel, kubischem Epithel und Zylinderepithel bzw. prismatischem Epithel, oder es können mehrere Zell-Lagen übereinander angeordnet sein (mehrschichtiges Epithel). Errichtet ist jedes Epithel auf einer dünnen Membran, der sogenannten Basalmembran. Unter der Basalmembran befindet sich üblicherweise Bindegewebe.

Sonderform: Drüsenepithel

Spezialisierte Epithelzellen fungieren als Drüsenzellen. Ihre Aufgabe besteht darin, bestimmte Produkte zu synthetisieren und diese auf geeignete Weise an den Körper abzugeben (Beispiele: Speicheldrüsen,

Verdauungsdrüsen, Hormondrüsen). Hormondrüsen sind sog. endokrine Drüsen. Sie geben die von ihnen gebildeten Hormone jeweils direkt in die Blutbahn ab. Zu diesem Zweck sind sie von zahlreichen feinen Blutgefäßen (Kapillaren) durchsetzt, welche via Diffusion das betreffende Hormon, welches aus den Drüsenzellen ausgeschleust wird, aufnehmen. Speichel- und Verdauungsdrüsen gehören hingegen zu den exokrinen Drüsen. Diese produzieren ein Sekret, welches über einen Ausführungsgang in den zugehörigen Hohlraum (z. B. Mundhöhle oder Darm) abgegeben wird. Abbildung 7 veranschaulicht schematisch den Bau einer exokrinen Drüse. Die sekretbildenden Drüsenepithelzellen sind kugelschalenartig, im Schnitt kreisförmig um ein kleines, rundlich begrenztes Lumen angeordnet. Sie geben ihr Sekret in diesen von ihnen umschlossenen Raum ab. Von dort gelangt das Produkt über einen Ausführungsgang zum jeweiligen Zielort. Auch der Drüsenausführungsgang ist von einem Epithel bzw. Endothel ausgekleidet.

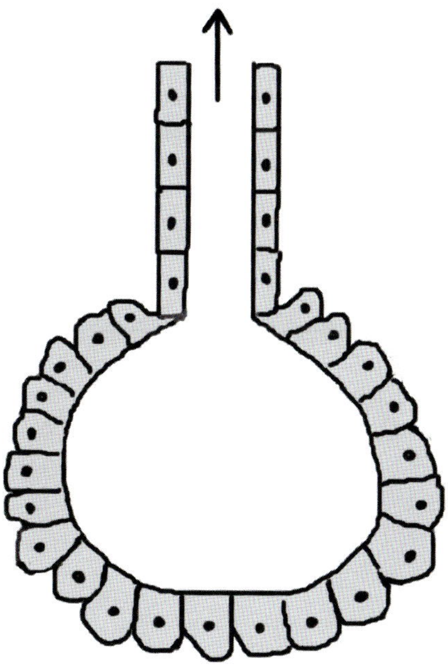

Abb. 7. Drüsenepithel, exokrine Drüse (schematisch).

Bindegewebe

Bindegewebe findet sich in nahezu jedem Organ. Es hat keine organspezifische Funktion, sondern bildet eine Art „Füllmaterial“, innerhalb dessen sich die speziellen organtypischen Zellen oder Gewebe befinden. Die Bindegewebszellen werden auch Fibroblasten genannt. Sie sind unspezifisch und variabel geformt und bilden im Allgemeinen lockere Zellverbände. Typisch sind bestimmte Fasern, welche von den Bindegewebszellen gebildet und in den Zellzwischenraum (Interzellularraum) abgegeben werden. Am häufigsten findet sich das Kollagen. Die Kollagenfasern können als „Füllmaterial“ locker in einem Organ verteilt sein (sog. lockeres Bindegewebe), oder in straffer Anordnung Haltefunktionen erfüllen, z. B. in Sehnen und Bändern. Hier spricht man auch vom straffen Bindegewebe. Die elastischen Fasern stellen einen anderen, vergleichsweise seltenen Fasertyp dar, der auch vom Bindegewebe gebildet wird und sich beim Menschen im Nackenband (Ligamentum nuchae) befindet. Abbildung 8 zeigt schematisch das Bauprinzip von Bindegewebe; locker eingestreute und variabel, aber unspezifisch geformte Bindegewebszellen (Fibroblasten) mit je einem Zellkern geben kollagene Fasern in den Zellzwischenraum ab.

Fettgewebe

Fettgewebe besteht aus rundlichen und auffallend großen Fettzellen, die teils locker in andere Gewebe eingestreut sind, oder an typischen Stellen als Bau- oder Speicherfett dominieren. Während das

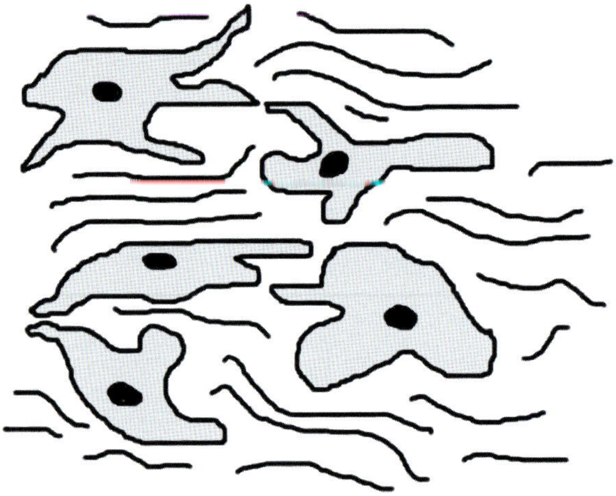

Abb. 8. Lockeres kollagenes Bindegewebe (schematisch).

Baufett, wie der Name schon sagt, am Aufbau und Strukturerhalt von Organen beteiligt ist (Beispiele: weibliche Brustdrüse, Gleit-Fettkörper in der Augenhöhle), bildet das Speicherfett energiereiche Fettdepots zur Überbrückung von Hungerperioden (Beispiel: Fettpolster in der Bauchdecke). Entsprechend ihrer Aufgabe als Fettspeicher bestehen die Fettzellen überwiegend aus einem großen Fetttropfen, welcher den Großteil des Zell-Leibes ausfüllen kann. Der Protoplast mitsamt dem Zellkern ist hingegen in den Randbereich verlagert. Durchmischt wird Fettgewebe üblicherweise von wenigem kollagenem Bindegewebe, weshalb sich im Umfeld von Fettzellen auch einige kollagene Fasern finden können (Abb. 9).

Die hier gegebenen Beispiele beziehen sich auf Gewebe, die letztlich allgegenwärtig sind, weil sie sich in diversen Organen finden. Sie verkörpern daher grundlegende bzw. allgemeine Bauprinzipien. Darüber hinaus gibt es diverse spezifische Gewebsformationen, die für ein bestimmtes Organ charakteristisch sind.

Pflanzliche Gewebe

In ähnlicher Weise können auch typische pflanzliche Gewebe beschrieben werden. So gibt es auch im Pflanzenreich Epithelgewebe, welche die Oberflächen von Blättern, Stängeln und Wurzeln überziehen. Diese Pflanzenepithelien sind teilweise speziell ausgestaltet und können bei Blättern mitunter Wachsschichten bilden und schützen so die von ihnen eingeschlossenen Gewebe vor Verdunstung. Typisch sind auch verschieden ausgestaltete röhrenförmige Leitbündel, welche dem Wasser- und Stofftransport dienen. Diese können unterschiedliche Verstärkungsstrukturen aufweisen. Daneben gibt es auch im Pflanzenreich „Füllgewebe", welches bei lichtbeschienenen Strukturen üblicherweise Chloroplasten enthält und zur Photosynthese beiträgt. Einige charakteristische Einblicke in diese Pflanzengewebe vermitteln die folgenden Abbildungen.

Ein Blatt (Abb. 10) besteht an seiner Ober- und Unterseite aus je einem Epithel, welches die obere bzw. untere Epidermis bildet. Der Oberseite liegt das Palisadenparenchym an, bestehend aus dichtgepack-

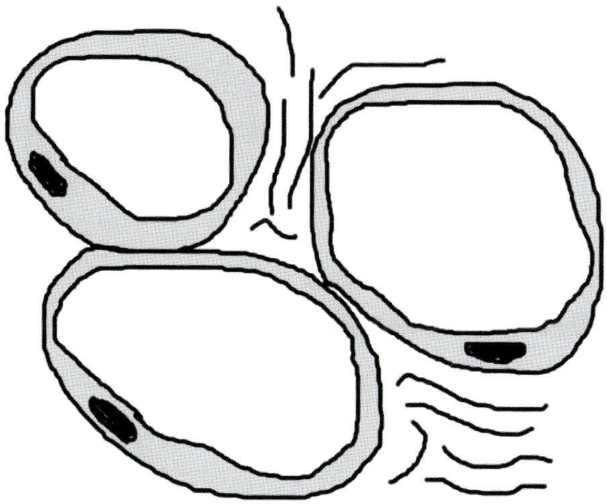

Abb. 9. Fettgewebe mit eingestreuten Kollagenfasern (schematisch).

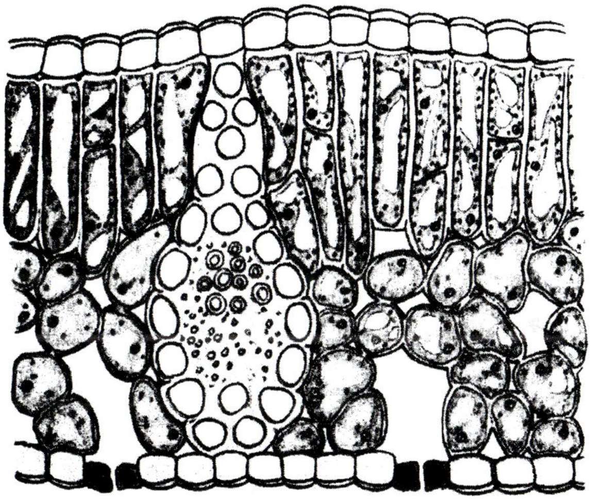

Abb. 10. Blattaufbau einer Landpflanze am Beispiel eines Buchenblattes.

ten Zellen, der Unterseite das Schwammgewebe, einem Maschenwerk von Zellen mit luftgefüllten Hohlräumen. An der Blattunterseite liegen bei Landpflanzen die Spaltöffnungen, deren Weite den Lufteintritt reguliert (im Schema schwarz eingezeichnet). Hinter jeder Spaltöffnung befindet sich ein Hohlraum, die sog. Atemhöhle. Dort, wo die Blattadern verlaufen, zeigt der mikroskopische Schnitt zahlreiche Leitbündel, die im Querschnitt wie angeschnittene Rohre erscheinen.

Bei einer Landpflanze (typisches Beispiel in Abb. 10) befinden sich die Spaltöffnungen wie gesagt in der Regel an der Blattunterseite, und dadurch sind die Öffnungen (Stomata) und die sich hieran anschließenden lufthaltigen Hohlräume vor Regen geschützt. Bei einem Schwimmblatt, wie man es zum Beispiel

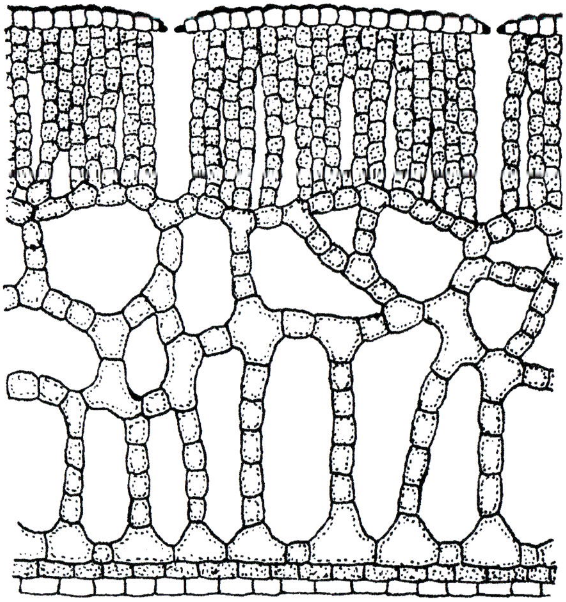

Abb. 11. Blattaufbau einer schwimmenden Wasserpflanze am Beispiel der Teichrose.

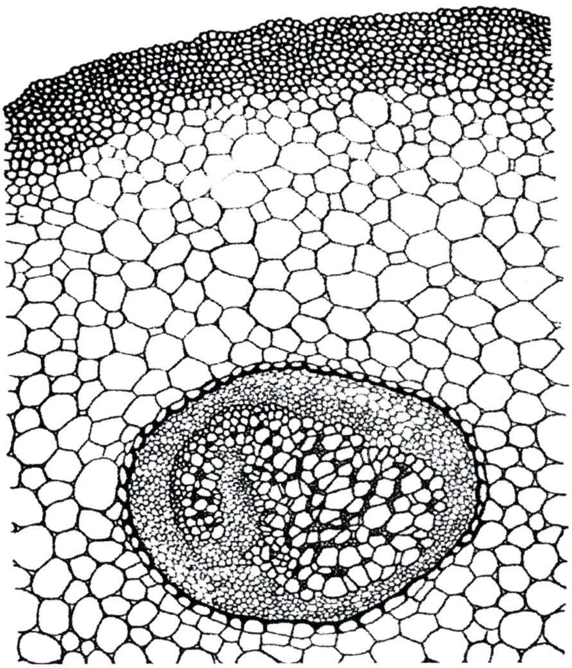

Abb. 12. Sprossachse eines Farns im Querschnitt.

bei Teichrosen antrifft (Abb. 11), sind die Spaltöffnungen hingegen auf der Oberseite angeordnet. Dennoch befindet sich die mit vielen und ausgedehnten Hohlräumen versehene Schwammschicht in der unteren Region des Blattes und wirkt hier als Auftrieb gebende Schwimmschicht, welche die darüber angeordnete Palisadenschicht trägt.

Die recht einfach gebaute Sprossachse eines Farns (Abb. 12) besteht an ihrer Oberfläche aus mehreren Lagen von dicht gepackten kleinen Zellen, die insgesamt die Rindenschicht bilden. Nach innen folgt das aus deutlich größeren Zellen bestehende Markparenchym, welches als „pflanzliches Bindegewebe" betrachtet werden kann. In dessen Innerem verlaufen die Gefäßbündel, welche Wasser und Nährstoffe transportieren. Die Gefäßbündel werden durch eine dünne äußere Gefäßbündelscheide gegen das Markparenchym abgegrenzt.

Deutlich komplizierter gebaut ist der Spross der zu den Lianen zählenden Pfeifenwinde (Abb. 13). Hier findet sich eine differenziertere Schichtung, bestehend aus Epidermis (a), Kollenchymring (b), Rindenparenchym (c), Bastring (d), Perizykel (e), Kambium (f) und Markparenchym (g). In diese Zellschichten eingebettet sind wiederum Gefäßbündel. Wie Abbildung 14 erkennen lässt, können die Zellwände der wasserführenden Kanälchen unterschiedliche ausgeformte Verstärkungsleisten ausbilden, welche netz-, ring- oder schraubenförmige Anordnungen bilden und der mechanischen Stabilisierung dienen. Diese Verstärkungsstrukturen bestehen aus Lignin.

Ähnlich wie ein Spross besteht auch eine Wurzel aus mehreren Schichten bzw. Komponenten: Einer äußeren Epidermis, gefolgt von einem Rindenparenchym, welches nach innen hin von einer Innenhaut (Endodermis) begrenzt wird. Innerhalb des von der Endodermis eingeschlossenen Zentralzylinders verlaufen zahlreiche, um

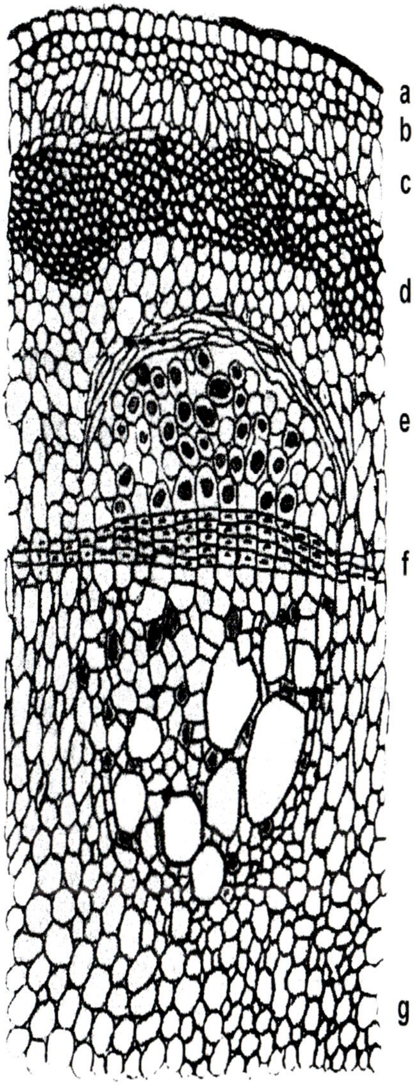

Abb. 13. Spross der Pfeiffenwinde im Querschnitt. a: Epidermis, b: Kollenchymring, c: Rindenparenchym, d: Bastring, e: Perizykel, f: Kambium, g: Markparenchym.

11

die Mittelachse angeordnete Leitbündel (Abb. 15).

Die vorstehenden Erläuterungen zur Zytologie und Histologie sollen lediglich einer ersten Einführung dienen. Vertiefendes Wissen vermittelt die einschlägige Spezialliteratur (siehe Literaturverzeichnis). Zusätzlich werden an späteren Stellen weitere Einzelheiten zur Tier- und Pflanzenhistologie angesprochen, wenn zur Veranschaulichung verschiedene Beispiele repräsentativer histologischer Schnitte von einigen tierischen Organen und charakteristischen pflanzlichen Strukturen besprochen werden.

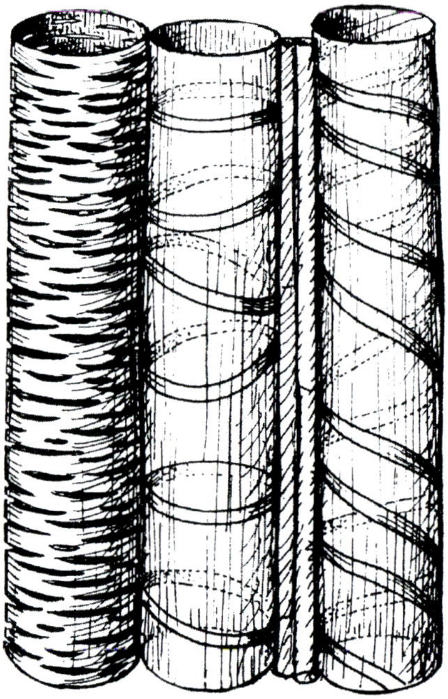

Abb. 14 Netz-, ring- und schraubenförmige Verstärkungsstrukturen an Zellwänden wasserführender Kanälchen.

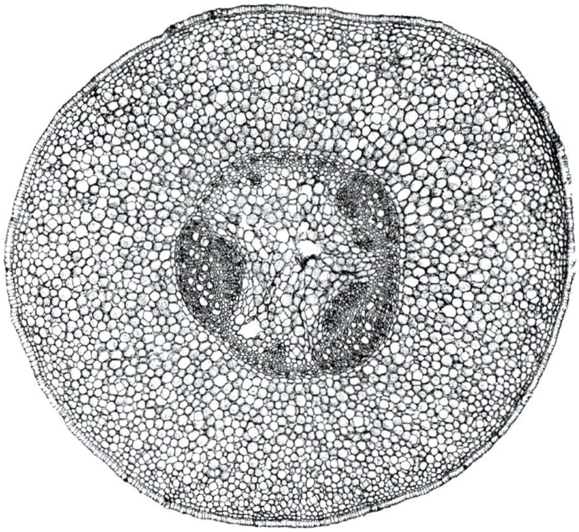

Abb. 15. Feinbau einer Wurzel (schematischer Querschnitt).

Knochen,
polarisiertes Licht

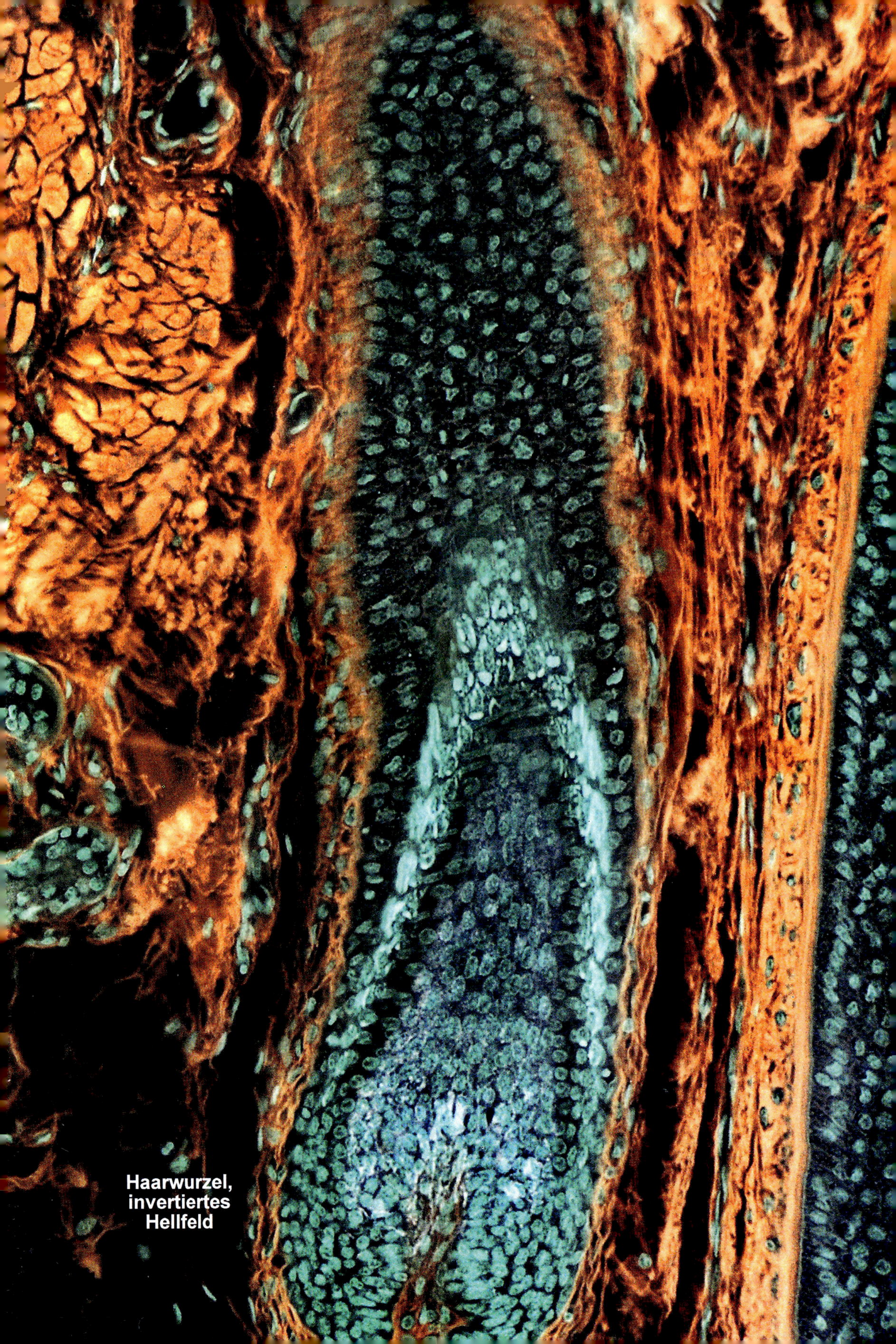

Haarwurzel,
invertiertes
Hellfeld

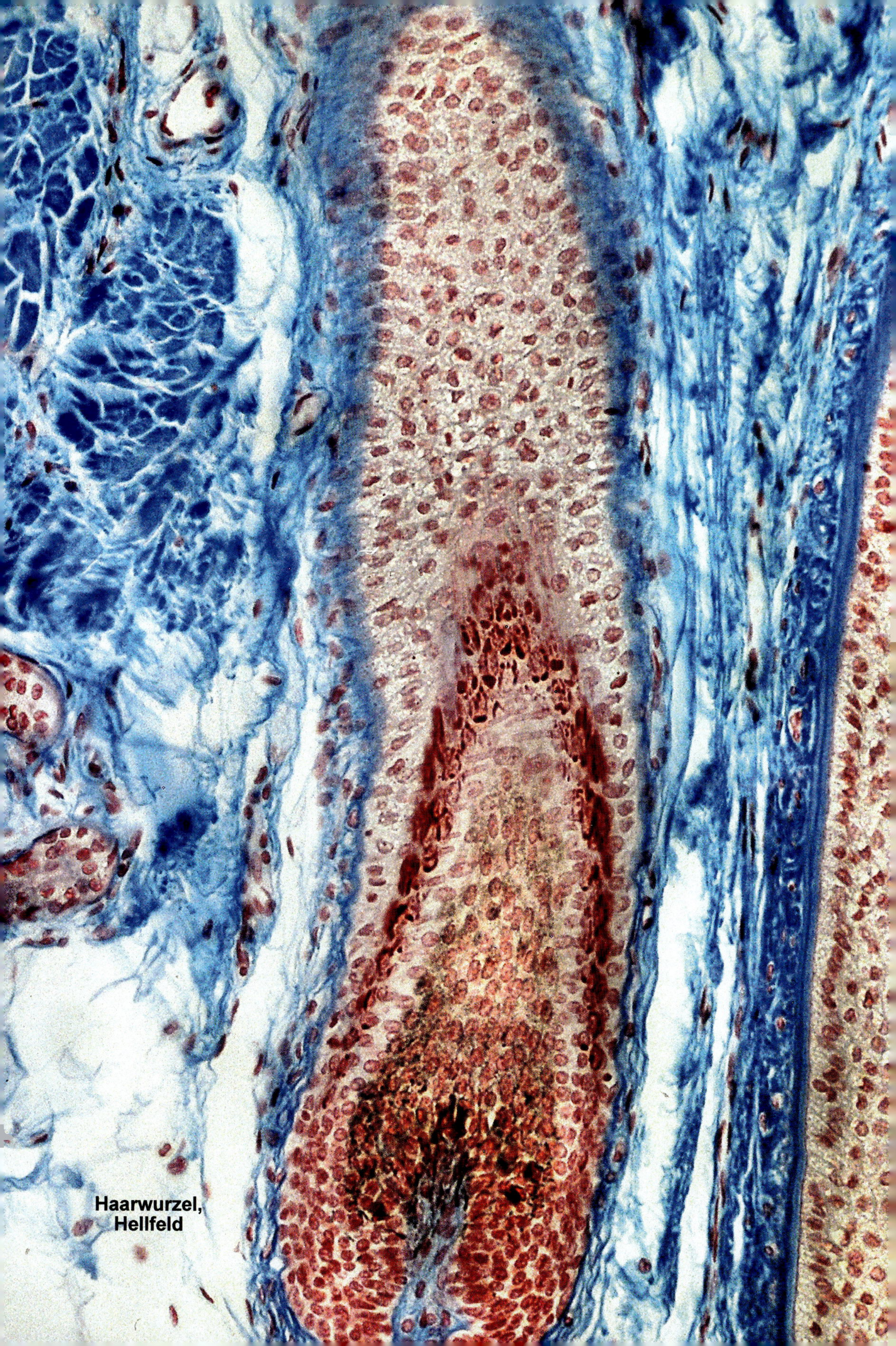
Haarwurzel,
Hellfeld

Skelettmuskel,
polarisiertes Licht

Einfaches botanisches Schnittpräparat

Von zahlreichen Pflanzen unserer unmittelbaren Umgebung können mit einfachen Mitteln Schnittpräparate erstellt werden, die Eindrücke von der Vielfalt, aber auch Schönheit und ästhetischen Geometrie pflanzlicher Strukturen vermitteln.

Kommerzielle Mikrotome

Die Schnitttechnik mit einem großen Mikrotom wollen wir hier nicht besprechen, wenngleich die Mikrotomtechnik schon interessant ist. Normalerweise wird sich der Liebhaber-Mikroskopiker ja nicht mit diesen Präzisionsgeräten zur Herstellung von sehr dünnen Gewebeschnitten befassen. Mikrotome für wissenschaftliche Zwecke sind sehr schwere und teure Laborgeräte. Es gibt sie in zwei prinzipiell unterschiedlichen Ausfertigungen, als Schlittenmikrotome und als Rotationsmikrotome (Abb. 16).

Im ersteren Fall wird das Messer am feststehenden Objekt auf einer Schlittenführung vorbeigeführt, und im letzteren über ein Getriebesystem das eingespannte Objekt am feststehenden Messer. Zwischen jedem Schneideakt wird das Objekt eine winzige Strecke angehoben, zum Beispiel 10 µm. Mit einiger Erfahrung kann man so einen ganzen Block in lauter hauchdünne Scheiben zerlegen und „Serienschnitte" machen, die man auf einem Transportband auffängt. Aus diesen lässt sich der räumliche histologische Feinbau eines Organs rekonstruieren.

Eine Sonderform stellt das Gefriermikrotom dar. Hier wird frisches Gewebe auf einen kleinen Probentisch gelegt, mittels Kohlendioxid schockgefroren und im direkten Anschluss hieran mit einer schwenkbar angeordneten Klinge geschnitten. Der so erstellte Schnellschnitt wird, wie er ist, auf einen Objektträger gegeben und direkt untersucht.

Abb. 16. Beispiel für ein klassisches Rotationsmikrotom. Nach links erstreckt sich ein Auffang-Transportband für die Schnittserien. Pro Kurbelschwung wird das Objekt einmal am Messer entlang nach unten geführt. Der entstehende Schnitt wird auf das Transportband gelegt. Gerät der Firma MicroTec.

Hilfsmittel für einfache botanische Schnittpräparate

Botanische Objekte sind im Gegensatz zu tierischen oft hart genug, um sie ohne weitere Vorbereitung schneiden zu können. Hierfür leistet schon eine einfache Rasierklinge gute Dienste. Komfortabler ist ein kleines Handmikrotom, auf das wir noch zu sprechen kommen.

Schneiden mit der Rasierklinge

Zarte Pflanzenteile klemmt man in ein längsgespaltenes Stück Holundermark, das man im Herbst aus Holunderstängeln herausgepult hat (Abb. 17). Technisches Styropor klemmt zwar mindestens genauso gut, macht aber rasch die feine Schneide stumpf.

Man hält das Holundermarkstück (um das man einen Faden wickeln kann, damit sich die Klemmung nicht löst) in der linken Hand, die ruhig auf dem Tisch liegt, und schneidet horizontal, mit der Klinge mehr ziehend als drückend (Abb. 18).

Recht bald hat man die richtige Kombination zwischen Druck und Geschwindigkeit heraus und ist dann in der Lage, auf einfachste Weise Schnitte von ganz wenigen Zelllagen Dicke herzustellen (Beispiele eines gefärbten Freihandschnittes durch einen Lavendelstängel im Hell- und Dunkelfeld in Abb. 19). Und dünner müssen sie ja nicht sein.

Will man die Rasierklinge nicht mit bloßen Fingern führen, kann man sie auch mit der Klebepistole schräg an einem Holzstreifen befestigen (Abb. 20). Beim Schneiden mit einem improvisierten Mikrotommesser solcher Art muss man dann die plane Fläche aufliegen lassen und leicht andrücken. Auch hier mehr ziehend als drückend schneiden!

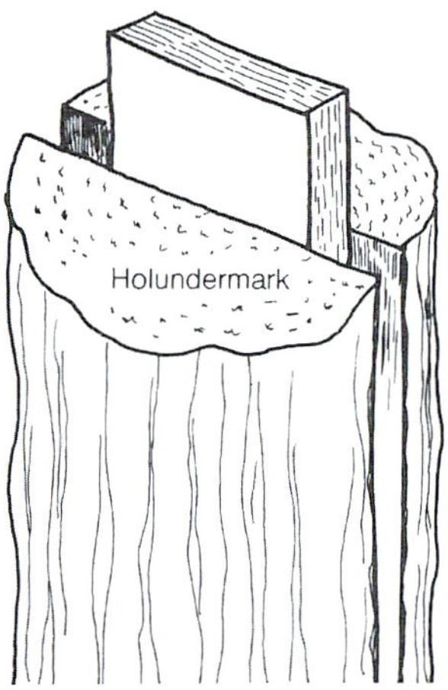

Abb. 17. Einklemmen eines Blattstückchens in Holundermark.

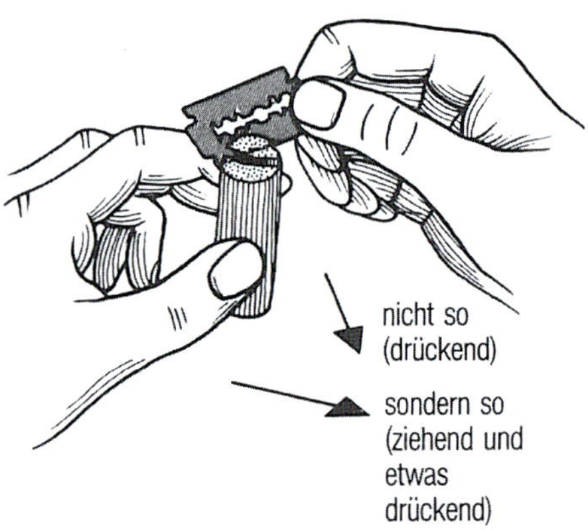

Abb. 18. Handhabung der Rasierklinge beim Schnitt eines eingeklemmten Präparates.

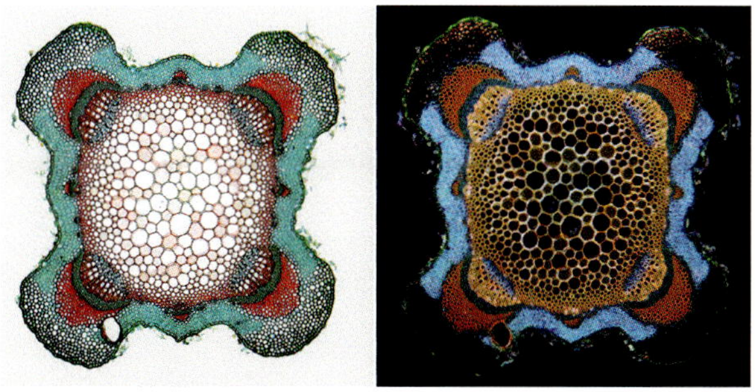

Abb. 19. Querschnitt durch einen Blattstängel (Lavendel). Der Schnitt wurde mit der hier beschriebenen „Rasierklingen-Technik“ an Frischmaterial von Hand ausgeführt. Hellfeld (links), Dunkelfeld (rechts).

Schneiden mit dem Handmikrotom

Wer häufiger Pflanzenteile schneiden will, wird sich mit Vorteil ein kleines Handmikrotom zulegen, das preiswert im Handel zu erhalten ist. Es gibt einfache Tischmikrotome und schwere Tischausführungen, die man beim Schneiden nicht mehr massiv festhalten muss. Alle besitzen einen Glastisch, auf dem das Messer, wiederum mehr ziehend als drückend und nicht zu rasch, geführt wird. Durch Verdrehen eines zentralen Feingewindes kann man das Objekt von hundertstel zu hundertstel Millimeter heben (Abb. 21).

Auf ganz einfache Weise kann man sich aus einer Garnrolle, einer aufgeklebten großen, flachen Unterlegscheibe (Beilagscheibe) und einer hineingewürgten (besser mit dem Gewindebohrer eingepassten) Eisenschraube ein ganz lustiges Mikrotom bauen (Abb. 22). Blattstückchen beispielsweise kann man zwischen halbrunden Haltestreifen einklemmen, die man sich – es geht wirklich gut! – aus rohen Karotten schneidet! Der Vorschub der Schraube beim Drehen um ein paar Winkelgrade lässt sich leicht ausprobieren. Man kann nicht erwarten, dass diese improvisierte Einrichtung Super-Dünnschnitte ergibt, aber sie funktioniert! Das eingebohrte Gewinde sollte man mit etwas Salatöl ölen. Wichtig ist eine kantenfreie Oberfläche der Beilagscheibe (die richtige Seite wählen; eine hat immer einen Grat.).

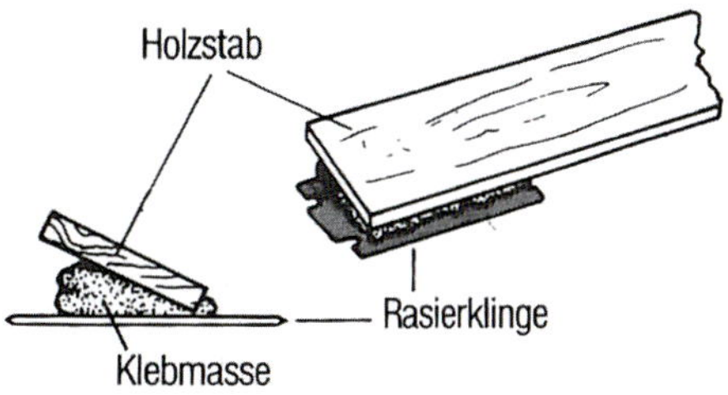

Abb. 20. Selbstbau eines improvisierten „Mikrotommessers“, weitere Beschreibung im Text.

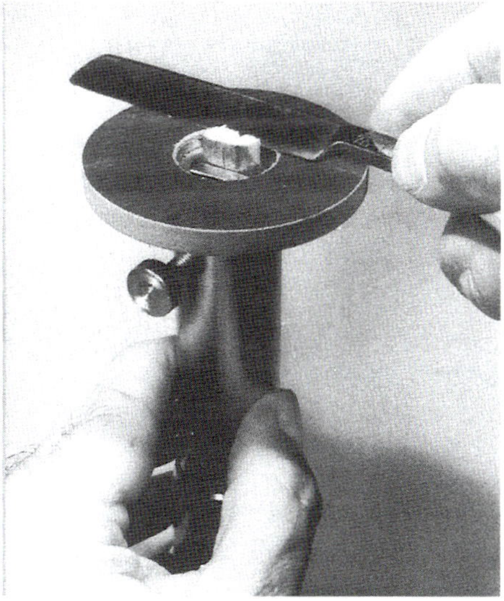

Abb. 21. Handhabung eines Handmikrotoms.

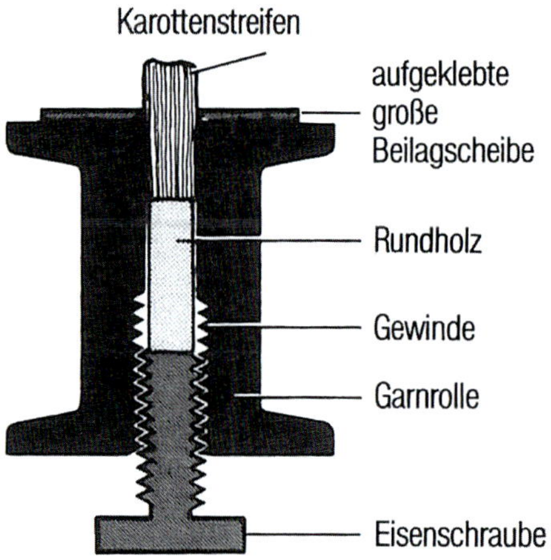

Abb. 22. „Garnrollen-Mikrotom“.

Das Rasiermesser

Es muss stets perfekt geschliffen sein; geeignet sind auch nicht die in Friseurgeschäften üblichen Doppelhohlkehlen-Messer, sondern solche, die auf der einen Seite mehr plan, auf der anderen Seite gekehlt sind. Man erhält sie im Mikroskop-Fachhandel. Das Schleifen ist eine Kunst für sich, die man doch nicht perfekt lernen wird. Am besten, man investiert ein paar Euro und schickt die Messer gelegentlich zum Schleifen ein, oder kauft einen Satz neu.

Cutterklingen

Statt des teureren Mikrotom- oder Rasiermesser kann man ganz gut die (in Stücke abbrechbaren) Klingen von Cutter-Messern verwenden, wie man sie für billiges Geld in jedem Baumarkt bekommen kann. Man verwendet sie am besten ohne die Messerscheide und hält sie leicht schräg, damit der Schneidewinkel ausgeglichen ist und die Schneide mit ihrer zugeschärften Fläche auf der Mikrotom-Oberfläche entlang rutschen kann. Hier wieder besonders wichtig: Mehr ziehend als drückend bewegen!

Lassen sich manche Pflanzenteile schlecht schneiden, so kann man sie vorher härten. Man legt sie für 2 – 3 Wochen in Brennspiritus. Beim Schneiden kann man auch das Messer mit Spiritus befeuchten.

Wir empfehlen nicht die Herstellung von Dauer-Präparaten mit selbstgemachten Schnitten. Viel befriedigender ist es, „mit dem Handmikrotom auf Entdeckungsreise“ zu gehen, alles Pflanzenmaterial zu schneiden, das einem unter die Finger kommt. Besonders interessant sind im Übrigen meist die Schnittränder der Handschnitte, weil diese am dünnsten sind und ohne weiteres einige wenige tausendstel Millimeter erreichen können. Die Untersuchung erfolgt im frischen Zustand in einem Wassertropfen. Am besten vergleicht man das Gesehene mit einem Lehrbuch oder Kleinatlas der botanischen Histologie. Im Literaturverzeichnis sind welche angegeben. Dabei bekommt man auch Anregung für neue Untersuchungen; es ist wirklich eine ganze Welt, die es hier zu entdecken gibt, und das auf einfachste Weise.

Einfache Färbungen

Methylgrünessigsäure fixiert und färbt pflanzliche Schnitte innerhalb von wenigen Minuten; speziell Zellkerne werden angefärbt. Für Einsteiger einfacher erhältlich sind die Etzoki-Farblösungen: FCA (Fuchsin, Chrysiodin, Astrablau), FSA (Fuchsin, Safranin, Astrablau) oder Etzgold grün (Fuchsin, Chrysoidin, Alciangrün). Sehr beliebt, aber schwieriger erhältlich sind die Ingredienzen der Wacker-Färbung (Acridinrot, Acriflavin, Astrablau). **Safranin** färbt ebenfalls Zellkerne, zusätzlich verholzte Zellmembranen innerhalb von Minuten. **Jod-Jod-Kalium (Lugolsche Lösung)** färbt Stärke blau. Verholzte Strukturen (Lignin) können mit **Anilinsulfat** gelb gefärbt werden. **Astrablau** färbt nicht-holzhaltige Zellwände in Grün- und Blautönen.

Einfache Dauerpräparate

Frisch hergestellte Pflanzenschnitte müssen zuerst fixiert werden.

Dies wurde in früherer Zeit traditionell mit Chromessigsäure durchgeführt (1-prozentige Lösung), Einwirkzeit: 10 bis 20 Minuten. In neuerer Zeit gebräuchlicher (das weniger giftig) ist das AFE-Gemisch (Ethanol, Essigsäure, Formaldehyd, 90 : 5 : 5 ml auf 100 ml). Anschießend Spülen in destilliertem Wasser, hernach Färben, wiederum spülen, in steigenden Alkoholstufen entwässern, zum Schluss eindecken.

Einfache zoologische Präparate

Es gibt eine ganze Reihe von Möglichkeiten für einfache Präparationen, mit denen man Organismen und Zellen des Tierreichs untersuchen kann. Fast alle kosten wenig Zeit und schon gar kein Geld.

Ausstrichpräparate

Infusorien kann man nach dem Ausstrichverfahren mit Farbstoffen anfärben.

Fallbeispiel: Ein Tropfen mit vielen Pantoffeltierchen (Paramecien) wird mit einem gleichgroßen Tropfen Opalblaulösung (10%ig) vermischt und mit der Deckglaskante ausgestrichen (Abb. 23). Nach einer halben Stunde ist der Tropfen völlig verdunstet und das Material eingetrocknet. Jetzt kann mit Malinol (künstlicher Kanadabalsam) eingedeckt werden; ein Tröpfchen des Einschlussmittels in die Mitte des trockenen Ausstrichs, Deckglas auflegen und luftblasenfrei absinken lassen. Mit diesem Verfahren erkennt man beispielsweise gut die „Kämmerchen“, in denen die einzelnen Cilien sitzen (Abb. 24). Sind sie dunkelblau gefärbt. Beobachten sollte man hier auch einmal mit der Ölimmersion.

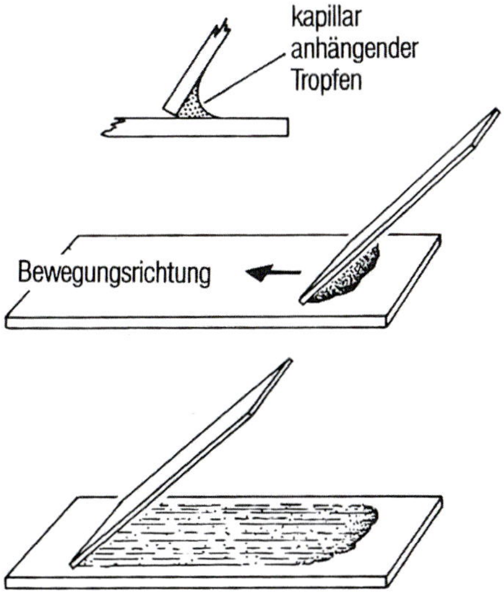

Abb. 23. Fertigen eines Ausstrichpräparats. Oben und Mitte: Aufsetzen. Unten: Nach dem Ausstrich.

Fallbeispiel Blut: Blut gehört zu den am frühesten untersuchten und dokumentierten mikroskopischen Studienobjekten. Antony van Leeuwenhoek (1632 – 1723) war der erste, der rote Blutzellen in Frischpräparaten beobachtet und in Zeichnungen festgehalten hat. Diese sind nur 7 µm groß und zur Mitte hin eingedellt (mittlere Dellentiefe etwa 0,3 µm). Er hatte ein einfaches Mikroskop entwickelt, bestehend aus nur einer nahezu kugelförmigen Linse von sehr kurzer Brennweite, mit der er mindestens eine etwa 270-fache Vergrößerung (nach manchen Vermutungen möglicherweise auch eine 500-fache) erreichen konnte. Die Abbildung 25 zeigt diese Konstruktion. Zur Beobachtung musste die Linse (1) sehr nahe an das Auge herangeführt und das Objekt entsprechend nahe an die Linse gebracht werden. Die Objektnadel (2) konnte mittels mehrerer Schrauben in Höhe und Abstand zur Linse verändert werden. Mit diesem Gerät konnte van Leeuwenhoek bereits erkennen, dass die roten Blutkörperchen des Menschen eine

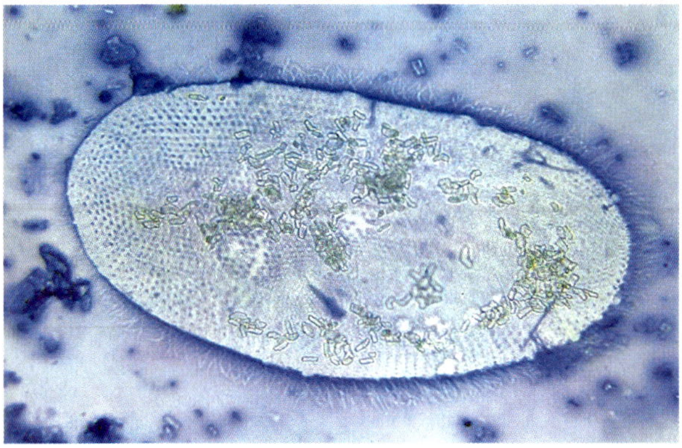

Abb. 24. Opalblau-Ausstrich eines beim Antrocknen breit auseinandergelaufenen Pantoffeltierchens, *Paramecium caudatum*, Hellfeld. Links oben sind besonders gut die blaugefärbten Cilientaschen erkennbar, und vor allem an der unteren Kontur eine Reihe blaugefärbter Cilien.

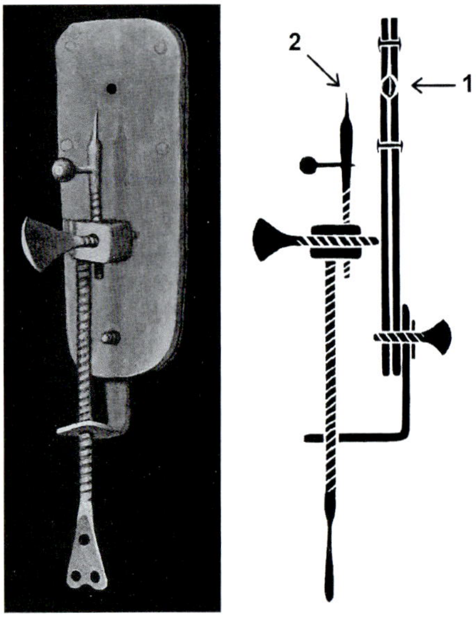

Abb. 25. Mikroskop von Antony van Leeuwenhoek, Linse (1), Objektnadel (2).

tellerförmige Gestalt haben, mit dickerem Randwulst und beidseitiger napfförmiger Eindellung. In Abbildung 26 werden einige van Leeuwenhoeksche Skizzen modernen Mikrofotografien gegenübergestellt. Beide Ansichten dokumentieren in übereinstimmender Weise die unterschiedlichen Profile, in denen sich frei flottierende Erythrozyten je nach Blickrichtung präsentieren.

Für Dauerpräparate von Blut eignet sich der berühmte Blutausstrich. Auch hier wird wie vorbeschrieben ein Tröpfchen Blut mit der Deckglaskante oder der Kante eines anderen Objektträgers ausgestrichen, trocknen gelassen und dann gefärbt. Es gibt Spezialfärbungen zur Darstellung der sehr vielfältigen weißen Blutkörperchen, die man gut selbst durchführen kann: Zuerst werden einige Tropfen May-Grünwald-Lösung aufgetropft. Nach 3 Minuten kommt die gleiche Tropfenzahl destillier-

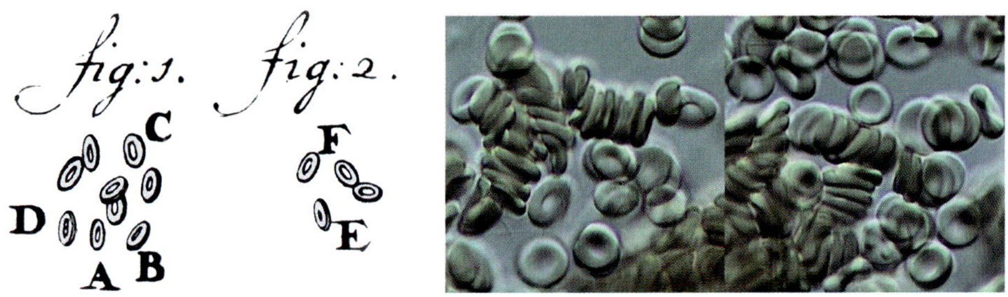

Abb. 26. Rote Blutzellen (Erythrozyten), in einem Frischpräparat flottierend. Historische Zeichnungen von Antony van Leeuwenhoek, entstanden im Jahr 1719 (links), fotografische Ansichten im Interferenzkontrast (rechts).

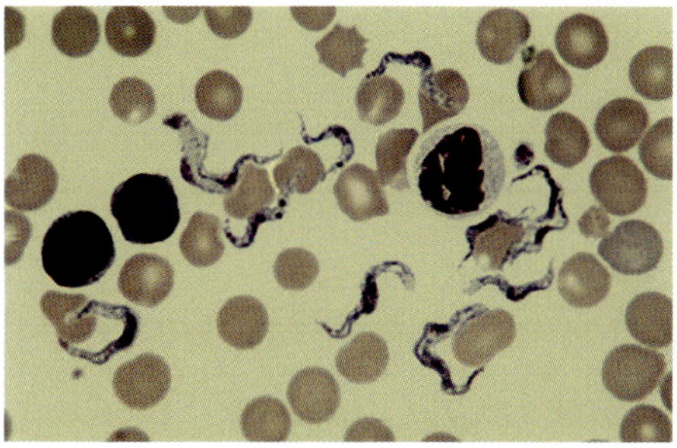

Abb. 27. Blutausstrich. Ölimmersion 100×, Okular 16×, Hellfeld. Erkennbar sind neben den kernlosen roten Blutkörperchen drei kernhaltige weiße Blutkörperchen und mehrere Blutparasiten der Gattung *Trypanosoma*, Erreger der Schlafkrankheit.

ten Wassers hinzu. Nach einer weiteren Minute lässt man die Lösungen ablaufen und spült mit destilliertem Wasser aus der Pipette nach. Dann tropft man Giemsa-Lösung auf und wartet 15 Minuten. Nach dem Ablaufenlassen dieser Lösung und Nachspülen mit (bi)destilliertem Wasser lässt man das Präparat lufttrocknen und reinigt die eventuell verschmutzte Unterseite mit 70%igem Alkohol. In der Routine werden so gefärbte Blutausstriche mit einer Ölimmersion im Hellfeld ohne Deckglas betrachtet. Man kann solche Ausstriche aber auch mit Malinol eindecken und als konventionelle Dauerpräparate aufheben.

Neben den roten Blutkörperchen (Erythrozyten, rosa gefärbt) kann man in deutlich geringerer Anzahl die in jedem Histologiebuch beschriebenen unterschiedlichen Typen von weißen Blutkörperchen (Leukozyten) finden, nämlich die verschiedenen blauviolett, graublau oder rötlich gefärbten Granulozyten, Lymphozyten und Monozyten, zusätzlich die deutlich kleineren Blutplättchen (Thrombozyten). Es empfiehlt sich auch hier die Ölimmersion. Blutausstrich-Präparate, ggf. zusätzlich mit Blutparasiten (Abb. 27), sind natürlich auch zu kaufen.

Tuschepräparate

Mit diesem schlichten Verfahren kann man überraschend gut Einzelheiten von Infusorien sichtbar machen.

So kann ein Tropfen aus einer Kultur von Pantoffeltierchen, *Paramecium caudatum*, auf dem Objektträger mit einem gleichgroßen Tropfen Tusche vermischt und dann mit dem Deckgläschenrand oder einem anderen Objektträger ausgestrichen werden. Nach dem Eintrocknen sieht man die Tiere hell auf dunklem Grund und kann unter Umständen auch Cilien und abgeschossene Trichocysten erkennen. Die feinen Tuschepartikel legen sich den Rändern an und lagern sich in Vertiefungen ab. So werden zarte Einzelheiten sichtbar. Nach Auftropfen eines Tropfens Malinol oder eines anderen Einschlussmittels und Auflegen eines Deckglases ist das Dauerpräparat schon fertig. Der Tropfen sollte so groß gewählt werden, dass er sich nach dem Deckglasauflegen gerade nahtlos bis zum Rand zieht.

Abstrichpräparate

Biologische Oberflächen kann man z. B. mit einem Wattetupfer zart abkratzen oder abtupfen und im Abstrichpräparat untersuchen.

<u>Fallbeispiel:</u> Mit einem Wattetupfer kann man einen Rachenabstrich entnehmen und die gewonnenen Zellen in einen Wassertropfen überführen. Bei einem Racheninfekt bzw. Infekt der oberen Luftwege erkennt man neben den abgeschilferten Schleimhaut-Epithelien massenhaft Bakterien und Plasmazellen (Abb. 28).

Beispiele medizinischer Routineanwendungen sind Vaginal- und Cervixabstriche im Rahmen der gynäkologischen Diagnostik.

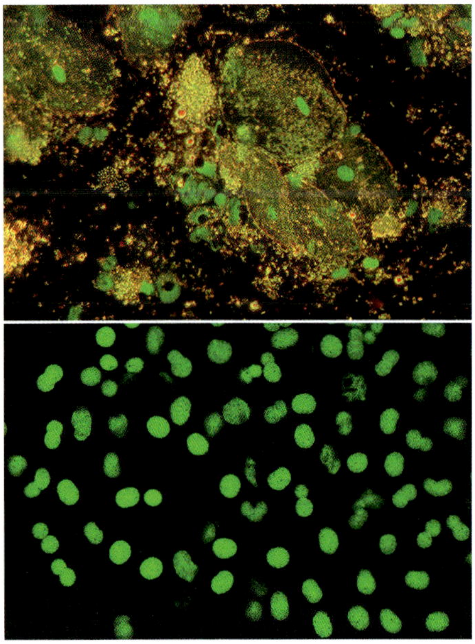

Abb. 28. Rachenabstrich bei Infekt, Vitalfärbung mit Acrinidorange, Fluoreszenz mit Blaulicht-Anregung. Zellkerne lebender Zellen leuchten grün auf. Epithelzellen, Plasmazellen und Bakterien (oben), Anhäufung von Plasmazellen (unten).

Zupf- und Quetschpräparate

Eine kleine Gewebeprobe wird in einem großen Wassertropfen auf dem Objektträger mit zwei spitzen Präpariernadeln vorsichtig platziert und ggf. je nach Beschaffenheit der Probe zerfasert bzw. zerkleinert. Durch feinfühligen Druck des Deckglases wird die Probe anschließend flacher gedrückt, so dass sie im durchfallenden Licht bei hinreichender Tiefenschärfe beobachtbar wird. Unter dem aufgelegten Deckglas wird man immer wieder zufällig erhaltene und freigelegte interessante Strukturen finden, so Einzelzellen oder Zellketten, Inhaltsstoffe (bei pflanzlichen Geweben vor allem Kristalle), aus Holz herausgezogene Versteifungsspiralen der Wassergefäße und vieles mehr.

Fallbeispiel: Riesenchromosomen und Tracheen: Ein klassisches Untersuchungsobjekt sind die Speicheldrüsen der roten Mückenlarve (*Chironomus*), welche Riesenchromosomen enthalten und mit einer Atemröhre (Trachee) in nahem Kontakt stehen. Man platziert eine rote Mückenlarve auf einem Objektträger und trennt, mittels einer feinen Klinge, mit vorsichtig ziehender Bewegung den Kopf ab. An der Basis des Kopfes befinden sich zwei wasserklare tröpfchenförmige Speicheldrüsen.

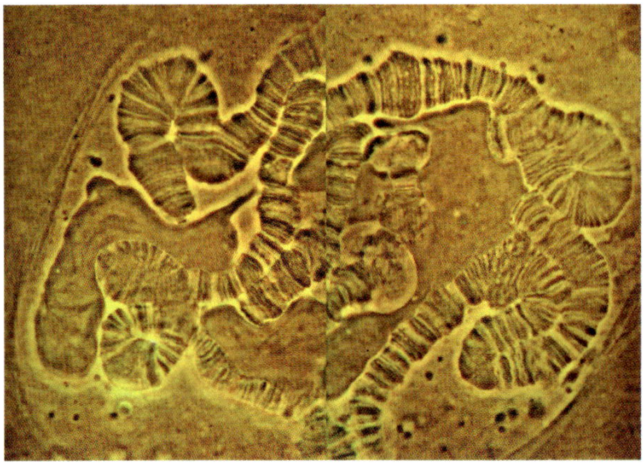

Abb. 29. Riesenchromosomen aus den Speicheldrüsen einer roten Mückenlarve (*Chironomus*). Quetschpräparat, Ölimmersion 100×, Phasenkontrast.

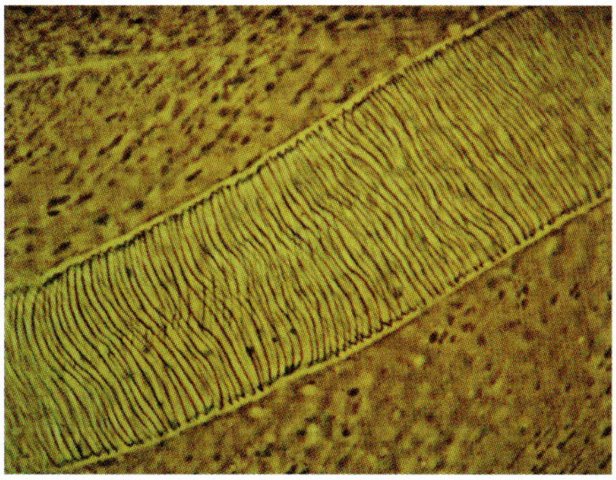

Abb. 30. Atemröhre (Trachee) aus dem Quetschpräparat von Abbildung 29, Ölimmersion 100×, Phasenkontrast.

Unter Zugabe von etwas Wasser deckt man diese Drüsen mit einem Deckglas ab und untersucht sie im Phasenkontrast oder Interferenzkontrast. Charakteristisch sind die mehrfach gewundenen, mit zahlreichen Banden versehenen Riesenchromosomen. Zwei zusammengesetzte Teilansichten, aufgenommen im Phasenkontrast mit 100-facher Ölimmersion, zeigt Abbildung 29. Die Speicheldrüsen stehen in enger Nachbarschaftsbeziehung zu einer großen Atemröhre (Trachee). Diese besteht aus Chitin und lässt in ihrem Verlauf unzählige, eng aufeinanderfolgende feine Verstärkungswindungen erkennen (Abb. 30). Man kann solche Tracheen auch freilegen, d.h. aus ihrem Umgebungsgewebe zupfend herauspräparieren (Abb. 31).

Eine praktische Bedeutung hatten Quetschpräparate schon vor 100 Jahren in der „Fleisch-Beschau“. Hier wurde durch den Veterinär von frischem Schlachtvieh im Schlachthof eine kleine Probe des Muskelfleischs zwischen zwei „Objektträgern“ (kräftigen Glasplatten) flach gedrückt und mittels eines „Trichinen“-Mikroskops“ auf Trichinen-Befall untersucht.

Trocken-Quetschpräparate

Zwischen zwei Objektträgern, oder ggf. einem Objektträger und einem großflächigen Deckglas kann man auch geeignete trockne Proben moderat abflachen, möglichst zerstörungsfrei auseinander quetschen und bei schwacher Vergrößerung betrachten, so beispielsweise Vogelfedern.

Fallbeispiel: Ein Federchen eines Vogels wird zwischen zwei Objektträger gelegt und mit einer Klemme zusammengepresst. Dann werden die Ränder straff mit Tesafilm umklebt und die Klemme wird geöffnet und weggenommen. Das Federchen ist nun flach gepresst (Abb. 32), und man

Abb. 31. Frei gezupfte Tracheen, Objektiv 40×, Hellfeld.

Abb. 32. Herstellung eines Quetschpräparates einer kleinen Vogelfeder.

Abb. 33. Vogelfelder im Übersichtsbild, Rheinberg-Beleuchtung.

kann bei schwacher bis mittlerer Vergrößerung seine Feinstruktur untersuchen (Abb. 33).

Trockenpräparate

Haare, Teile von Federn, auch Schuppen von Schmetterlingen oder von Silberfischchen (Gattung *Lepisma*), Teile von Insektenflügeln und andere Kleinteile lassen sich gut auch als Trockenpräparate aufheben. Es wird einfach ein Deckglas aufgelegt, mit einem kleinen Gewicht etwas beschwert, und rundum mit einem feinen Pinsel mit Kunstharzlack umrandet. Dieser hält das Deckglas an Ort und Stelle und verhindert zugleich ein Verstauben. Vorher sollten die Teile ggf. durch leichtes Erwärmen (20 Minuten in der Backofenröhre bei kleinster Temperatur, maximal 60 °C) vollständig wasserfrei gemacht werden. Statt des Lackrands bewährt sich auch die Verwendung von doppelseitig klebendem Teppichband, wie die Abbildung 34 zeigt. Dieses Präparierverfahren eignet sich natürlich nur für vollständig ausgetrocknete Objekte.

Schmetterlingsflügel oder Vogelfedern können auch auf diese Weise als Trockenpräparate aufgehoben werden. Ebenso kann man auch zur Verkittung der Gläser kleine Tropfen von UV-Glaskleber verwenden (vgl. Kapitel über Kristallisationen, S. 135ff.).

Totalpräparate von kleinen Insekten etc.

Kleine Insekten gehören zu den frühest mikroskopierten Objekten. Robert Hooke (1635 – 1703) zählt zu den ersten Pionieren, welche die Welt des Kleinen mit einem zusammengesetzten Mikroskop, bestehend aus Objektiv und Okular, wissenschaftlich erforscht haben. Im Unterschied zu dem mit einer Kugellinse ausgestatteten einfachen Mikroskop von Antony van Leeuwenhoek, welches mindestens eine etwa 270-fache Vergrößerung, wahrscheinlich aber sogar noch deutlich höhere Vergrößerungen erreichte, lag die nutzbare Vergrößerung der frühen zusammengesetzten Mikroskope wegen der damaligen Abbildungsfehler der zur Verfügung stehenden Glaslinsen bei etwa 50-fach. Wie aus der Abbildung 35 zu ersehen ist, hat Hooke auch der Beleuchtung eine vermehrte Aufmerksamkeit geschenkt und sich einfacher Vorrichtungen zur Lichtführung und -bündelung bedient; mit seinem Mikroskop konnte er nur Untersuchungen im Auflicht durchführen. Sehr Eindrucksvoll und auch heutigen Qualitäts- und Abbildungsmaßstäben genügend ist die detaillierte Zeichnung eines Flohs, die Hooke im Jahr 1665 in seinem berühmten Werk „Micrographia“ veröffentlich hat (Abb. 35).

Der einfachste Weg, ein totes Insekt zur dauerhaften Beobachtung zu erhalten, besteht darin, es trocken und staubgeschützt aufzubewahren. Da der äußere Chitinpanzer nicht schrumpft, bleiben die Formen weitestgehend erhalten.

Ein Floh oder ein Fächerflügler oder ein Miniatur-Hautflügler kann aber auch leicht zu einem eingedeckten Dauerpräparat verwandelt werden. Man legt die Tiere jeweils für einen Tag in 70%igen Alkohol, in reinen Alkohol und in Methylbenzoat. Eingedeckt wird nach dem Antrocknen mit Malinol. Das Deckglas kann die kleinen Insekten zu breit quetschen; durch Unterlegen feiner Glasfäden oder kleiner Deckglassplitter kann man ausgleichen. Auf der anderen Seite kann man leicht wellige Objekte, z. B. Insektenflügel, durch vorsichtiges Beschweren während des Hartwerdens des Einschlussmittels gut in eine Ebene bringen.

Gegebenenfalls kann man bei kleinen Insekten oder Insektenteilen auch auf die Entwässerung mit Alkohol und Methylbenzoat verzichten, wenn man die Objekte direkt in einen Kunstharz (z. B. Malinol) einschließt und anschließend das frische Dauerpräparat über der Flamme eines Spiritusbrenners moderat erwärmt. Durch die Wärme dringt das Eindeckmittel in das Insekt ein, gleichzeitig werden Bakterien,

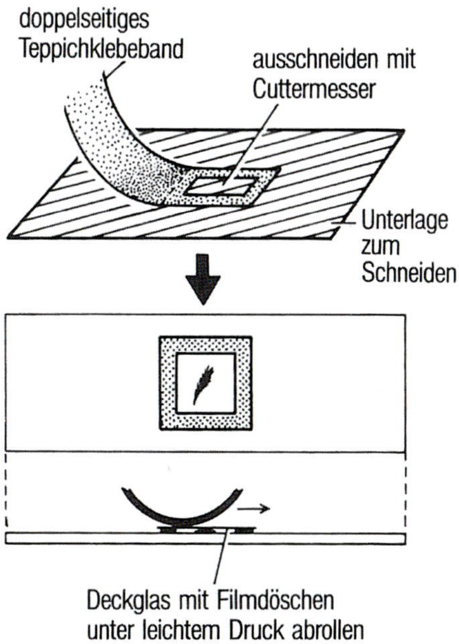

Abb. 34. Staubsicheres Trockenpräparat, gefertigt mit Hilfe von doppelseitig klebendem Teppichband. Das Aufrollen zum Andrücken des Deckglases muss vorsichtig geschehen.

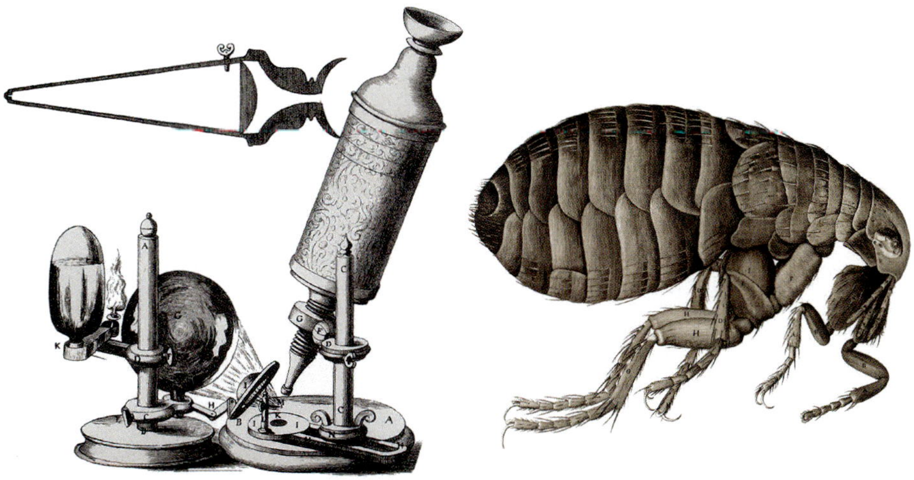

Abb. 35. Zusammengesetztes Mikroskop von Robert Hooke, 1635 – 1703, (links) und minutiös dokumentierte Ansicht eines Flohs, entnommen der „Micrographia“, 1665 (rechts).

Abb. 36. Mücke, Totalpräparat ohne Aufhellung, Länge über alles: 6,5 mm, Dunkelfeld.

Abb. 37. Kleine Fliege, Totalpräparat ohne Aufhellung, horizontale Feldweite: 7 mm, Dunkelfeld. Foto: Timm Piper.

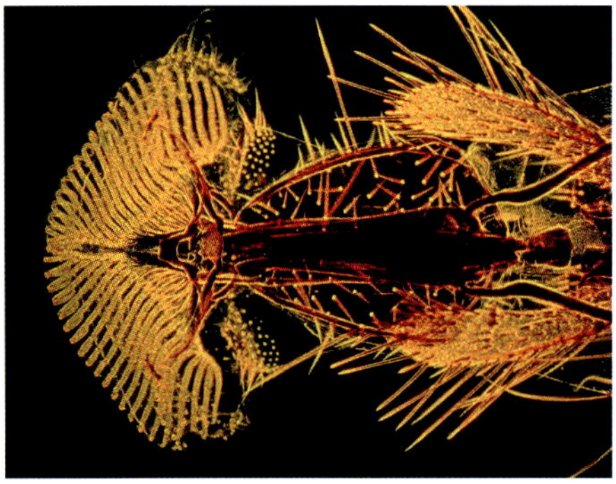

Abb. 38. Tupfrüssel einer Stubenfliege, *Musca domestica,* aufgehelltes Dauerpräparat, Dunkelfeld.

welche zur Zersetzung führen könnten, abgetötet. JP hat auf diese Weise als Junge diverse Insektenpräparate angefertigt, die auch nach Jahrzehnten noch wie am ersten Tag aussehen. Speziell bei Dunkelfeldbeleuchtung leuchten so präparierte Insekten in ihrer natürlichen Farbe hell auf, wobei auch feine Details wie Haare bestens zu erkennen sind (vgl. Abb. 36, Abb. 37).

Aufhellpräparate

Es gibt so außerordentlich viele Insektenteile, die man gerne als Präparat aufheben will: Beine, Fühler, Mundwerkzeuge, heraus präparierte Augen oder Giftstachel, Teile des Chitinpanzers, ja selbst heraus präparierte Teile der inneren Anatomie wie beispielsweise den Kaumagen von Schaben mit seinen interessanten Hartstrukturen.

Meist in das Chitin zu dunkel. Man überführt die Teile aus 70%igem über 94%igen in absoluten Alkohol (jeweils für einige Stunden) und lässt sie dann für mehrere Tage in Methylbenzoat liegen: je länger, desto heller werden die Teile. Statt Methylbenzoat kann man auch Xylol nehmen (nicht einatmen!), muss dann aber für besonders sorgfältige Entwässerung in absolutem Alkohol sorgen (zudecken, da dieser Wasser zieht!). Schließlich wird mit Malinol eingedeckt. Zur Verschönerung kann man noch einen Lackabschluss anbringen.

Fallbeispiel: In Abbildung 38 ist das Präparat eines Stubenfliegenrüssels dargestellt. Es wurde vor dem Einbetten etwas aufgehellt. In Dunkelfeld-Beleuchtung sind die einseitig offenen sogenannten Pseudotracheen am Rüsselende gut zu erkennen, mit denen die Fliege flüssige Nahrung kapillar aufnimmt, weiterhin stellt sich die Behaarung eindrucksvoll dar.

Interessant sind auch aufgehellte „Innereien“ von Insekten, so beispielsweise ein Grillenmagen (Abb. 39). Bei diesem typischen Kaumagen sind die Innenstruk-

Abb. 39. Grillenmagen, Hellfeld, mit Blaufilter getönt, Objektbreite: 2 mm.

turen symmetrisch angeordnet. An den Bildrändern sichtbare Chitinspangen dienen der Stabilisierung. Nach innen folgen zunächst mandibelartige Strukturen, die durch Peristaltik bewegt werden und der Nahrungszerkleinerung dienen. Alsdann finden sich kissenförmige Sekretionsorgane und in der Bildmitte dreizackige drüsenartige Borsten, welche Verdauungsenzyme ausscheiden. Deren Ausformung stellt ein wichtiges artunterscheidendes Merkmal dar.

Abklatschpräparate

Man verstreicht einen großen Tropfen Terpentinersatz, in den man ein Tröpfchen Uhu-Klebstoff gerührt hat, auf dem Objektträger, lässt eintrocknen bis der Film gerade noch leicht klebrig ist, drückt ein Objekt darauf und zieht es wieder ab. Feine Oberflächenstrukturen werden kleben bleiben. Über Nacht trocknen lassen, Deckglas auflegen und zur Befestigung mit feinem Pinsel mit Lack umranden!

Fallbeispiel: Schmetterlingsflügel eignen sich besonders für solche Präparate (Abb. 40). Die Schuppen eines Schmetterlings sind in der normalen geometrischen

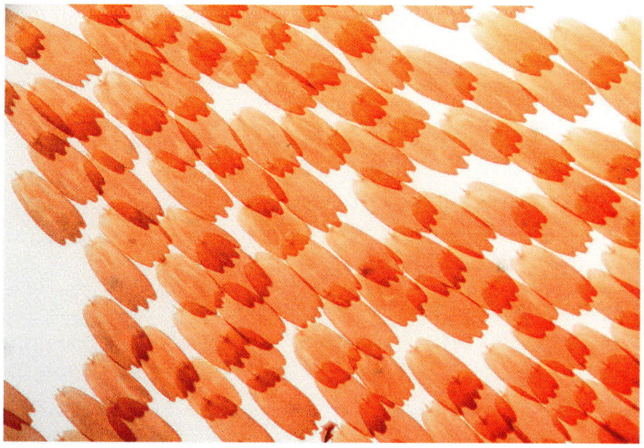

Abb. 40. Schmetterlingsschuppen im Abklatschpräparat, Hellfeld.

Abb. 41. Einzelne Schmetterlingsschuppe aus einem Abklatschpräparat, Auflicht-Dunkelfeld.

Reihung kleben geblieben. Man kann auch eine einzelne Schuppe aufkleben und flach mit einem Deckglas bedecken, so dass sie bei starker Vergrößerung betrachtet werden kann (Abb. 41).

Der Weg zum gefärbten Dauerpräparat

Wir empfehlen, wie oben schon gesagt, die Selbstherstellung von gefärbten Dauerpräparaten nicht, da sie aufwendig ist, viel Zeit braucht und letztlich nur selten zu befriedigenden Ergebnissen führt, die der Güte gekaufter Präparate gleich oder auch nur nahe kommen. Doch will man ja gerne alles ausprobieren, und so sei eine einfache Färbung an einem günstigen Objekt einmal angeführt, nämlich eine Färbung mit Haematoxylin-Eosin. Diese Doppelfärbung färbt die Zellkerne schmutzigblau, Plasma und andere Zellstrukturen (wie Einzelheiten von Muskelfasern) rötlich, und zwar in unterschiedlichen Stufen. Sobald die Hausfrau einmal Schweineleber, Nieren oder Rinderherz zubereiten will, schneiden wir ein kubikzentimetergroßes Würfelchen ab und verarbeiten es zu einem Präparat.

Fixieren

Das frische Präparat kommt für mehrere Tage in 40%iges Formol (Formalin, Formaldehyd).

Vorsicht: Formaldehyd reizt die Schleimhäute und Atemwege und zählt zu den kanzerogenen Substanzen, daher so kurz und wenig wie möglich verwenden und möglichst nicht einatmen.

Auswaschen

In einem kleinen Überlaufgefäß (Kaffeetasse), in das man Wasser eintropfen lässt, wird über Nacht ausgewaschen.

Alkoholreihe

Das Würfelchen kommt einige Tage zuerst in 70%igen, dann in 96%igen Alkohol.

Schneiden

Im wissenschaftlichen Labor werden die Gewebestückchen nun nach vollständiger Entwässerung in Wachs getränkt, zu einem

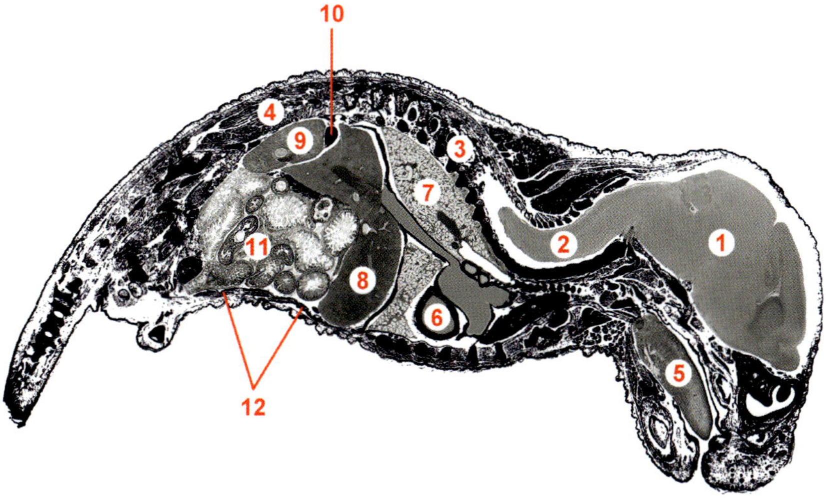

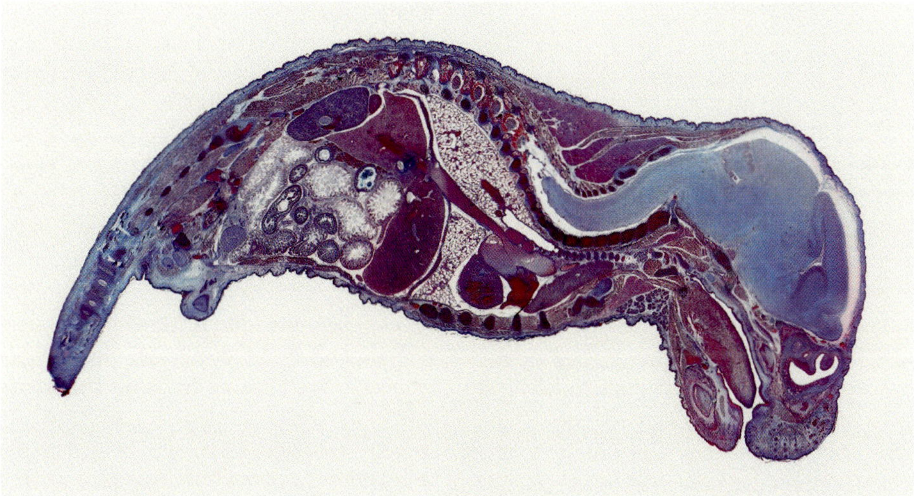

Abb. 42. Professionelles, mehrfach gefärbtes Dauerpräparat eines Mausembryos. Länge über alles: 24 mm, Hellfeld. 1 = Hirn, 2 = Rückenmark , 3 = Wirbelsäule, 4 = Rückenmuskulatur, 5 = Zunge, 6 = Herz, 7 = Lunge, 8 = Leber, 9 = Niere, 10 = Nebenniere, 11 = Darm, 12 = Bauchmuskulatur.

sogenannten Paraffinblock verarbeitet, mit dem Mikrotom geschnitten und dann als feine Schnitte auf Objektträger geklebt. Daraufhin wird das Wachs mit Lösungsmitteln wieder entfernt, und nun kann der Schnitt gefärbt werden.

Da die Leber aber genügend gehärtet ist, sparen wir uns das gesamte Verfahren und schneiden den Gewebsblock von Hand mit dem Rasiermesser oder der Rasierklinge (vgl. Abb. 18 und 21) in Schnitte, so dünn wie möglich.

Färben

Man bereitet sich in mehreren Uhrschälchen jeweils einige Tropfen Haematoxylin-Lösung und Eosinlösung (jeweils im Mikrohandel zu erhalten), sowie auch 2 Uhrgläschen mit absolutem Alkohol (oder Terpentinöl) und Xylol vor (Schälchen mit Glasplatte, z. B. aus einem Dia-Rähmchen, abdecken). Mit dem Pinsel wird ein Schnitt zunächst für 2 Minuten ins Haematoxylin gebracht, dann zum Wässern für einige Minuten in einer Kaffeetasse mit Wasser vorsichtig herumgerührt, dann für 2 Minuten in Eosin gebracht. Nun muss entwässert werden. Dies geschieht durch Überführen in 94%igen (vorher besser auch in 70%igen) Alkohol, danach absoluten Alkohol und dann Xylol, jeweils für 10 – 20 Minuten.

Eindecken

Der Schnitt wird in einem feinen Xyloltröpfchen auf den Objektträger gebracht und gestreckt (feiner Pinsel); das Xyloltröpfchen wird mit einem Papierfetzchen abgesaugt; ein Tropfen Malinol wird aufgetropft und das Deckglas luftblasenfrei aufgelegt. Nun muss man das Präparat einige Tage trocknen lassen.

Xylol soll man nur in geringen Mengen verwenden, und die Dämpfe von Xylol, aber auch von jedem anderen Lösungsmittel, sollte man nicht in größerer Menge oder über längere Zeit einatmen.

Ergebnis

Ein solches Präparat zeigt schmutzigblaue Zellkerne in rötlichem Gewebe. Sehr viel mehr sieht man in einem solchen Präparat nicht, ein Grund mehr, die Selbstherstellung kritisch zu sehen.

Ganz anders sieht ein käufliches Schnittpräparat aus, wenn dieses sorgfältig erstellt wurde. Abbildung 42 zeigt die Totalansicht eines mehrfach gefärbten Mausembryos im Längsschnitt – als Beispiel für ein professionell angefertigtes Schnittpräparat.

Warum und wo kauft man Dauerpräparate?

Sie sind eben, wenn gut gemacht, einfach professionell. Als Amateur mit seinem Handmikrotom kommt man ihnen kaum nahe, was Schichtdicke, Auswahl, Farbeffekte und Haltbarkeit anbelangt.

Im Anhang sind einige Firmen aufgeführt, von denen man Dauerpräparate kaufen kann. Diese gibt es (zu besonders günstigen Preisen) auch in ganzen Sets oder Serien.

Wir empfehlen eine gute Serie von professionell gefärbten Präparaten (etwa Doppel- und Dreifachfärbung) durch die gängigen Gewebe und Sinnesorgane des Menschen, beispielsweise Muskel, Herz, Leber, Niere, dann – besonders interessant – die Organe und Gefäße mit Innenlumen wie Venen, Arterien, Dünndarm, Dickdarm und schließlich Sinnesorgane wie Schnitte durch Teile des Auges, Tastkörperchen in der Haut, die Gehörschnecke. Weiter sind Schnitte besonders empfehlenswert, an denen man Entwicklungen verfolgen kann, wie beispielsweise Knorpel-Knochen-Übergangszonen bei der Verknöcherung jugendlicher Knochen, Schnitte durch das Nagelbett bei der Nagelentstehung, Schnitte durch die Kopfhaut mit den Haarwurzeln, Übersichtsschnitte durch Zahnanlagen.

Einige Anregungen aus dem Bereich der Zoologie und Humanbiologie sind in den Kapiteln Pflanzenwelt und Tierwelt als Fallbeispiele mit bebilderten Kurztexten vorgestellt.

Für den Pflanzenfreund gilt natürlich Entsprechendes. Er wird sich für Schnittseren durch Wurzel, Stängel, Blatt und Blüte interessieren mit ihren außerordentlich vielerlei Besonderheiten. Manches gut

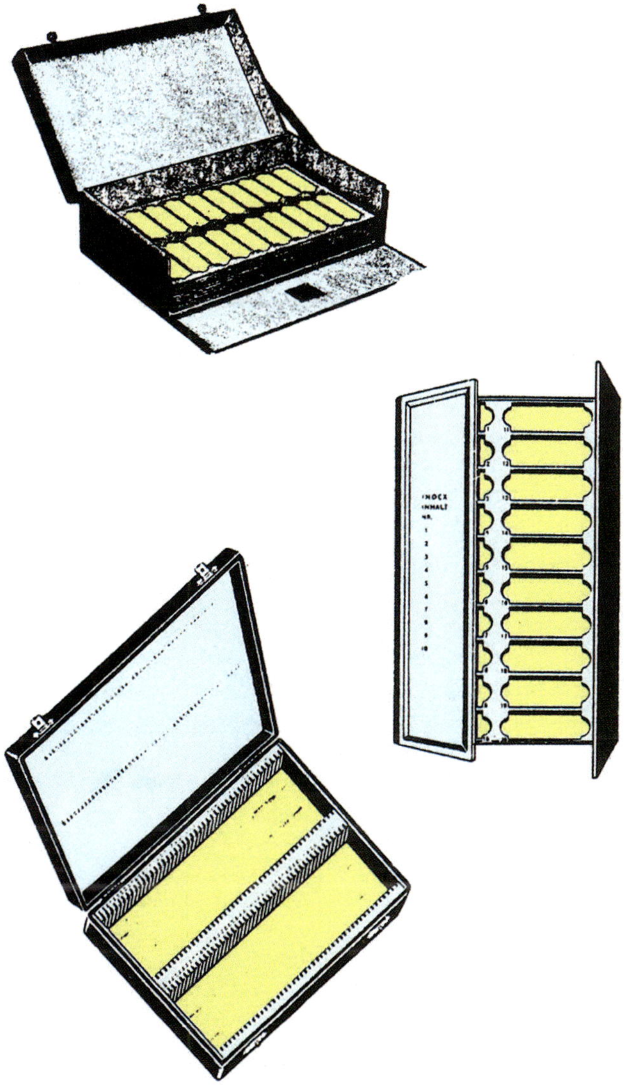

Abb. 43. Aufbewahrungsmöglichkeit für mikroskopische Präparate. Von oben nach unten: Sammlungskasten für Präparateeinsätze, doppelklappig schließbare Präparatemappe, Präparatekästchen für 100 Präparate.

gemachte Präparat bietet geradezu einen ästhetischen Genuss. Man denke an die sternförmigen Erscheinungsbilder von Querschnitten durch Wurzel und Stängel.

Die Schnitte sollte man zusammen mit einem verlässlichen, möglichst bebilderten Begleitbuch durchstudieren. Dies gibt viel Information und verheißt einige Entdeckerfreude. Eine Reihe von Histologiebüchern, die auch für den Nichtfachmann lesbar sind, wird im Anhang angeführt. Wenn man sich eine Zeitlang mit der „Histologie des Menschen“ oder der „Histologie von Säugetieren“ befasst hat, sieht man seinen Körper mit anderen Augen, und mit einer „Histologie der Blütenpflanzen“ Blume, Strauch und Baum.

Und wie ist es mit Präparaten aus der „Wunderwelt im Wassertropfen“? Leider werden auch mit den besten Präparationstechniken die meisten Mikroorganismen des Wassertropfens, seien es Tiere oder

Pflanzen, nur ungenügend konserviert und enttäuschen, wenn man ihre Lebendformen kennt. Deshalb empfehlen wir im Wesentlichen die Themenkreise „Histologie und Embryologie der Tiere und des Menschen“ sowie „Histologie der höheren Pflanzen“. Man sollte sich auch informieren, welcher Gewebetyp mit welchem Färbungsmittel in welcher Farbe dargestellt wird. Dies hilft ungemein zum tieferen Verständnis komplexerer Präparate und damit der „histologischen Architektur“.

Eine Ausnahme im Hinblick auf die soeben erwähnte „Wunderwelt im Wassertropfen“ bilden Skelette von Kieselalgen (Diatomeen), Strahlentierchen (Radiolarien) und Kammerlingen (Foraminiferen). Von diesen filigranen Wunderwerken der Natur lassen sich exzellente Dauerpräparate herstellen, am schönsten und ästhetischsten als Legepräparate. Auch diese kauft man am besten von Könnern, die in deren Herstellung ein Höchstmaß an Routine und Perfektion entwickelt haben (Bezugsquelle im Handel). So verwenden sie zur Justierung ihrer Objekte in Reihen oder Kreisen feinste Augenbrauen als „Legewerkzeug“!

Aufbau und Lagerung einer Präparatesammlung

Zum Aufbewahren gibt es mehrere Möglichkeiten (Abb. 43): Einsätze, die man in Mappen zusammenfassen kann, Klappmappen oder Präparatekästen, in die man die Präparate mit der Breitseite parallel einführt, und zwar in Nutenleisten. Die Mappen haben den Vorteil, dass man die Präparate mit einem Blick übersieht und die Beschriftung lesen kann. In die Kästchen gehen dagegen auf die Raumeinheit sehr viel mehr Präparate. Empfehlenswert ist es, die Kästchen ggf. senkrecht aufzustellen, damit relativ frische, noch nicht voll ausgehärtete Präparate horizontal gelagert sind, da sie gelegentlich, vor allem nach ungenügender Aushärtung, noch zum „Wegfließen“ neigen können.

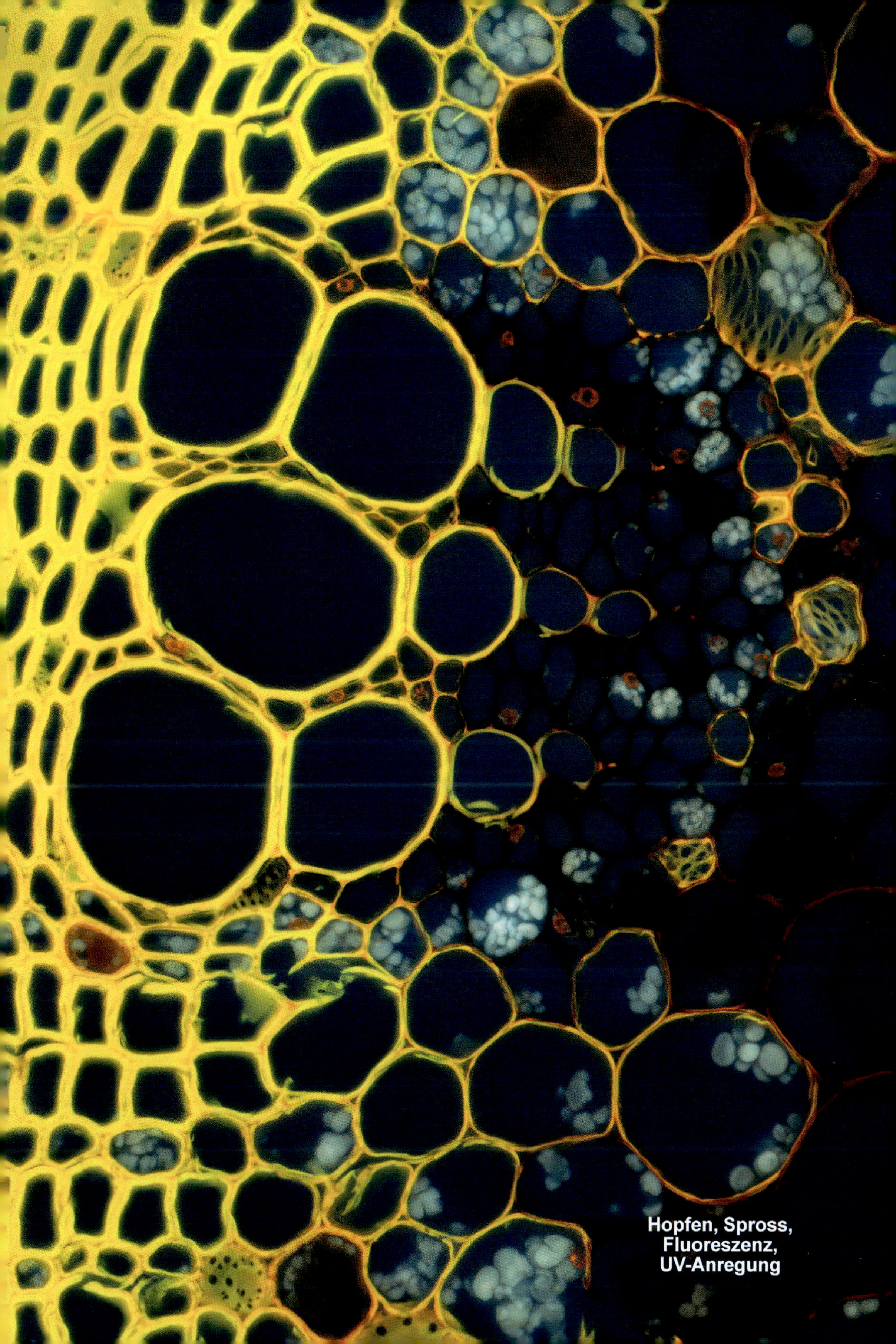

Hopfen, Spross,
Fluoreszenz,
UV-Anregung

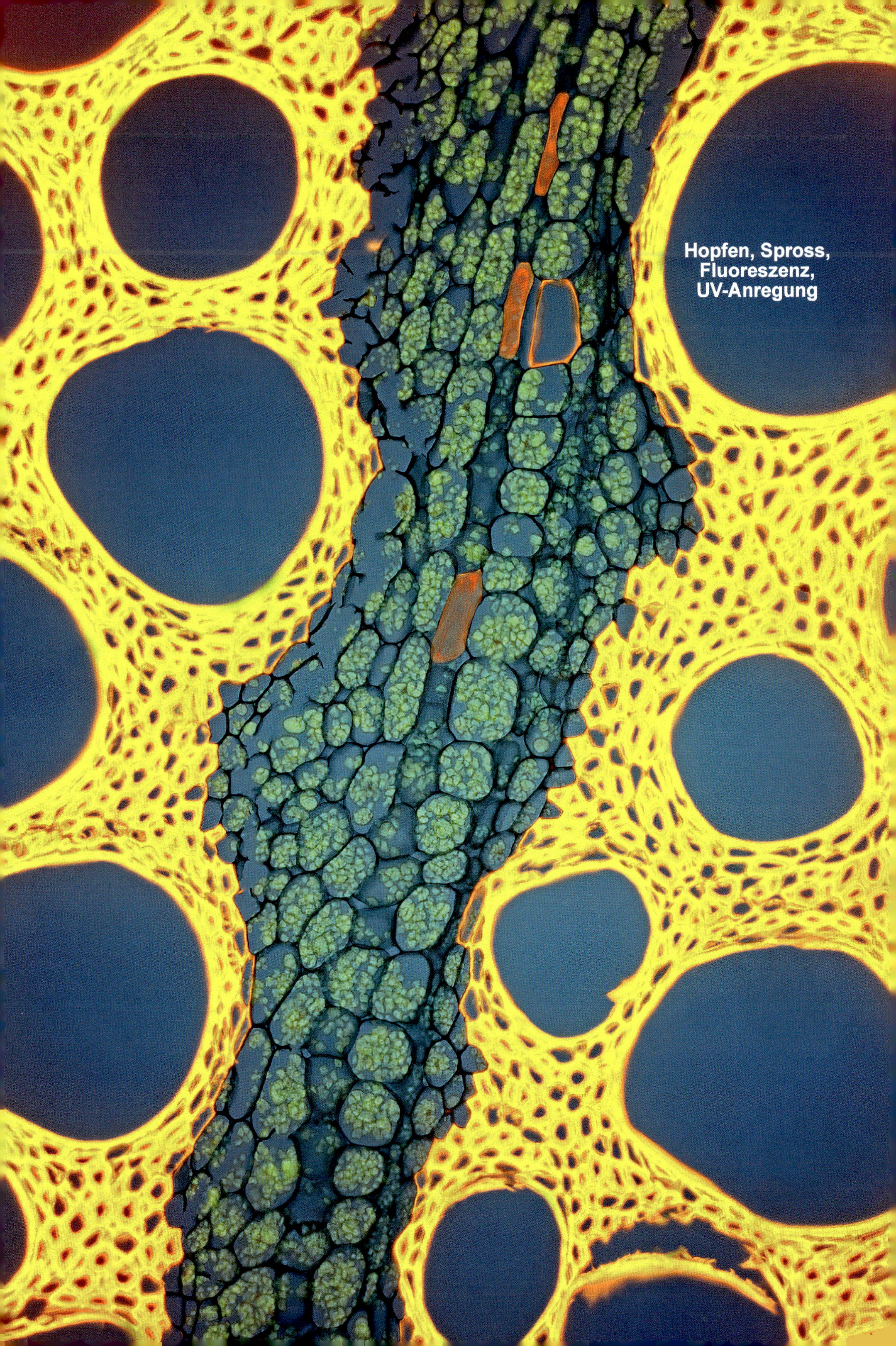

Hopfen, Spross,
Fluoreszenz,
UV-Anregung

Hibiscus, Stempel mit Pollen, Auflicht-Fluoreszenz, UV-Anregung

Hibiscus, Staubgefäße,
Auflicht, Fluoreszenz,
UV-Anregung

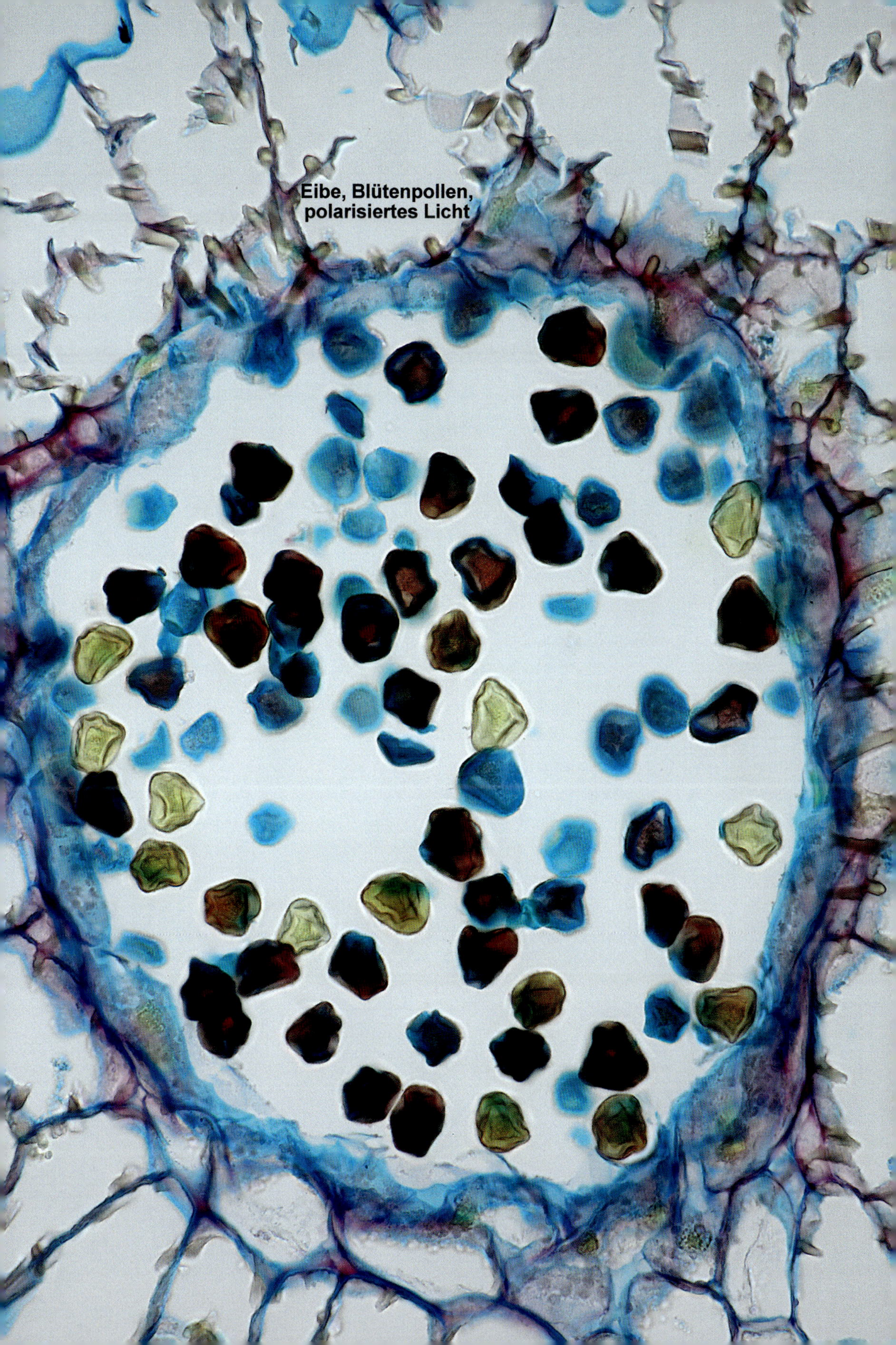
Eibe, Blütenpollen,
polarisiertes Licht

Kiefernadel,
Fluoreszenz,
UV-Anregung

Farnblatt, Unterseite
mit Sori (Aggregate
von Sporenkapseln)

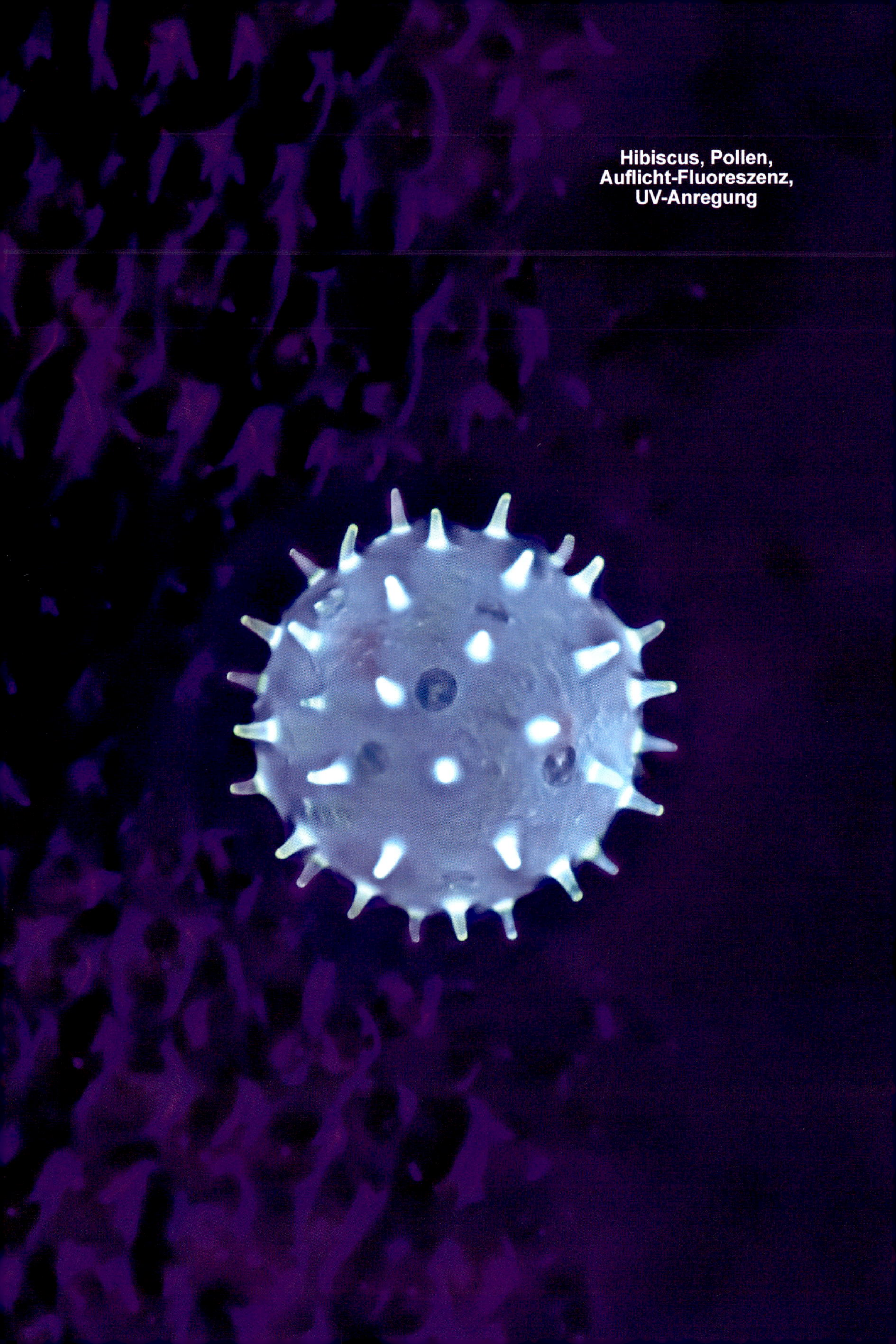

Hibiscus, Pollen,
Auflicht-Fluoreszenz,
UV-Anregung

Pflanzenwelt

Pflanzen haben ja den unschätzbaren Vorteil, dass sie einem nicht weglaufen können. So trivial ist das gar nicht, wie es klingt. Wer eine Blütenanlage im Mikrotomschnitt untersuchen will, hat das Material im Vorgarten. Wer einen Mausembryo so untersuchen will, tut sich da schon schwerer.

Jagdgründe

Es gibt in Mitteleuropa mehr Pflanzenarten im Süßwasser als Blütenpflanzen auf dem Land. Auf jeden Fall lohnt es sich, die **Algen** im Süßwasser zu erkunden. Auf diese und andere Mikroorganismen des Wassers wird in Band 3 weiter eingegangen. Bei **Pilzen** lohnen sich die leicht präparierbaren „Schimmelpilze" eher als Schnitte durch „Schwammerl". An Schnitten durch **Flechten**, etwa Becherflechten, kann man beispielsweise den Bau der Vermehrungskörper gut studieren. Sehr hübsch und empfehlenswert sind **Moose**, sowohl deren Blättchen wie Einzelteile der Frucht- und Vermehrungskörper. Bei **Farnpflanzen** sind vor allem die sporentragenden Organe interessant. Außerordentlich vielfältig sind schließlich die Untersuchungsmöglichkeiten bei **Samenpflanzen**.

Da kann man auf Entdeckungsreise gehen mit Blattoberflächen und Blattquerschnitten, Schnitten durch dünne Stängel und Wurzeln oder durch Holz in verschiedenen Richtungen. Schnitte mit der Rasierklinge oder dem Rasiermesser durch in Holundermark eingeklemmte Teile, für die man nicht einmal unbedingt ein Handmikrotom benötigt, tun es vielfach. In den vorhergehenden Abschnitten sind dazu manche Anleitungen gegeben.

Was lohnt sich?

Es gibt eine Vielzahl von günstigen Einzelobjekten. Vom Häutchen der Zwiebelschalen (zur Zell- und Chromosomendarstellung) bis zu den berühmten Staubfadenhaaren der Tradescantia (zur Darstellung der Plasmaströmung) lohnt sich alles. Als Beispiel zeigt die Abbildung 44 einen Ausschnitt eines gefärbten Schnittpräparates eines dünnen Zweiges, aufgenommen in Durchlicht-Fluoreszenz bei Blaulicht-Anregung.

Wo sollte man immer wieder nachsehen?

Alles was wächst, ist interessant, weil sich die Strukturen verändern. So kann man Schnitte durch aufkeimende Roggenpflanzen machen, vom ersten zarten Keimling bis zum abgestorbenen, versteiften Halm. Interessant ist auch die Blattanlage, von der Knospe bis zur Entfaltung: Längsschnitte, im Auflicht betrachten! Geradezu abenteuerlich kann es sein, die Entwicklung und Bildung einer Frucht zu verfolgen, vom Fruchtknoten (Längs- und Querschnitte) in der Blüte bis zur fertigen Frucht. Das heimische Steinobst bietet hier gute Möglichkeiten.

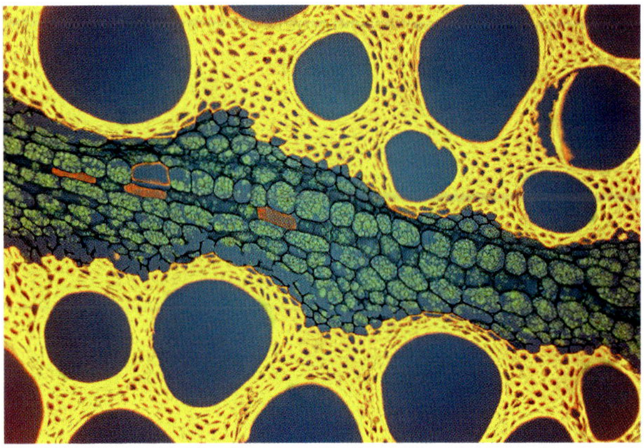

Abb. 44. Gefärbtes Präparat eines drei Jahre alten Zweigs der Pfeiffenblume (*Aristolochia clematitis*), auch Pfeifenwinde oder Osterluzei genannt. Durchlicht-Fluoreszenz bei Blaulicht-Anregung.

Algen (Phycophyta)

Wasser- und Erdbewohner

Im dritten Band unseres Kompendiums über die Mikroorganismen des Wassers sind viele Algen geschildert, die man finden und bestimmen kann. Wer am Meer wohnt, sollte nicht versäumen, Tange (Braunalgen) zu sammeln und die zarten Fäden oder die flächigen Lager im Durchlicht zu betrachten, auch ihren Aufwuchs.

Es gibt aber auch Erdalgen. Man untersuche nur einmal recht feucht gehaltene Blumentöpfe auf der Oberfläche nach Blau- und Grünalgen, die sich da ansiedeln. Auch Baumrinden, selbst Verkehrszeichen, werden von Grünalgen, teils in lückenloser Lagerung, besiedelt.

Kieselalgenpräparate

Bei den Kieselalgen bietet es sich ausnahmsweise an, ein Schalen-Dauerpräparat zu fertigen. Die Kieselschalen können sich durch das Präparieren ja nicht verändern, ganz im Gegensatz etwa zu Grünalgen. Gerade im Frühjahr findet man Kieselalgen in Massen als braunen Belag auf Steinen und Pflanzen, in Wiesengräben und an Teichufern. Man kann sich auch fast reinen „Kieselalgensand" besorgen, etwa fossilen Kieselgur aus der Lüneburger Heide, wo man die Algenschalen praktisch in Reinkultur vorfindet. Berühmt ist der Algensand von Barbados, wobei diese Insel ebenso berühmt ist für ihre Radiolarienskelette, die zu den tierischen Organismen zählen. Man bringt den Belag oder ein aufgeschwemmtes Tröpfchen mit dem fossilen Material in ein kleines Gefäß, schüttelt kräftig um und lässt absitzen. Lebende Kieselalgen haben sich in etwa einem Tag aus dem Detritus hochgearbeitet und bilden einen feinen, braunen Oberflächenbelag. Dieser Belag wird abgesaugt und auf den Objektträger pipettiert. Nach der Lebenduntersuchung streicht man einen weiteren Tropfen aus, lässt vollständig eintrocknen (Backofen bei 100 °C), bringt nach dem Erkalten einen Tropfen künstlichen Kanadabalsams (Caedax oder Nachfolgeprodukte) oder ein spezielles Diatomeen-Einschlussmittel (Fachhandlungen für Mikroskopbedarf) auf und legt ein Deckglas auf – fertig.

Schöner werden die Präparate, wenn man die Kieselalgen erst reinigt (durch Aufschlämmen und öfteres Absitzenlassen; am langsamsten setzen sich die zartesten Algen ab) und dann ausglüht. Man bringt die in einem Spitzglas abgesetzten Diatomeen mit der langen Pipette in einen

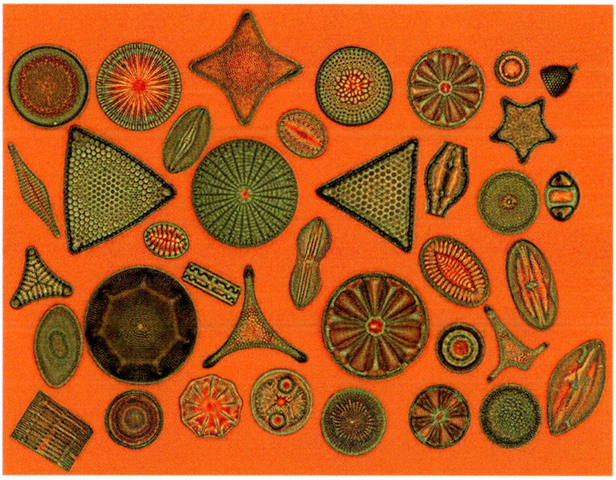

Abb. 45. Übersichtsaufnahme eines Diatomeen-Legepräparats in Interphako-Beleuchtung.

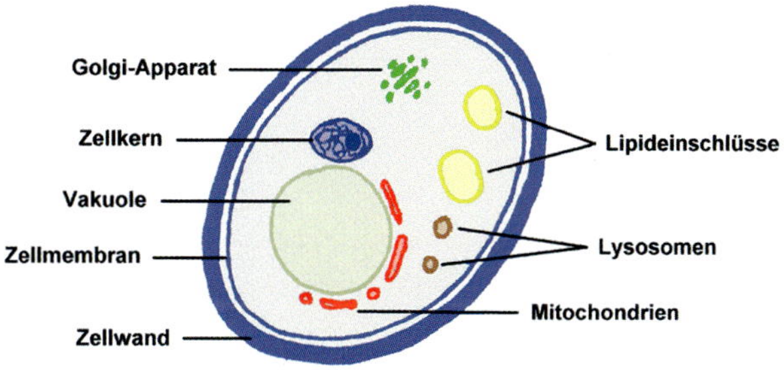

Abb. 46. Feinbau einer Hefezelle, vereinfachtes Schema.

alten Edelstahl-Löffel und glüht diesen (mit der Zange halten, Schutzbrille!) über der Gasflamme kräftig aus. Nach dem Erkalten kann man das übrigbleibende weiße Pulver, welches nun praktisch aus reinen Diatomeenschalen besteht, einbetten. Die Schalen enthalten dann keine organische Substanz, auch keine störenden Chromatophoren mehr und wirken sehr edel. Allerdings werden sich bei diesem – hier vereinfacht geschilderten – Verfahren Lufteinschlüsse kaum vermeiden lassen.

Früher war die Kunst des „Diatomeen-Legens“ üblich. Mit einer an einem Halter geklebten Augenbraue (!) wurden einzelne Kieselalgenschalen in Reih und Glied auf vorbereitete Objektträger übertragen. Heute beherrscht kaum mehr jemand dieses Geduldsspiel. Alte Legepräparate oder „Typenpräparate“ mit vielen Formen gehören deshalb zu den Kostbarkeiten einer Präparatesammlung. Das in Abbildung 45 gezeigte Präparat mit diversen Formen ist neueren Datums.

Pilze (Mycophyta)

In ähnlicher Weise wie Bakterien sind auch Pilze allgegenwärtig. Vereinfachend kann man zwischen Spross- und Fadenpilzen unterscheiden. Die Sprosspilze zählen zu den einfachst gebauten pflanzlichen Eukaryonten, sind im Umriss oval bis eiförmig, etwa 6 – 12 µm lang und 4 – 8 µm breit. Ein leicht beschaffbarer Vertreter dieser Gruppe ist die Bäckerhefe. Abbildung 46 zeigt schematisch ihren Feinbau. Golgi-Apparat (Ausscheidungs-Organell),

Abb. 47. Köpfchenschimmel (*Phycomyces blakesleeanus*), einzelner Pilzfadem (Hyphe) mit Sporen tragendem Köpfchen, Objektiv 6,3× , polarisiertes Licht.

Mitochondrien (Organelle der Zellatmung) und Lysosomen (Organelle der Verstoffwechselung aufgenommener Substanzen) sind im konventionellen Lichtmikroskop nicht sichtbar und bedürfen zu ihrer Darstellung eines Elektronenmikroskops. Der Zellkern (Nucleus) mit einem Kernkörperchen (Nucleolus), eine große Vakuole und Fetteinschlüsse (Lipideinschlüsse) sind andererseits bei starker Vergrößerung mit einem Standard-Mikroskop zu beobachten. Wie jede Pflanzenzelle besitzt auch die Hefezelle eine Zellwand. Diese umschließt die nur elektronenmikroskopisch erkennbare Zellmembran. Die verschiedenen Organellen schwimmen in der Zellflüssigkeit (Zytoplasma, im Schema grau angedeutet). Ungeschlechtlich vermehren sich die Hefen durch Sprossung von Tochterzellen. Gelegentlich können auch mehrere Tochterzellen in kurzen Ketten aneinander liegen. Zur mikroskopischen Untersuchung beschafft man sich am einfachsten eine kleine Portion Bäckerhefe und gibt eine winzige Probe des Materials auf einen Objektträger; dann schwemmt man das Material unter behutsamem Rühren in einem Wassertropfen auf und bedeckt es mit einem Deckglas. Beobachtungen sind bei mittlerer bis starker Vergrößerung im abgeblendeten Hellfeld möglich, ebenso im Dunkelfeld, Phasen- und Interferenzkontrast.

Auf einfache Weise kann man Fadenpilze zur Mikroskopie gewinnen, wenn man eine Scheibe Brot durchfeuchtet und einige Tage liegen lässt. Die hierbei entstehenden Schimmelpilze gehören zu den fadenförmigen Schlauchpilzen; sie bestehen zunächst aus einem flachen Geflecht (Mycel) feiner Pilzfäden (Hyphen), welche den Pilz im Substrat verankern. Im weiteren Verlauf sprossen gestreckt verlaufende Hyphen nach oben, welche der Sporenbildung dienen. Beim Köpfchenschimmel tragen diese Hyphen einen sporenhaltigen „Kopf“, beim Pinselschimmel werden die Sporen (Konidien, Akrosporen) von mehrfach verzweigten Hyphen abgeschnürt. Bei den komplexer aufgebauten und deutlich größeren Hutpilzen (Ständerpilzen) werden die Sporen im Bereich der Hutlamellen oder -röhren gebildet.

Abbildung 47 zeigt einen Sporenkopf mit der zugehörigen ihn tragenden Hyphe im Übersichtsbild. Die Zellwände der Pilze sind optisch aktiv (doppelbrechend, anisotrop), weshalb man reizvolle Ansichten im polarisierten Licht erstellen kann.

Pilzfäden (Hyphen) und Sporen eines Pinselschimmels (*Penicillium chrysogenum*) in einem Frischpräparat, eingebracht

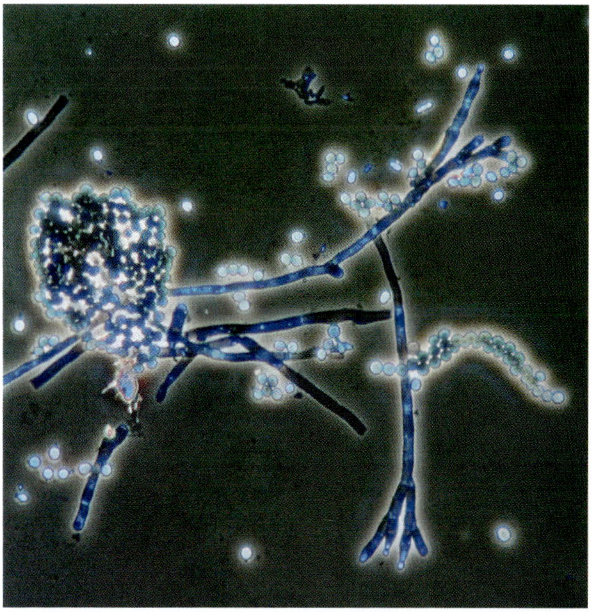

Abb. 48. Hyphen und Sporen des Pinselschimmels (Penicillium chrysogenum), Frischpräparat in Wasser unter Deckglas.

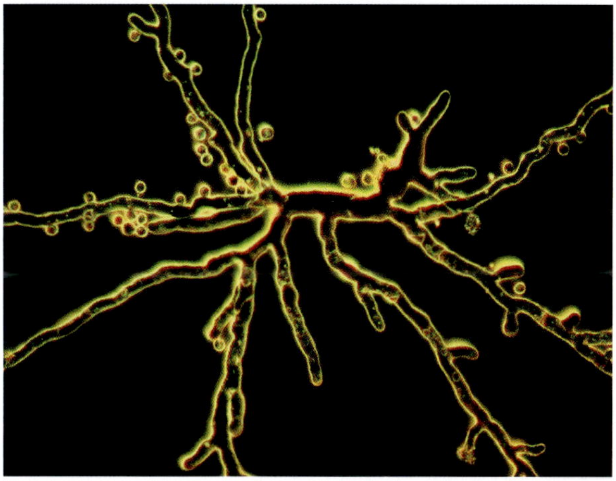

Abb. 49. Sporenkeimung in Wöltje-Nährlösung unter Deckglas. Pinselschimmel (*Penicillinum chrysogenum*), Objektiv 40×, Dunkelfeld. Die auskeimenden Pilzfäden (Hyphen) sind von mehreren Sporen umsäumt.

in einen kleinen Wassertropfen und mit einem Deckglas bedeckt, werden in Abbildung 48 gezeigt.

Wenn man Pilzsporen in eine geeignete Nährlösung gibt, kann man das Keimen der Sporen und das Auswachsen der Pilzfäden im Mikroskop im Verlauf mehrerer Tage beobachten (Abb. 49). Hierzu bringt man einen größeren Tropfen der Nährlösung auf einen Objektträger, versetzt die Lösung mit einigen Sporen, bedeckt das Ganze mit einem Deckglas und bringt das Präparat in eine feuchte Kammer, um ein Verdunsten der Nährlösung zu vermeiden. Natürlich kann man auch an den Deckglasrand wiederholt frische Nährlösung geben und so den Spaltraum zwischen Deckglas und Objektträger bei Erfordernis nachfüllen. Auch besteht die Möglichkeit, das Deckglas mit einem Schnelleinschlussmittel, z. B. Entellan, zu umranden und auf diese Weise ein Verdunsten der Nährlö-

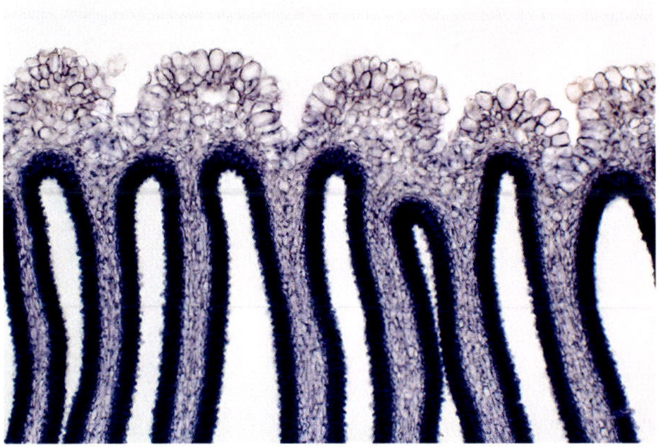

Abb. 50. Gefärbtes Schnittpräparat eines Ständerpilzes, Hellfeld.

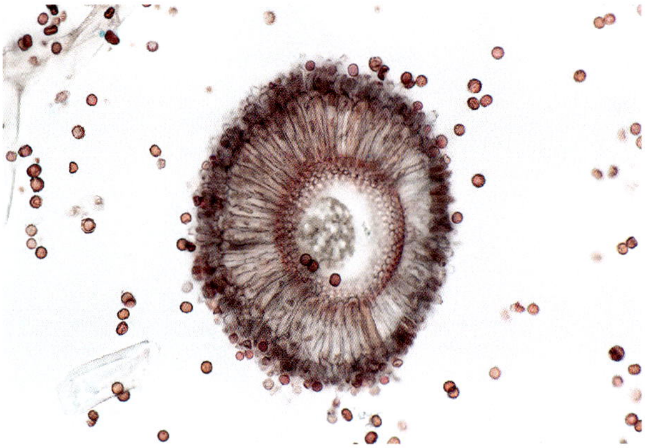

Abb. 51. Gießkannenschimmel (*Aspergillus* sp.), Konidienträger quergeschnitten, Hellfeld.

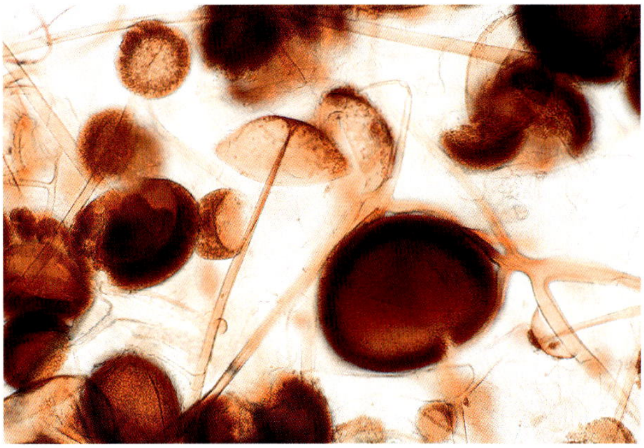

Abb. 52. *Mucor mucedo*, Kopfschimmel, Myzel und (geplatzte) Sporangien, Hellfeld.

sung zu vermeiden. Das in Abbildung 49 gezeigte Lebendpräparat von keimenden Pilzsporen in Nährlösung wurde so abgedichtet.

Als Nährlösung hat sich unter anderem die Wöltje-Lösung bewährt:
1 g Asparagin, 0,5 g KH_2PO_4, 0,25 g $MgSO_4$, 7,5 g Saccharose, 100 g Wasser.

Als Variante kommt in Betracht:
5 g Pepton, 0,25 g KH_2PO_4, 0,12 g $MgSO_4$, 5 g Glucose, 100 g Wasser.

Je nach Spezies mag die eine oder andere Nährlösung zu einem intensiveren Wachstum führen.

Stichwortartig einige Untersuchungstrips für Landpilze. Wasserpilze sind im Abschnitt über Mikroorganismen des Wassers behandelt.

„Köpfchenschimmel" (Abb. 47) und andere Schimmelpilze lassen sich leicht in einer feuchten Kammer kultivieren, die man mit wenigen Hausmitteln selbst herstellen kann. In einen Eierbecher legt man das Material, beispielsweise ein Stückchen Brot. Den Eierbecher stellt man in einen flachen Teller, dessen Boden mit etwas Wasser beschichtet ist. Das Ganze deckt man mit einer umgekehrt platzierten Schüssel ab. In der so geschaffenen feuchten Treibhausatmosphäre wachsen Schimmelpilze bestens. Man kann sie zunächst im Auflicht bei schwacher Vergrößerung untersuchen, dann die Sporenbildung (beispielsweise bei Mucor) nach Abkratzen im Durchlicht bei stärkerer Vergrößerung.

Schnitte durch „Schwammerl" (Abb. 50) besorgt man sich am besten als Dauerpräparate. Ebenso sind auch Dauerpräparate erhältlich, die Fadenpilze mit Myzel und sporenbildenden bzw. sporentragenden Strukturen zeigen (Abb. 51 und 52).

Interessant ist auch der Pillenwerfer *Pilobolus* (Abb. 53). Ein frisch abgelegter Pferdeapfel wird in die „feuchte Kammer" eines Marmeladenglases gebracht (wenn die Hausfrau nicht mitspielt, was verständlich erscheint, bastelt man sich eben etwas aus einer leeren Marmeladendose mit Deckel). Nun entwickeln sich darauf meist „von selbst" die Fruchtkörper des Pilzes. Am Ende der keulenartig angeschwollenen, einige wenige Millimeter langen Sporangienträger sitzt das stecknadelkopfgroße, dunkle Sporangium: Dieses wird zielgerichtet zum Licht ausgerichtet, anschließend wird es mit seinen bis zu 50.000 Sporen blitzartig abgeschossen. Der Träger knickt dann innerhalb weniger Sekunden in sich zusammen.

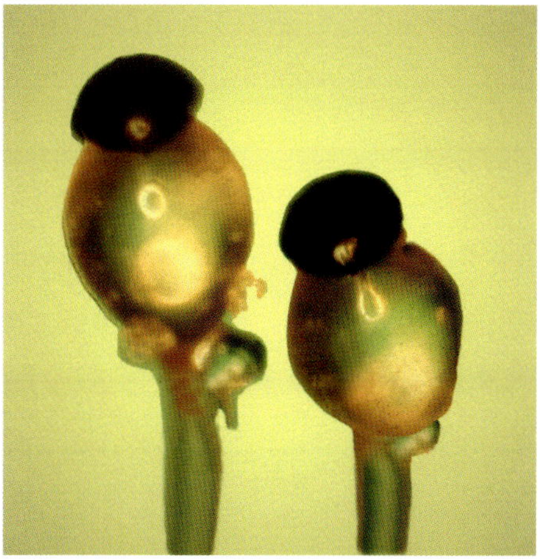

Abb. 53. Pillenwerfer-Pilz *Pilobolus crystallinus*, zwei Sporenkapselträger mit schwarzer Sporenkapsel. Kombinierte Auf- und Durchlicht-Beleuchtung, gegen den Hintergrund (o. ä.) freigestellt.

Berberitzenblätter tragen oft rostgelbe Anschwellungen, die sich im Schnitt als becherförmige Hüllanlagen für sich abgliedernde Sporen entpuppen. Die Berberitze ist ein bekannter Zwischenwirt von Rostpilzen. Die sporenbildenden Aecien des Rostpilzes bilden becherförmige Formationen an der Blattunterseite ihrer Wirtspflanze, innerhalb derer die Bildung und Abschnürung von Sporen stattfindet (Abb. 54). Ein Botanikbuch erklärt Einzelheiten und gibt zahlreiche weitere Anregungen.

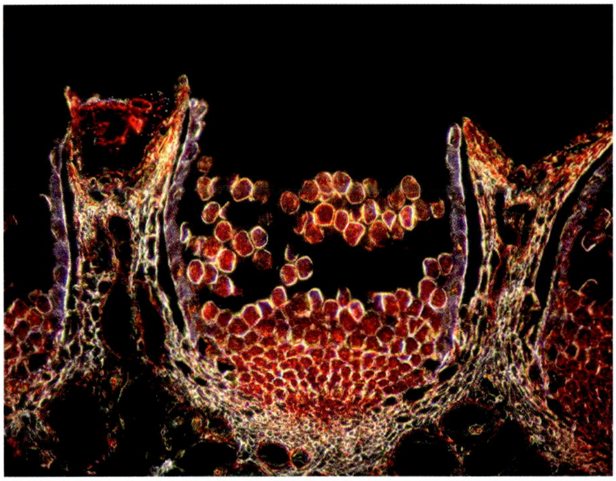

Abb. 54. Rostpilz, becherförmiges Aescium mit Sporen, Dunkelfeld. Foto: Timm Piper.

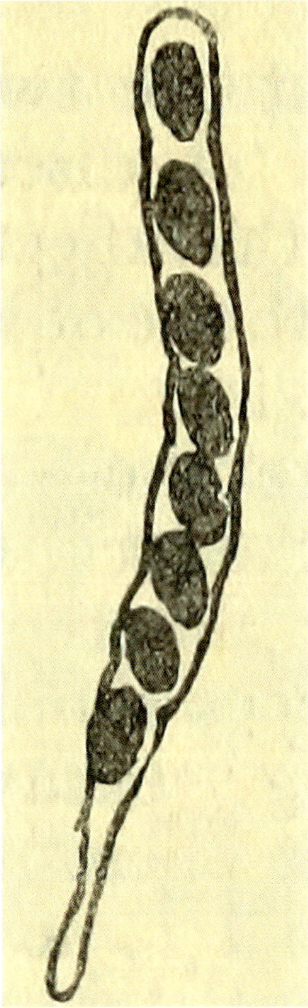

Abb. 55. Ascus mit Sporen, historische Zeichnung von 1923.

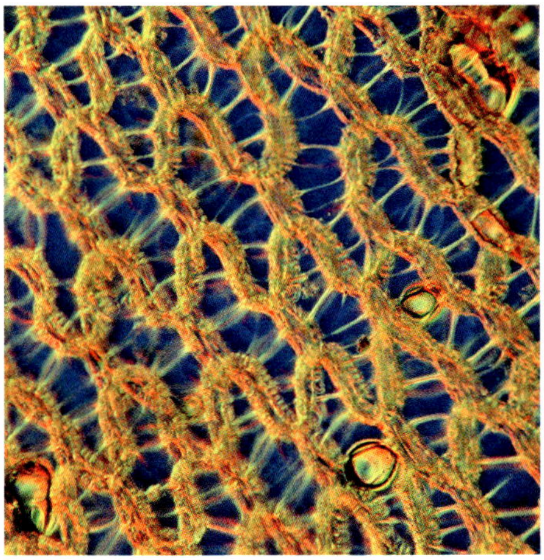

Abb. 56. Aufsicht auf ein Blatt des Torfmooses (*Sphagnum* spec.). Die „Wasserzellen". enthalten Ringversteifungen und Löcher zur Wasseraufnahme. Rheinberg-Beleuchtung, gelb gegen blauen Untergrund.

Flechten (Lichenes)

Schnitte durch nahezu jede beliebige Flechte zeigen den Aufbau aus Pilzhyphen und Algenzellen. Besonders interessant, da relativ reich strukturiert, sind die Apothecien, schüsselförmige Fruchtkörper vieler Baumflechten, beispielsweise der stickstoffliebenden Gelbflechte (*Parmelia acetabulum*). Auf der eingesenkten Oberseite stehen schlauchartige Sporenbehälter, Asci genannt, mit jeweils 8 Sporen wie die Zinnsoldaten nebeneinander (historische Zeichnung eines Ascus mit acht Sporen in Abb. 55).

Moose (Bryophyta)

Beide Moosklassen, die Lebermoose wie die Laubmoose, bieten vielerlei Betrachtungsmöglichkeiten. Am interessantesten sind die Fortpflanzungskörper, doch wird man diese kaum finden und besser als Dauerpräparate kaufen.

Viele Moosblättchen sind bloß aus einer einzigen Zellschicht aufgebaut, und man kann, in einem Wassertropfen mit dem Deckglas leicht angequetscht, wunderbar die Zelllagerung, Chloroplasten und Plasmaströmung beobachten. Schnitte durch den Thallus (so nennt man diese primitiven Pflanzenkörper) eines Lebermooses, beispielsweise des bekannten Brunnenlebermooses (*Marchantia polymorpha*) werden immer wieder einmal die eigenartigen „Kamine" treffen, durch die der Luftaustausch stattfindet.

Vielleicht noch interessanter sind die Blätter der Torfmoose (Gattung *Sphagnum*). Sie enthalten dünne, schlauchartig aussehende, lebende Zellen mit Chloroplasten, die zwischen sich sehr ausgedehnte, ringleistenverstärkte tote „Wassersäcke" einschließen (Abb. 56); diese münden zur Wasseraufnahme mit Öffnungen an die Außenwelt. Torfmoose sehen im trockenen Zustand silbergrau aus, mit Wasser vollgesogen grünlich.

Wieder anders gebaut ist das Blatt des bekannten Frauenhaarmooses (Gattung *Polytrichum*). Hier stehen die Chlorophyll-führenden Zellen in eng aneinander gelagerten Lamellen zusammen, wie ein Querschnitt erkennen lässt. Untersuchenswert ist auch die von einem Mützchen bedeckte Kapsel der Moos-Sporophyten. Nach Abfallen des Mützchens wird ein Deckel abgesprengt. Die entstehende Öffnung ist von Peristomzähnen umstellt (Abb. 57). Ist das Wetter feucht, krümmen sich die teilweise hygroskopischen Zähnchen nach innen und verhindern so ein Sporenausstreuen.

Farnpflanzen (Pteridophyta)

Zu den Farnpflanzen gehören die Bärlappgewächse (Lycopodiatae), die Schachtelhalmgewächse (Equisetadae), die Farne (Filicatae) sowie die Wasserfarne (Hydropteridae).

Sehr untersuchenswert sind die Sporangien, die Sporenkapseln unserer Waldfarne. Sie sitzen meist in Gruppen unter einem feinen, millimetergroßen rundlichen Schleier an der Unterseite älterer Farnblätter. Man beobachtet bei schwacher bis mittlerer Vergrößerung ohne Deckglas. Die Ansichten in Bildtafel 58 wurden in Auflicht-Fluoreszenz bei Blaulichtanregung fotografiert; die dort präsentierten Sporangien eines Wurmfarns (*Dryopteris* spec.) wurden mit Objektiven 5×, 10× und 25× aufgenommen. Abbildung 59 zeigt ein Farnblatt mit Sporangien im Querschnitt (Hellfeld).

In einem aufgetupften Wassertropfen reißen die Sporangien meist blitzartig auf, wobei der raupenförmige sogenannte Anulus (ein Ring besonders verstärkter Zellen) eine Rolle spielt.

Abb. 57. Peristomzähne einer Mooskapsel im Hellfeld. Diese Fortsätze krümmen sich, je nach dem Wasserdampfgehalt der Luft, unterschiedlich ein.

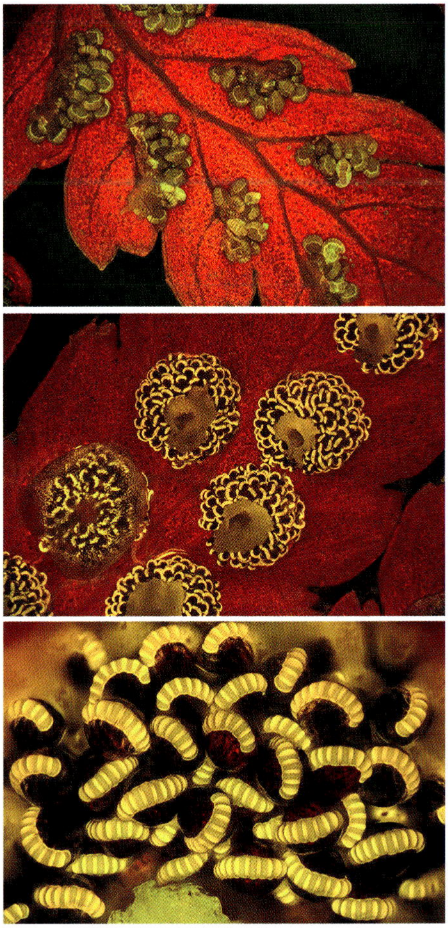

Abb. 58. Sporangien eines Wurmfarns (*Dryopteris* spec.), aufgenommen mit Objektiven 5×, 10× und 25×, Auflicht-Fluoreszenz, Anregung mit blauer LED. Oben: Sori auf der Blattunterseite, Deckschirme (Indusien) geschrumpft. Mitte: Sori stärker vergrößert. Unten: Aufsicht auf die „Raupen-Aufsätze" (Anuli) der Sporangien.

Schneidet man ein Moosstängelchen quer, so sieht man nur wenig differenzierte Zellen. Bei einer Farn-Sprossachse erkennt man dagegen in der Mitte schon ausgesprochenes Leitgewebe, an der Peripherie hartes Festigungsgewebe, eine erste „Arbeitsteilung" in der Entwicklung der höheren Pflanzen.

Höhere Pflanzen

Auch die höheren Pflanzen, Nacktsamer (Gymnospermae) und Bedecktsamer (Angiospermae) bieten eine Fülle an Präparations- und Beobachtungsobjekten.

Aus didaktischen Gründen wird zunächst ein ausführliches Kapitel zur Pflanzenhistologie vorangestellt, welches systematisch eine Einführung in die wesentlichen Strukturen der höheren Pflanzen gibt. Auch grundlegende funktionelle Aspekte werden angesprochen. In diesem Kapitel werden die jeweiligen typischen Strukturen anhand von qualitativ hochwertigen gefärbten Schnittpräparaten im Hellfeld demonstriert und erklärt.

Anschließend werden nochmals einige der zuvor besprochenen Strukturen und Objekte exemplarisch aufgegriffen. Hierbei werden ergänzende Hinweise zur

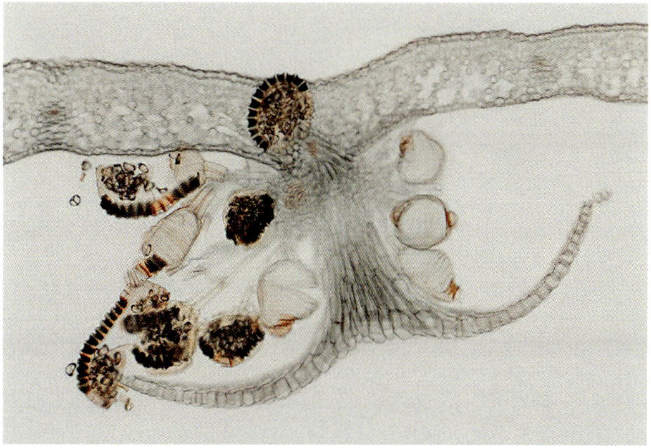

Abb. 59. Farnblatt mit Sporangien im Querschnitt (Hellfeld). Alle Sporangien sind über ihre Anuli aufgerissen, die Deckschirme (Indusien) sind intakt.

Präparation gegeben und es werden auch Bildbeispiele gezeigt, welche mit verschiedenen Beleuchtungsarten jenseits des Hellfelds erstellt wurden.

Histologie und grundlegende funktionelle Merkmale höherer Pflanzen

Bei genauerem Hinsehen unterscheidet sich die Histologie (Gewebelehre) der Blütenpflanzen sehr deutlich von derjenigen der höheren Tiere. Bei den Tieren gibt es eine Fülle von Organen, und man kann sich mit dieser Fülle bereits bei einer einzigen Art – besonders gut untersucht und in diesem Buch entsprechend berücksichtigt ist verständlicherweise der Mensch – ein halbes Leben lang beschäftigen. In der Botanik geht es dagegen im Wesentlichen um vier unterschiedliche Organisationsformen, die man mit ihren vielfältigen Anpassungserscheinungen bei jeweils besonders geeigneten Arten studieren kann: Wurzel – Spross – Blatt – Blüte.

Die Wurzeln dienen der Verankerung und Stoffaufnahme (Wasser und gelöste Nährstoffe) aus dem Boden. Der Spross trägt Blätter und Blüten und hebt diese hervor, der Sonne entgegen. Die Blätter sind die Träger des Blattgrüns (Chlorophyll). Dieses hat die Funktion, aus Wasser und Kohlendioxid Traubenzucker (Glukose) aufzubauen (Photosynthese). Hierbei wird Sauerstoff an die Atmosphäre abgegeben. Die Blüten schließlich dienen der Fortpflanzung.

Die Photosynthese benötigt für ihren Stoffaufbau die Energie des Sonnenlichts. Im Endeffekt lässt sich die Photosynthese mit der folgenden Formel summarisch beschreiben: $6\ CO_2 + 6\ H_2O \rightarrow C_6H_{12}O_6 + 6\ O_2$.

Wasser und Nährstoffe werden von den Wurzeln durch den Spross bis zu den Blättern transportiert, der dort gebildete Traubenzucker auf umgekehrtem Weg bis in die Wurzeln geleitet. Dieser in zwei Richtungen verlaufender Flüssigkeitstransport vollzieht sich in komplex strukturierten Rohrleitungssytemen, den sog. Leitbündeln.

Die Leitbündel bestehen aus zwei grundlegenden Komponenten, den innen (zentral) gelegenen Xylem- und den außen (peripher) angeordneten Phloemgefäßen. Die großlumigeren Xylemgefäße, versehen mit spiraligen oder anders geformten holzhaltigen Verstärkungsstrukturen, transportieren das Wasser mitsamt dort gelösten Nährstoffen von den Wurzeln zu den Blättern, die kleinlumigeren holzfreien „Siebröhren“ (Phloemgefäße) in um-

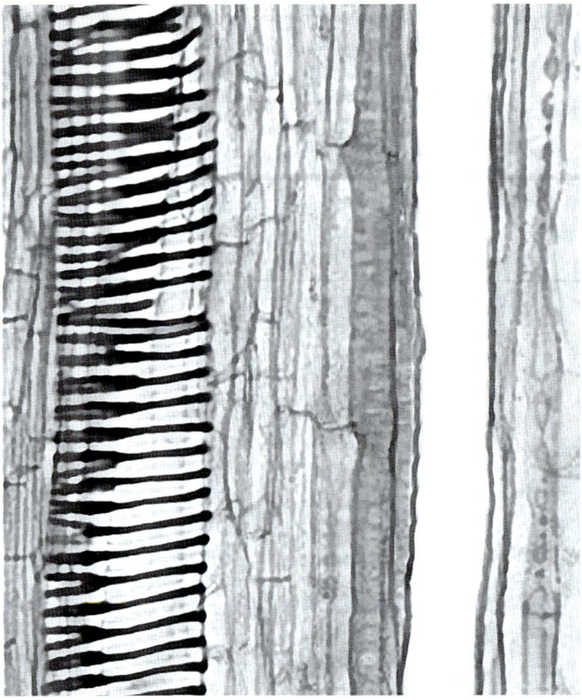

Abb. 60. Schematischer Vergleich eines typischen Xylemgefäßes (links) und Phloemgefäßes (rechts) im Längsschnitt. Nur das weitlumigere Xylemgefäß ist durch Verstärkungsspiralen stabilisiert, welche aus Lignin bestehen.

gekehrter Richtung den in den Blättern synthetisierten Traubenzucker in wässriger Lösung zu den Wurzeln und dortigen Speicherorganen. Abbildung 60 zeigt typische Längsschnitt-Ansichten eines Xylem- und Phloemgefäßes anhand einer Schemazeichnung, welche einem mikroskopischen Bild bei stärkerer Vergrößerung nachempfunden wurde.

Der von den Pflanzen produzierte Traubenzucker wird teils verbrannt (Energiegewinnung), teils als Reservezucker (Stärke) gespeichert. Stärke besteht aus zahlreichen aneinander geketteten Traubenzuckermolekülen. Sie ist als pflanzlicher Reservestoff das Analogon zum tierischen Glykogen. Synthetisiert und gespeichert wird die Stärke in verschiedenen, speziell gebauten Depots, die teils von den Wurzeln, teils von Ausläufern des Sprosses gebildet werden.

Wenn die bei der Photosynthese gebildeten Traubenzuckermoleküle verbraucht sind, oder ein Mehrbedarf besteht, zum Beispiel beim Austreiben einer Pflanze im Frühjahr, wird die gespeicherte Stärke in löslichen Traubenzucker umgewandelt und von den Siebrohren dorthin gebracht, wo Energie benötigt wird, etwa für das Hochwachsen des Sprosses.

Pflanzengewebe bildet neben den erwähnten Leitbündeln und einem die Strukturen ausfüllenden Parenchym auch spezielle Festigungsgewebe aus, das aus lebenden Zellen bestehende Kollenchym und das aus abgestorbenen Kollenchymzellen bestehende Sklerenchym.

Die Wurzel (radix)

Jede Landpflanze besitzt Wurzeln, welche sie im Boden verankern. Schmale, in die Tiefe gerichtete Wurzeln bezeichnet man als Pfahlwurzeln, flache, flächig ausgebreitete als Tellerwurzeln. Als Beson-

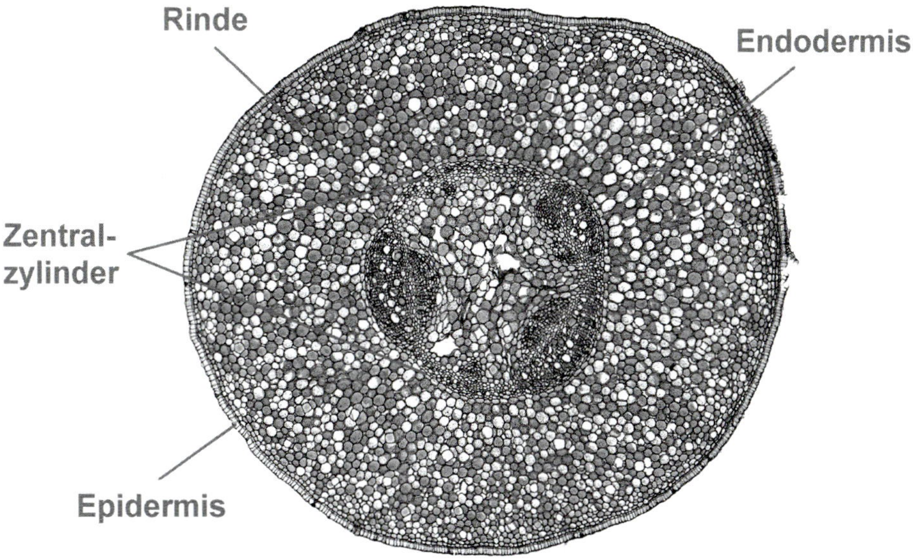

Abb. 61. Querschnitt einer Iris-Wurzel im Übersichtsbild (Mikrofoto). Durchmesser: 5 mm. Man erkennt deutlich die jeweils einschichtige Epi- und Endodermis, die äußere Rindenzone und den inneren Zentralzylinder mit Leitbündeln.

derheit einiger tropischer Pflanzen sind Luftwurzeln zu nennen, welche Wasser aus Feuchtluft aufnehmen. Wenn ein Pflanzensame keimt, entwickelt sich eine rudimentäre Primärwurzel, die sich mit zunehmendem Alter der Pflanze weiterentwickelt. Zusätzlich kann aber auch der Spross sekundär Wurzeln ausbilden (sog. sprossbürtige Wurzeln). Im Unterschied zum Spross tragen Wurzeln keine Blätter, auch zeigen sie einen abweichenden Feinbau.

Viele Pflanzenwurzeln sind von einem weitläufigen Pilzgeflecht umgeben. Diese Wurzelpilze (Mykorrhiza) stehen mit der Wurzel in einer innigen Verbindung, so dass ein wechselseitiger Stoffaustausch erfolgen kann (Symbiose).

Manche Wurzeln können auch der Speicherung von Reservesubstanzen dienen. In diesem Fall bilden sie Verdickungen aus. Diese enthalten reichhaltiges Speichergewebe (Speicherparenchym), in welchem energiereiche Substanzen (Stärke) gespeichert werden. Beispiele für Speicherstrukturen von Primärwurzeln sind Rüben (Möhren). Von sprossbürtigen Wurzeln werden beispielsweise die Wurzelknollen des Scharbockskrauts gebildet. Die Wurzelknollen können Symbionten beherbergen, so z. B. die „Knöllchenbakterien“ in Hülsenfrüchtlern. Diese sind in der Lage, elementaren Stickstoff zu binden, das heißt zu NH_3 oder NH_4+ zu überführen und so für die Pflanze verfügbar zu machen-, ein Vorgang von weitreichender biologischer Bedeutung.

Für die Wurzel allgemein kennzeichnend sind mikroskopisch feine Wurzelhaare, die als Ausdifferenzierungen von einzelnen Zellen der Wurzelhaut (Epidermis, bei der Wurzel auch als Rhizodermis bezeichnet) entstehen und der Wasseraufnahme dienen. Ein Frischpräparat von Wurzelhaaren ist leicht anzufertigen und wird an anderer Stelle beschrieben. Längs- und Querschnitte durch verschiedene Regionen unterschiedlich alter Wurzeln lassen die wesentlichen Kennzeichen einer Wurzel erkennen: Epidermis, Rinde, Endodermis und Leitbündel. Die Abbildung 61 zeigt im Übersichtsbild als Beispiel die Mikro-

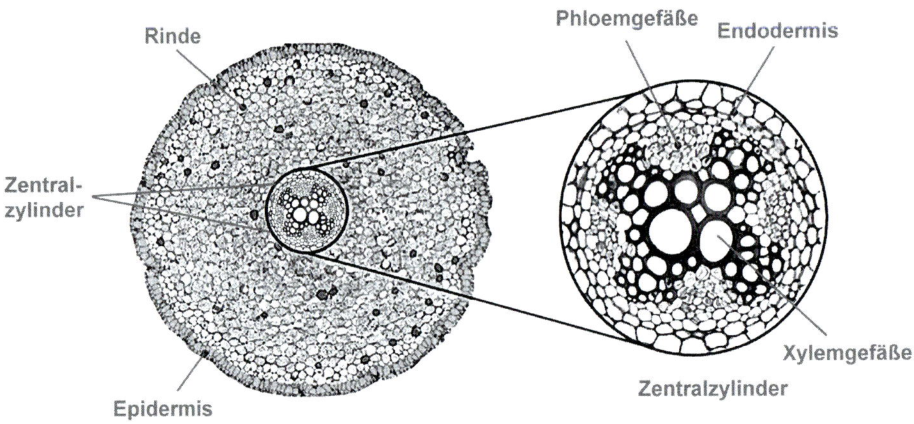

Abb. 62. Schematischer Aufbau einer Wurzel, Übersichtsbild links, Ausschnitt des Zentralzylinders rechts.

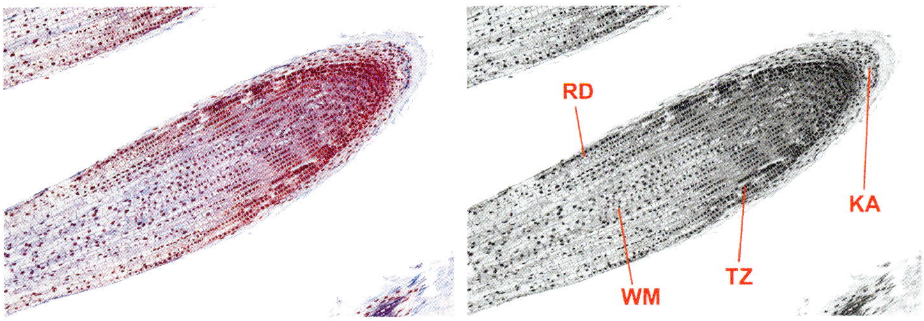

Abb. 63. Wurzelspitze der Hyazinthe *Hyacinthus* sp., Längsschnitt, Übersicht. RD = Rhizodermis; WM = Wurzelmeristem; TZ = teilungsintensive Zellen; KA = Kalyptra (Wurzelhaube).

aufnahme einer Iriswurzel im Querschnitt. Hier erkennt man sehr klar die Epidermis (äußere Haut), das breit angelegte Rindenparenchym, eine innere einschichtige Endodermis und im Zentrum den Zentralzylinder mit Leitbündeln. Abbildung 62 veranschaulicht die Verhältnisse schematisch. Die Ausschnittansicht des Zentralzylinders zeigt in Querschnittansicht nähere Einzelheiten der ringförmig angeordneten Leitbündel: die dünneren Phloemgefäße liegen in der Außenzone, nach innen folgend die deutlich dickeren Xylemgefäße. Hat man sich das Bauprinzip einmal klar gemacht, fällt es nicht schwer, Abwandlungen einzuordnen. Hierzu einige Beispiele:

An einem Längsschnitt durch die Wurzelspitze der Hyazinthe (Abb. 63) kann man mehrere Elemente unterscheiden. Zentral stehen in längs gerichteten Reihen Wurzelzellen (Wurzelmeristem WM). Sie sind in intensiver Teilung begriffen, und man kann auch einzelne Kernteilungsphasen erkennen. Nach oben zu sind sie kräftigem Steckungswachstum unterworfen und werden immer länglicher. Umgeben sind sie von einem mehrschichtigen, nach unten zusammenlaufenden Zylinder teilungsintensiver Zellen TZ, welche die noch feine Wurzel verbreitern und nach unten das Gewebe der Wurzelhaube (Kalyptra KA) abgeben. Diese schützt die Wurzelspitze vor mechanischer Beschädigung, schil-

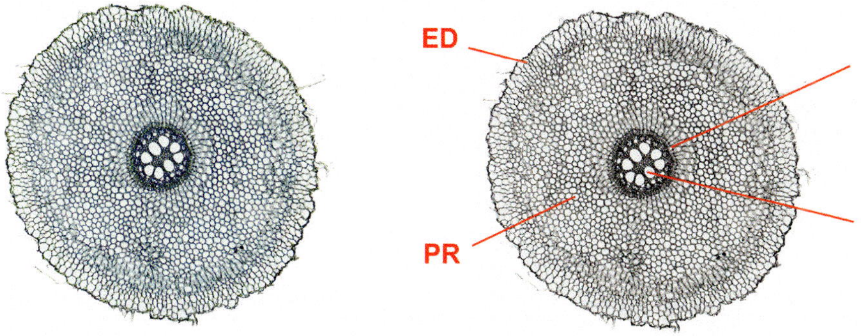

Abb. 64. Wurzel der Wasserschwertlilie *Iris pseudacorus*, Querschnitt. ED = Extoermis; PR = primäre Rinde; EN = Endodermis; ZZ = Zentralzylinder.

fert sich aber rasch ab und muss deshalb laufend nachgebildet bzw. regeneriert werden. Zellen dieser Region enthalten „Statolithenstärke“, die dafür sorgt, dass die Wurzel senkrecht nach unten wächst. Das sehr zarte äußere Abschlussgewebe (Rhizodermis RD) ist noch erhalten, verschwindet in der Regel aber bei weiterem Wachstum der Wurzel.

Der Querschnitt durch eine etwas ältere Wurzel der Wasserschwertlilie (Abb. 64) zeigt eine Reihe von Elementen, die der Wurzelspitzen-Region noch fehlen. Es sind dies die bereits mächtig entwickelte primäre Rinde PR, deren Außenschichten zart verkorken und als äußeres Abschlussgewebe (Exodermis ED) fungieren, nachdem die primär gebildete Rhizodermis (Abb. 63) abgestorben ist. Genau im Zentrum verläuft der Zentralzylinder ZZ mit einem Leitbündel, dessen Holzteil (Xylem) mit großlumigen Wasserleitungsgefäßen sternförmig ausstrahlt und dabei in den Zwickeln die kleinlumigen Elemente des Siebteils (Phloem) umschließt. Es gibt aber auch andersartig gebaute Zentralzylinder. Umschlossen ist ein Zentralzylinder jedenfalls von einer einschichtigen Innenhaut (Endodermis EN). Diese trägt kräftig verdickte Zellwände, die bei der vorliegenden Gattung U-förmig erscheinen (stärkere Vergrößerung!), weil die äußeren, insgesamt rundherum verlaufenden (tangentialen) Schichten unverdickt bleiben. Dazwischen gibt es völlig unverdickte Durchlasszellen. Diese seltsam erscheinende Organisation dient der Wasser- und Ionenverteilung zwischen dem Zentralzylinder und den Zellen seines umgebenden Gewebes.

Der Spross (caulis)

Die ersten mehrzelligen und festsitzenden Pflanzen haben sich im Wasser entwickelt und wurden vom Auftrieb getragen. Dieser entfiel, als die Pflanzen sich anschickten, an Land zu gehen. Die Eroberung des Landes hing maßgeblich davon ab, dass Stützgewebe entwickelt wurden, die den fehlenden Auftrieb ersetzen konnten. Gleichzeitig waren Leitungssysteme innerhalb der Sprossachse nötig, die den Stofftransport gewährleisteten. Zur Stabilisierung dieser zarten Gebilde bedurfte es ausgefeilter Stützsysteme. So kann man den ursprünglichen Spross der Blütenpflanzen verstehen als ein stabilisiertes Träger- und Versorgungssystem für die vom Spross getragenen Blätter (Photosyntheseorte) und Blüten (Fortpflanzungsorte).

Die Abbildung 65 zeigt schematisch die Anordnung typischer Spross-Elemente eines jungen Baumästchens im Querschnitt.

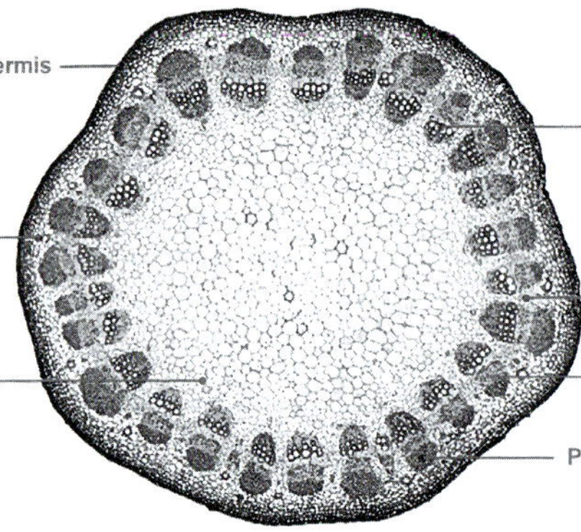

Abb. 65. Schematischer Aufbau eines jungen Baumästchens.

Nach außen wird der Spross durch eine Epidermis geschützt. Das Innere ist mit einem Parenchymgewebe ausgefüllt. Dieses kann als Analogon zum tierischen Bindegewebe aufgefasst werden. Die äußeren Bereiche des Parenchyms werden als Rinde, die inneren als Mark bezeichnet. Die Leitbündel befinden sich im hier gezeigten Schema relativ peripher in einer Zwischenzone, also zwischen Rinde und Mark. Die Phloemgefäße verlaufen im äußeren Bereich dieser Zwischenzone, die Xylemgefäße im inneren Bereich.

Das Kambium verläuft zwischen Phloem und Xylem. Es hat die Funktion einer Wachstumszone und bewirkt ein Dickenwachstum des Sprosses. Bei Bäumen bildet das Xylem insgesamt die eigentliche Splintholzschicht, das Phloem die Bast- oder Rindenschicht. Das Kambium bildet, wie im Querschnittbild ersichtlich, insgesamt einen geschlossenen Ring. Die Anteile, welche innerhalb der Leitbündel verlaufen, werden als faszikuläres Kambium (Bündelkambium) bezeichnet. Die außerhalb der Leitbündel befindlichen Anteile bilden das interfaszikuläre Kambium (Zwischenbündelkambium).

Die Abbildungen 66 und 67 zeigen in Übersichtbildern mikrofotografische Beispiele eines rund begrenzten (Amerikanische Pfeiffenwinde) sowie eines fünfeckig begrenzten Sprosses (Zitrone). In beiden Fällen erkennt man die äußere Epidermis, großlumige Xylem- und kleinlumigere Phloemgefäße, jeweils eingebettet in Parenchymgewebe. Zusätzlich erkennt man in diesen Präparaten relativ peripher verdichtete Zonen unter der Epidermis, welche aus relativ kleinen und dicht gepackten, abgestorbenen Zellen mit verdickten Zellwänden bestehen, welche einer zusätzlichen mechanischen Verstärkung dienen (Sklerenchym).

Anstelle des Überbegriffs Spross sind auch weitere Begriffe üblich, nämlich Stängel (krautige Sprossachse bei Einjährigen), Halm (hohle, aber durch Querscheidewände gegliederte Sprossachse bei Gräsern), Schaft (hohle, ungegliederte Sprossachse mit endständiger Blüte (Löwenzahn), Stämmchen, Stamm (ausdauernde, verholzte und verdickte Sprossachse bei Sträuchern und Bäumen).

Wenn Sprosse oder Zweige in die Dicke wachsen, müssen sie ausgeprägter verstärkt werden. Das geschieht meist durch sekundäres Dickenwachstum, wobei sich Holzteile der Leitgewebe vergrößern und in zwischengelegenes Gewebe schieben, das sie damit schollig zersprengen können. Ein bekanntes Beispiel ist der Pfeifenstrauch, *Aristolochia sipho*; man vergleiche einmal einen einjährigen mit einem drei- oder mehrjährigen Spross (Abb. 68, 69).

Sprosse können, wie schon zuvor gezeigt, unterschiedliche Querschnittsformen aufweisen, von rund mit glatter (Gänseblümchen) oder längsgeriefter (Wilde

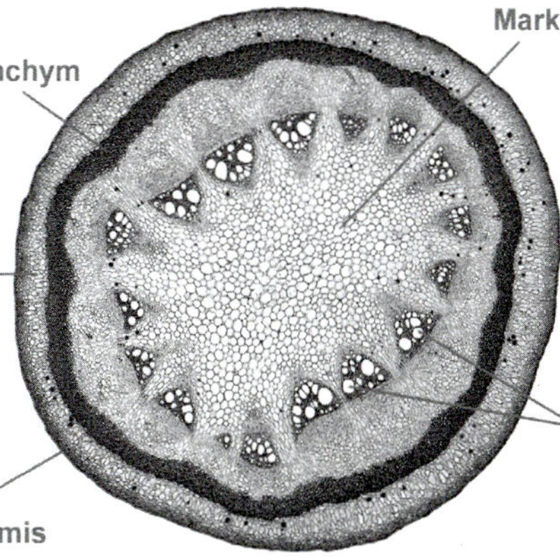

Abb. 66. Einjähriger Stängel der Amerikanischen Pfeiffenwinde im Übersichtsbild (Mikrofoto). Durchmesser: 5 mm.

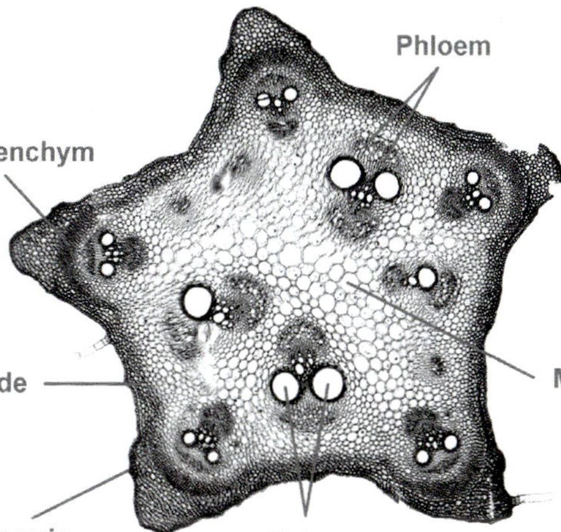

Abb. 67. Stängel eines Zitronenbaums im Übersichtsbild (Mikrofoto). Maximale Distanz von Spitze zu Spitze: 3 mm.

Möhre, Kerbel) Oberfläche bis zu mehrkantigen Formen (z. B. vierkantig mit verstärkten Kanten bei den Minzen, Abb. 70).

Sprosse können auch in vielerlei Weise umgebildet sein und/oder Anhänge tragen. Unterbleibt das Längenwachstum an umschriebenen aufeinanderfolgenden Stellen, ergeben sich gestauchte oder Rosettensprosse (Breitwegerich), wird es hingegen an bestimmten Stellen punktuell gesteigert, resultieren Winde- oder Rankensprosse (Ackerwinde, Kleeseide, Abb. 71).

Auch von den Sprossen können Speicherorgane ausgehen, so zum Beispiel die Erdknollen (Rhizome). Auffallende Rhizome besitzen unter anderem Schwertlilie, Salomonssiegel und Maiglöckchen (Abb. 72).

Am Querschnitt durch das Rhizom des Maiglöckchens (Abb. 72) lässt sich der Bau eines solchen Sprossabkömmlings überblicken. Durch das Schneiden haben sich äußere Hüllschichten abgelöst, auch am Übergang zu Seitentrieben. Erkennbar sind die einschichtige Epidermis EP und das mächtige, großzellige Rindenparenchym RP (aus dem im Präparat die Speicherstoffe herausgelöst sind). Mächtig ist auch der von einer mehrschichtigen Endodermis ED umgebene Zentralzylinder ZZ

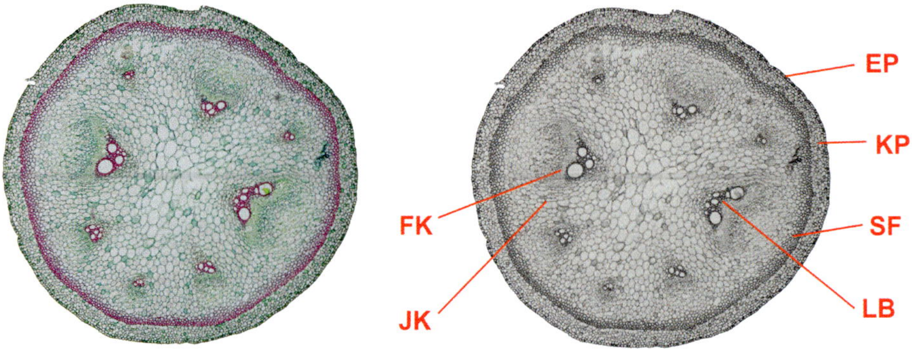

Abb. 68. 1-jähriges Ästchen des Pfeifenstrauchs, *Aristolochia sipho*. FK = faszikuläres Kambium; IK = interfaszikulärers Kambium; EP = Epidermis; KP = Kollenchym-Parenchym-Zellen; SF = Sklerenchymfasern; LB = Leitbündel.

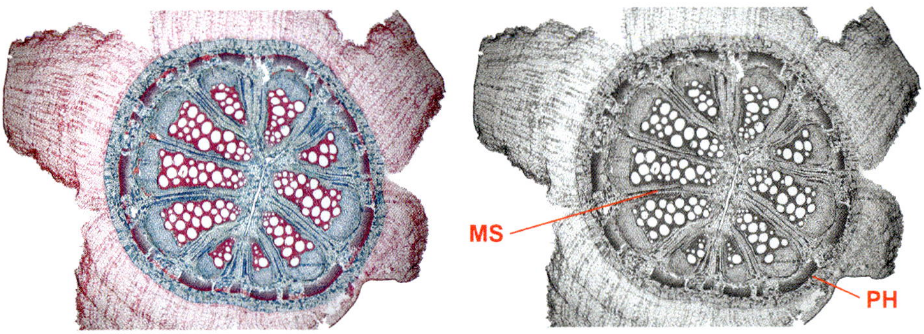

Abb. 69. 3-jähriges Ästchen des Pfeifenstauchs, *Aristolochia sipho*. MS = Markstrahlen; PH = Phloem.

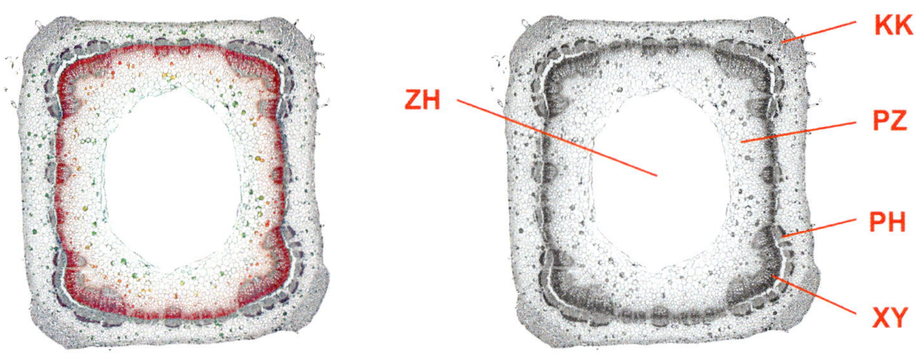

Abb. 70. Vierkantiger Schaft einer Minze, *Mentha spec.*, Übersicht. ZH = zentraler Hohlraum; KK = Kantenkollenchym; PZ = Parenchymzellen; PH = Phloem; XY = Xylem.

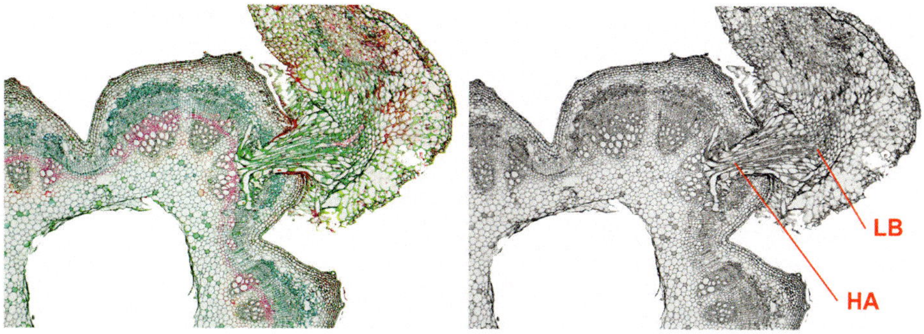

Abb. 71. Windespross der Seide oder Teufelszwirn, *Cuscuta europaea*, mit Haustorien, auf Sommerwurz (*Orobanche*) aufsitzend. HA = Haustorien; LB = Leitbündel.

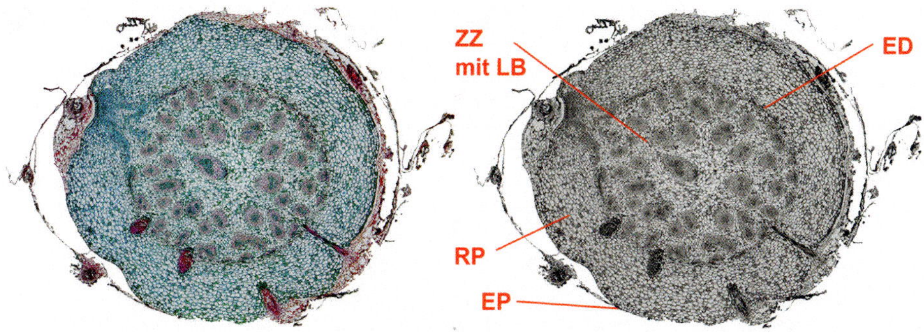

Abb. 72. Rhizom des Maiglöckchens. EP = Epidermis; RP = Rindenparenchym; ED = Endodermis; ZZ = Zentralzylinder; LB = Leitbündel.

mit ungeordnet eingelagerten Leitbündeln LB, von denen jedes aus Holzteilen (Xylem, rotgefärbt) und Siebteilen (Phloem, grünlich gefärbt) besteht.

Von einem Spross können Kurz- oder Langtriebe ausgehen. Sprossdornen sind dornspitzige Kurztriebe (Weißdorn). Diese sind von Stacheln zu unterscheiden, die nur Auswüchse von Sprossgewebe darstellen und deshalb leicht wegzudrücken sind. Unter- oder oberirdische Seiten- oder Langtriebe nennt man Ausläufer. Am Ende können die letzteren Ausläuferknollen tragen (Kartoffel); es gibt aber auch aufrechte Sprossknollen (Kohlrabi). Bei der parasitischen Mistel (*Viscum album*) sind Ausläufer wurzelartig geformt und senken sich mit „Saugeinrichtungen" (Haustorien) tief in das Wirtsgewebe von Bäumen ein (vgl. Abb. 106). Gleiches gilt für die von den windenden Sprossen ausgehenden Haustorien der Europäischen Kleeseide (*Cuscuta europaea*) (Abb. 71). Einmal im Wirtsgewebe, ziehen diese Arten – obwohl sie selbst photosynthetisieren können – nicht nur Wasser, sondern auch Zuckersaft aus den Leitungsbahnen, sind also in dieser Hinsicht Vollschmarotzer.

Verdickte unterirdische Sprosse mit eng übereinander liegenden Speicherblättern nennt man Zwiebeln.

Somit sind Sprosse vielfältig ausgeformt, verraten aber immer ihre „alten" Grundprinzipien, nämlich Stützung und Leitung. Bei Erdsprossen kommen als spätere Erwerbung Ausformungen zur Lagerung energiereicher Substanzen dazu, bei Schmarotzern parasitäre Einrichtungen. Dazu 4 Beispiele.

Die bekannten Minzenarten besitzen 4-kantige Hohlstängel oder Schäfte (Abb. 70). Der zentrale Hohlraum ZH wird von Parenchymzellen PZ umgeben, die in Hohlraumnähe geradezu riesenhaft sind und nach außen immer kleiner werden. Da hiermit auch die tragenden Zellwände zunehmen, steigt nach außen die Biegesteifigkeit des Schaftes. Durch einen Ring von Leit- und Versteifungsgewebe mit ihren Phloem PH- und Xylemanteilen XH wird sie noch entscheidend verstärkt. Diese weiten sich in den Ecken auf und werden außen von einem Kantenkollenchym KK noch unterstützt. Damit entspricht der Schaft in statischer Hinsicht Hochbauten der Technik, etwa Fernsehtürmen. Die tragenden Systeme werden möglichst weit nach außen verlegt, und bei 4-kantigen Schäften haben die Kanten den größten Abstand zum Zentrum, damit das sogenannte Flächenträgheitsmoment und somit die Biegesteifigkeit möglichst groß sind. In der Mittellinie herrscht keine Biegespannung, dort kann Gewebe auch ganz wegfallen; in der Technik liegen dort Versorgungseinrichtungen, die wenig zur Statik beitragen.

Die Seide (Abb. 71) vertritt mit ihrem dünnen Windespross das genaue Gegenteil zum Minzenschaft. Deren Verstärkungseinrichtungen um die Leitbündel LB sind im Dienste der Biegbarkeit vergleichsweise gering entwickelt. Haustorien HA dringen von der Sprossinnenseite in den Wirtssproß ein, wo die eigenen Phloem- und Xylemgefäße Kontakt mit den entsprechenden Leitungsbahnen des Wirts schließen. Diese Kontaktstellen sind als kleine Aufwölbungen bereits makroskopisch erkennbar.

Der Pfeifenstrauch ist ein bekanntes Lehrbuchbeispiel für verstärkende Wachstumsvorgänge. Am einjährigen Spross (Abb. 68) findet man die Gewebe in schöner, ungestörter Ausbildung wieder. Ein außen gelegener geschlossener Ring besteht aus der Außenschicht (Epidermis EP), einer Mittelschicht aus Kollenchym-Parenchym-Zellen KP und einer Innenschicht aus Sklerenchymfasern SF. Der innerhalb dieses Rings gelegene Teil beinhaltet durchwegs Parenchymzellen, die, wie eben geschildert, zur Mitte hin zarter und größer werden. In dieses parenchymatische Grundgewebe sind periphere Leitbündel eingebettet. Sowohl durch ihre Mitte wie auch (bei etwas älteren Zweigen) über die Abstände zwischen den Leitbündeln verläuft eine mehrzellige Schicht zarten, teilungsfähigen Gewebes, das Kambium, dessen beide Anteile innerhalb (faszikuläres oder intrafaszikuläres Kambium FK) und zwischen den Leitbündeln (interfaszikuläres Kambium IK) sich zu einem geschlossenen Ring zusammenfügen. Bei stärkerer Vergrößerung können die Anteile kleiner, „plattgedrückter" Zellen der Kambien gut erkannt werden. Die ersteren geben nach außen die Phloem-, nach innen die Xylemanteile ab, die letzteren formen die parenchymatischen Markstrahlen, die sich innen mit dem Zentralmark verbinden. Soweit ist alles sehr geordnet. Das ändert sich, wenn die Zweiglein älter werden.

Bei einem 3-jährigen Spross (Abb. 69) sind die Markstrahlen bereits mächtig entwickelt. Ihr (rotgefärbter) Holzteil (Xylem XY) enthält viele, sehr großvolumige „Röhren" für die Wasserleitung, auch der Bastteil (Phloem PH) ist mächtig aufgeschwollen. Die sich ausdehnenden Leitbündel haben den ursprünglichen Sklerenchymfaser-Zylinder aufgesprengt und sich dazwischen gedrängt.

Wenn der Zweig noch älter wird, bilden sich in der Mitte der Leitbündel parenchymatische Stränge aus (sekundäre Markstrahlen), die sich in der Folge verbreitern („sekundäres Dickenwachstum") und die ursprünglichen Gewebeteile weiter und weiter auseinanderdrängen. Am Holzteil sind auch schon Jahresringgrenzen feststellbar.

Das Blatt (folium)

Blätter entstehen an den Sprossenden oder seitlich an Sprossen, wobei stets ein bestimmter Winkel zwischen einem Blatt und dem nächstjüngeren (nächstoberen) eingehalten wird. So kann, – neben anderen – eine von oben gesehen spiralige Anordnung resultieren (wechselständig, Winkel z. B. 130°)) oder eine zweizeilige (distich, Winkel 180°). Blätter gliedern sich im Allgemeinen in Stiel und Spreite; der Stielgrund ist oft verbreitert und/oder zu Nebenblättern ausgewachsen. Nach dem Verlauf der Blattadern unterscheidet man paralleladrige Blättern (Einkeimblättrige Gräser) von fiederadrigen (Zweikeimblättrige mit Zentralader (Rhachis) und Seitenadern), bei denen sich die Seitenadern auch netzartig verbinden können. Die Blattränder können glatt oder sehr unterschiedlich fein und tief gekerbt sein. Wenn die Spreite aus Einzelblättchen besteht, bezeichnet man das Gesamtblatt als gefiedert. Sonderformen von Blättern bilden die Nadeln der Nadelbäume (Abb. 73, und Abb. 74), die oft charakteristische Harzgänge führen.

Auch Blätter lassen unter dem Mikroskop grundlegende Bauelemente erkennen (vgl. Abb. 10 und 11). Ihre Ober- und Unterseite ist von der oberen bzw. unteren Epidermis bedeckt. Eingelassen in die Epidermiszellen sind Spaltöffnungen, welche Luft und damit auch das für die Photosynthese benötigte Kohlendioxid ins Blattinnere gelangen lassen und den bei der Photosynthese freiwerdenden Sauerstoff ausleiten. Das Innere des Blattes beinhaltet verschiedene Gewebe, deren Zellen Chloroplasten und Chlorophyll enthalten und somit Photosynthese betreiben. Dicht gepackte Zellen werden als Palisadengewebe, locker angeordnete als Schwammgewebe bezeichnet.

Auf Grund des sich über die Spaltöffnungen vollziehenden Gasaustauschs verliert die Pflanze aber auch Wasserdampf und kann in die Gefahr geraten, auszutrocknen. Zahlreiche Mechanismen wie dicke Epidermen, Wachsüberzüge, Einrollungen, in Hohlräume versenkte Stomata und feiner Wollhaarbesatz vermindern den unvermeidlichen Wasserverlust.

Auch zu den Blättern einige Beispiele.

Im Querschnitt eines Blattes der Bärentraube (Abb. 75) erkennt man ein unterschiedlich mächtiges Grundgewebe (Parenchym), in das die Zentralader ZA und Seitenadern eingebettet bzw. angefügt sind. Es teilt sich zumeist in Schichten eng aneinander stehender Zellen an der Oberseite (Palisadenparenchym PP) und Schichten, die ein lockeres Maschenwerk bilden, an der Unterseite (Schwammparenchym SP). Umgeben ist das Blatt von einer kräftigen Außenhaut (Epidermis), die von Spaltöffnungen (Stomata) unterbrochen

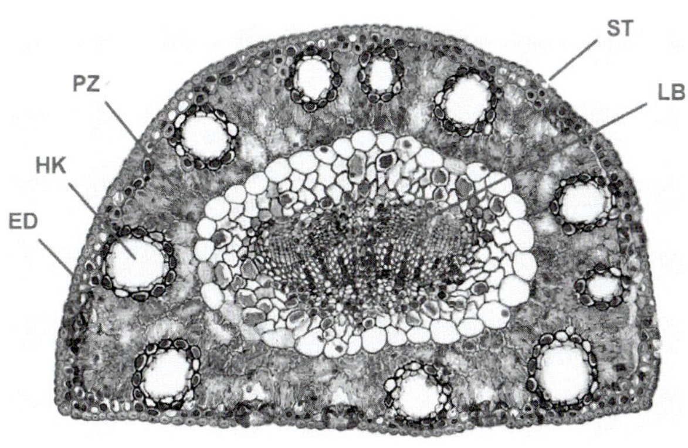

Abb. 73. Aufbau einer Kiefernadel im Übersichtsbild (vgl. Farbmikrofoto von Abb. 87). ED = Epidermis, HK = Harzkanal, PZ = Palisadenzellen, ST = Stigma (Spaltöffnung), LB = Leitbündel.

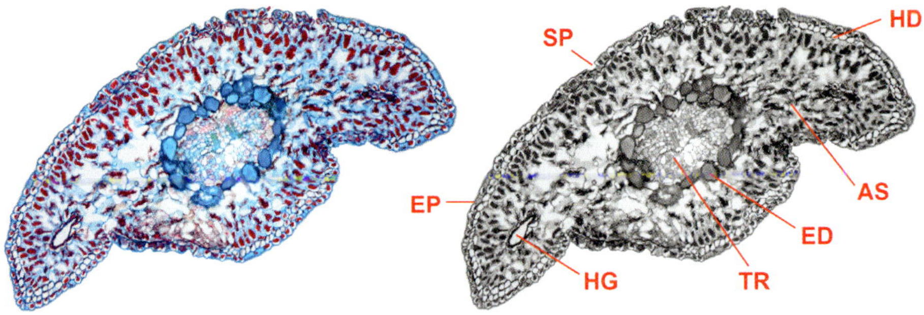

Abb. 74. Nadel der Korea-Tanne, *Abies koreana*. EP = Epidermis; SP = Spaltöffnung; HD = Hypodermis; HG = Harzgang; AS = Assimilationsgewebe; ED = Endodermis; TR = Transfusionsgewebe.

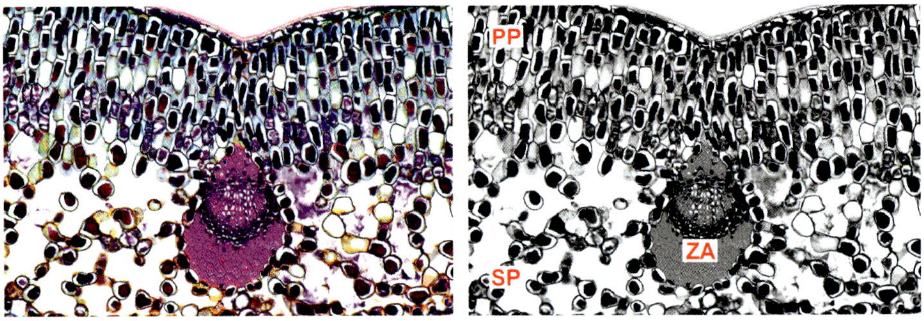

Abb. 75. Blatt der Beerentraube, *Arctostaphylos uva-ursi*. PP = Palisadenparenchym; SP = Schwammparenchym; ZA = Zentralader.

ist. Diese kann man besonders gut an Abklatschpräparaten oder einem abgezogenen Fetzchen der Oberhaut erkennen (vgl. Abb. 89, 91 und 92).

Ein Querschnitt durch das Blatt des Oleanders (Abb. 76) lässt einige Anpassungen zur Reduktion des Wasserverlustes („Xerophyten"-Einrichtungen) erkennen. Die Epidermis EP trägt einen dicken Cuticula-Überzug CU. Es folgt eine mehrschichtige Hypodermis (HP) dickwandiger Zellen. Auch das Palisadenparenchym PP ist mehrschichtig ausgebildet. Das Schwammparenchym SP durchziehen die Leitungsgefäße LG der Seitstrahlen. Auf der Unterseite wölbt sich die Epidermis in weiten Höhlen bis zum Schwammparenchym SP ein. Diese sind mit feinen Haaren ausgefüllt, und in sie münden die Spaltöffnungen. Noch ausgeprägter in Bezug auf die Oberflächenminimierung sind die Rollblätter des Heidekrauts der Gattung Erica. (Abb. 77). Hier bildet die Einstülpung eine Längsfurche LF.

Auf der anderen Seite benötigen Wasserpflanzen oder in Flachwasser wurzelnde Pflanzen wie der Froschlöffel, *Alisma plantago* (Abb. 78), keine derartigen Schutzeinrichtungen; man findet stattdessen häufig große Luftdukte LD und lufthaltige Auftriebshilfen.

Blätter können sich zu zahlreichen Sondergebilden umformen. Am bekanntesten sind die erwähnten Nadeln der Nadelbäume. Abbildung 73 zeigt deren Aufbau am Beispiel einer Kiefernadel. Als weiteres Beispiel für die Nadel eines Nadelbaums ist ein Querschnitt durch die der Korea-Tanne abgebildet (Abb. 74). Diese Nadel ist deutlich eingerollt; in die kräftige, Cu-

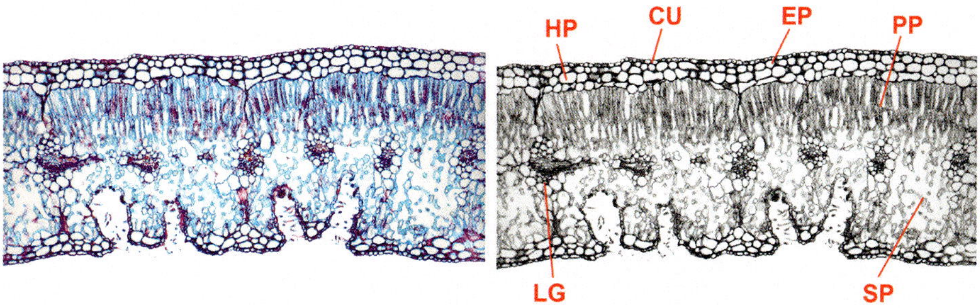

Abb. 76. Trockenheitsangepasstes Blatt des Oleanders, *Nerium oleander*. HP = Hypodermis; CU = Cuticula; EP = Epidermis; PP = Palisadenparenchym; LG = Leitungsgefäße; SP = Schwammparenchym.

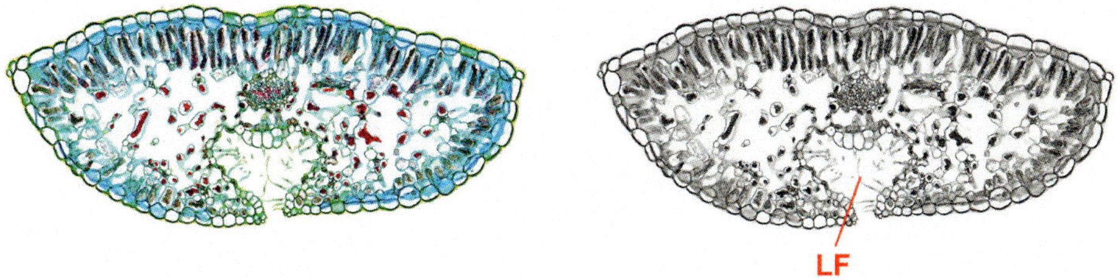

Abb. 77. Rollblätter des Heidekrauts (Erica). LF = Längsfurche.

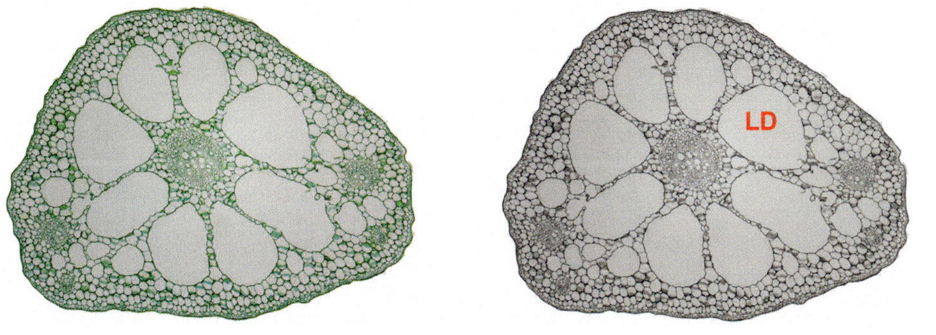

Abb. 78. Blattstiel des Froschlöffels, *Alisma plantago*. LD = Luftdukte.

ticula-verstärkte Epidermis EP sind Spaltöffnungen SP eingelassen. Es schließt sich eine Hypodermis HD und darunter ein relativ homogenes Assimilationsgewebe AS an, an dessen Rand Harzgänge HG erkennbar sind. Zentral umschließt ein Ring großer (hier blau gefärbter) Endodermiszellen ED ein sogenannte Transfusionsgewebe TR, das die zentralen Leitbündel mit dem assimilierenden Nadelgewebe verbindet.

Aus Blattanlagen können auch Dornen und Ranken entstehen, genauso wie aus den Schäften. Bedeckt sind Blätter häufig mit Haaren oder Schuppen; auffallend sind etwa die starren Borstenhaare der Rauhblattgewächse (Boraginaceen) oder die Brennhaare der Brennnessel (vgl. Abb. 107), und die verzweigen Schuppen- oder Schildhaare der vorerwähnten Bromeliaceen und Elaeagnaceen, von denen manche zur Wasseraufnahme aus Tautröpfchen geeignet sind.

Die Blüte (flos)

Blüten sind, botanisch gesehen, nichts anderes als gestauchte Sprossenden. Sie bilden einen meist etwas verbreiterten Blütenboden, dessen Blätter in den Dienst der Fortpflanzung getreten sind. Entsprechend spricht man von Kelchblättern (Sepalen), Blüten- oder Kronblättern (Petalen), Staubblättern (Stamina) und Fruchtblättern (Carpelle).

Wenn man eine Blüte komplett einbettet und hiervon Querschnitte anfertigt, lassen sich deren typischen Komponenten in ihrer räumlichen Anordnung nachvollziehen. Dies zeigt Abbildung 79 an Beispiel des Taubenkropfs. Außen sind die fünf Kelchblätter angeordnet (grün), nach innen folgen die fünf Kronblätter (rot). Mittig ist der Stempel angeschnitten (braun), welcher aus Narbe, Griffel und Fruchtknoten mit Eizelle besteht. Um den Stempel herum sind die zehn Staubblätter angeordnet (gelb-orange), bestehend ans Staubfaden und Staubbeutel mit Pollen.

Der hier schematisch gezeigte Taubenkropf hat die Besonderheit, dass er drei verschiedene Blütenformen ausbildet: Zwittrige Blüten, welche Stempel und Staubblätter enthalten, zusätzlich aber auch weibliche und männliche Blüten, bei denen Stabblätter bzw. Stempel fehlen.

Bei einigen Pflanzen können Kelchblätter fehlen (Brennnessel), bei anderen sogar auch Kelch- und Kronblätter (Pappeln). Im Allgemeinen aber bilden Kron- und gelegentlich auch Kelchblätter, zusammen oft als Perigon bezeichnet, den Schauapparat, der Insekten anlockt, die männlichen Staubblätter produzieren den Pollen, und die weiblichen Fruchtblätter sorgen für die Embryonalentwicklung der neu gebildeten Pflanze. Bei Raumkonkurrenz in Scheibenblüten stehen die Einzelblüten zumeist in charakteristischen gebogenen Reihen (Parastichen), was man an Querschnitten durch die Gänseblümchen-Blüte (Abb. 80 und 81) studieren kann, oder an der Reihung von Samen auf der Sonnenblume.

Blüten bilden zahlreiche Sonderformen aus. Dazu gehören etwa die Lippenblüten (Taubnessel), Schmetterlingsblüten (Bohne), Rachenblüten (Königskerze), Zungen- und Röhrenblüten(Margerite).

Staubblätter tragen Staubbeutel (Antheren) auf einem meist längeren Staubfaden (Filamentum). Fruchtblätter bilden den Stempel aus und sind mit ihrem ausgezogenen Griffel (Stylus) ebenfalls langgestreckt. Dieser mündet oben in die Narbe (Stigma), Empfängnisstelle für die Pollen, und sitzt unten dem Fruchtknoten (Germen) auf. Abbildung 82 veranschaulicht die Verhältnisse schematisch. Diese

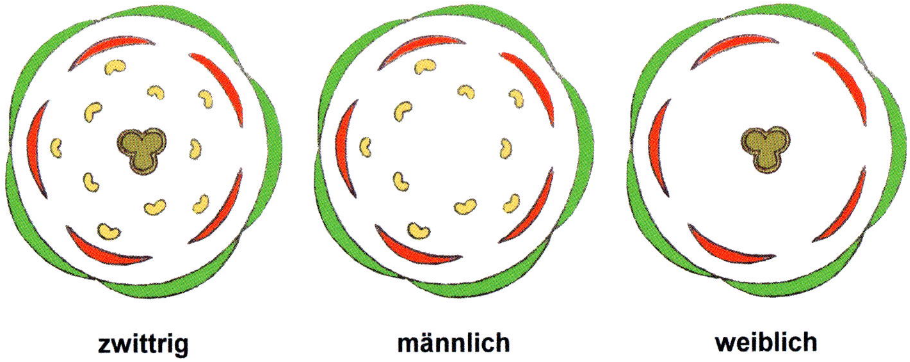

Abb. 79. Blütenschemata des Taubenkopfes im Querschnitt, modifiziert nach einer historischen Zeichnung.

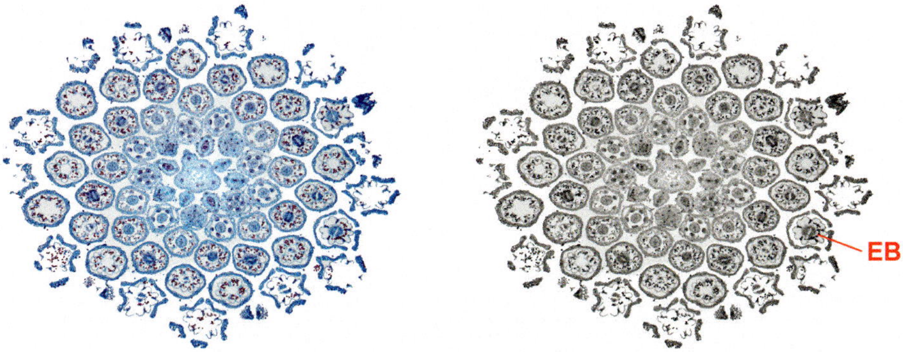

Abb. 80. Blütenquerschnitt des Gänseblümchens, *Bellis perennis*, Übersicht. EB = Einzelblüte.

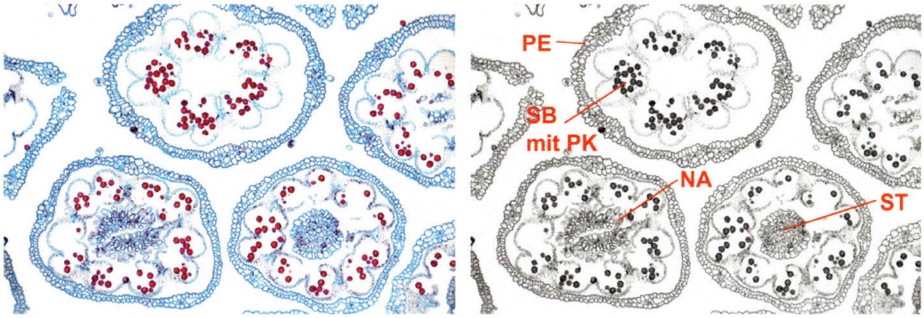

Abb. 81. Detailansicht aus Abbildung 80. PE = Perigon; SB = Staubblatt; PK = Pollenkörner; NA = Narbe; ST = Stempel.

Darstellung lässt auch ersehen, dass die Pollenkörner, nachdem sie an der klebrigen Narbe haften geblieben sind, zu Pollenschläuchen auswachsen. Der Pollenschlauch schiebt sich durch den Griffel bis zur Eizelle vor, und durch Verschmelzung eines Teils des genetischen Pollenmaterials mit dem der Eizelle wird diese befruchtet.

Der Fruchtknoten besteht zumeist aus mehreren Teilen, von denen jedes seinen eigenen Griffel mit Narbe trägt und seine eigenen Samenanlagen ausgebildet hat. Die Samenanlagen sind also vom Fruchtblatt eingeschlossen oder bedeckt („Bedecktsamige“, Angiospermen, z. B. Apfelbaum). Bei den Nacktsamigen (Gymnospermen, z. B. Kiefer) dagegen stehen sie frei. Blütenstände bilden häufig ganz eigentümliche Anordnungen aus, etwa in den Kätzchen der stäubenden Hasel (Abb. 84).

Aus den Samenanlagen entwickeln sich die Samen, aus den Fruchtknoten (oft zusammen mit Sekundärbildungen wie auswachsenden Blütenböden) die Früchte. Sie umschließen die Embryonalanlagen der nächsten Generation. An Schnitten durch ein Getreidekorn kann man diese gut studieren.

Der Querschnitt durch die etwas aufgewölbte Blütenscheibe des Gänseblümchens (Abb. 80 und 81) lässt die Anordnung der Einzelblüten in gebogenen Reihen (Parastichen) zumindest erahnen und trifft die Einzelblüten EB auf etwas unterschiedlicher Höhe. Jede Einzelblüte ist umrahmt von der doppelschichtigen „Wand“ des Perigons PE. Nach innen

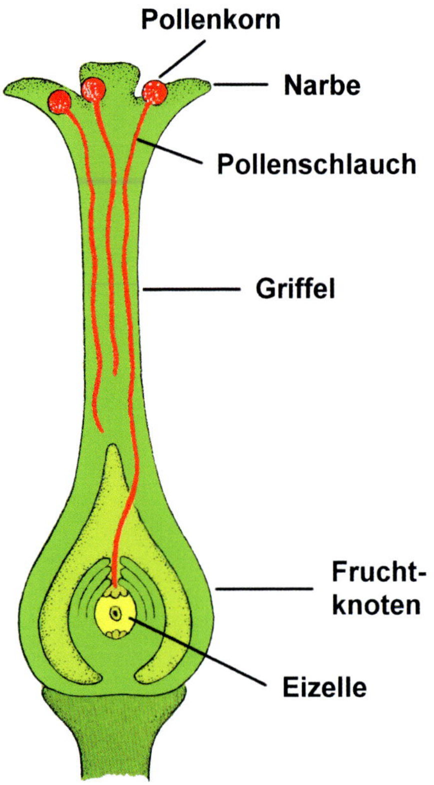

Abb. 82. Grundlegende Elemente eines Blütenstempels, Befruchtung der Eizelle mittels Pollenschlauch, modifiziert nach einer historischen Schemazeichnung.

folgen 5 Staubblätter SB, geschnitten entweder auf der Höhe der Filamente oder Antheren, die noch viele Pollenkörner PK enthalten. Zentral liegt das einheitlich erscheinende Fruchtblatt, geschnitten meist auf der Höhe der Stempel ST, manchmal auch der (aufgefächerten) Narbe NA.

Der Flachschnitt durch die zusammengesetzte Blüte des Reinfarns (Abb. 83) zeigt im Prinzip gleiche Verhältnisse wie beim Gänseblümchen. Das Perigon ist im Schnitt mehrkantig ausgeprägt.

Ein Ausschnitt aus einem Kätzchen der Hasel ist hier im Längsschnitt dargestellt (Abb. 84). Neben schuppenartigen Deckblättern DB erkennt man viele, relativ dickwandige Antheren AN, teils noch mit angeschnittenen Filamenten FI.

Den Embryo einer Pflanze im Ruhezustand vor dem Auswachsen kann man besonders gut am Getreidekorn studieren (Abb. 85).

Man erkennt das schildförmig-weit ausgebreitete einzige Keimblatt KB (Monocotyledonen, Einkeimblättrige Gräser). Es wird hier auch als Haustorium bezeichnet, weil es Nährstoffe „von woanders her aufsaugt“ und weitergibt, hier nicht von einer parasitisch befallenen Pflanze, sondern vom eigenen Nährstoffspeicher, dem Endosperm EN. Nach schräg oben weist der Spross-Vegetationskegel SK mit den ersten Laubblattanlagen, schützend eingehüllt von der Keimhaube (Coleoptile). Schräg nach unten erstreckt sich die Wurzelanlage (Radicula) RA, unter der sich die Wurzelscheide WS bildet, welche die zarte Wurzel beim Auskeimen schützt.

Samenpflanzen (Spermatophyta)

Die Nacktsamer (Gymnospermae), zu denen unsere Nadelbäume gehören, bieten interessante Untersuchungsobjekte in ihren Nadeln, jungen Stämmchen aufkeimender Pflanzen und diesjährigen Trieben. Man schneidet vorzugsweise quer.

Querschnitte von Ästchen und Nadeln

Diese sind in guter Differentialfärbung als Dauerpräparate im Handel (Abb. 86) und können auch bei entsprechendem Knowhow selbst hergestellt werden (Abb. 87). Man erkennt daran die einge-

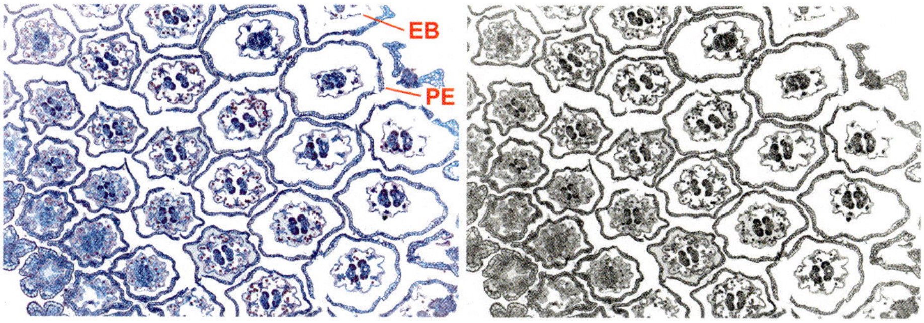

Abb. 83. Flachschnitt durch eine zusammengesetzte Blüte des Reinfarns. EB = Einzelblüte; PE = Perigon.

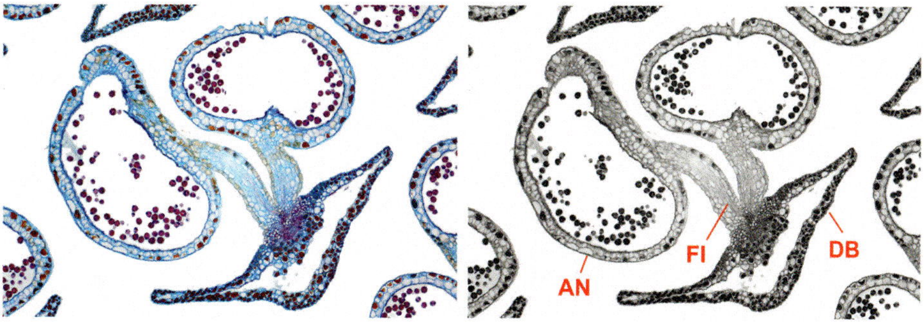

Abb. 84. Kätzchen der Hasel, *Corylus avellana*, Übersichtsbild. DB = Deckblatt; AN = Anthere; FI = Filament.

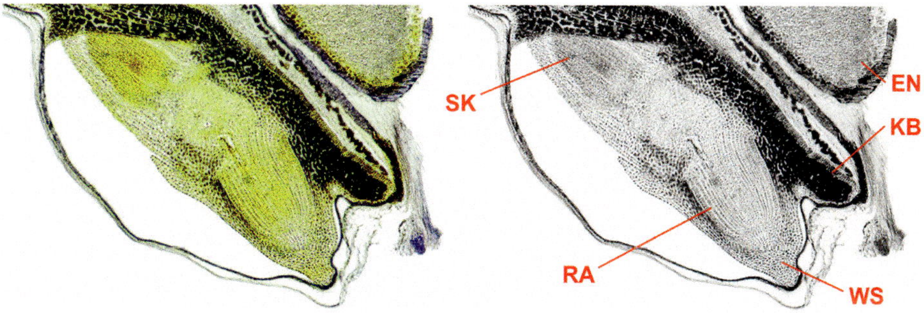

Abb. 85. Ausschnitt aus einem Getreidekorn mit dem Embryo. SK = Spross-Vegetationskegel; RA = Radicula; WS = Wurzelscheide; KB = Keimblatt; EN = Endosperm.

senkten Spaltöffnungen, Harzgänge, die rundherum verlaufenden Hartgewebe aus extrem verdickten Zellen, und, im dünnen Assimilationsgewebe eingebettet, das abgegrenzte sogenannte Transfusionsgewebe mit Leitbündeln. Interessant sind auch Schnitte durch Zweige junger Triebe.

Auch unter den Bedecktsamern (Angiospermae) sind Blatt- und Stängelquerschnitte in vielerlei Weise interessant. Auch hier wird man aber ohne ein vernünftiges Begleitbuch (s. Literaturverzeichnis) und ohne ein gelegentlich dazugekauftes Dauerpräparat nicht weiterkommen (Bei-

Abb. 86. Querschnitt durch ein Ästchen einer Pferdeschwanz-Kasuarine (*Casuarina equisitifolia*, Präparat: Robin Wacker), Durchmesser: 0,8 mm, Hellfeld.

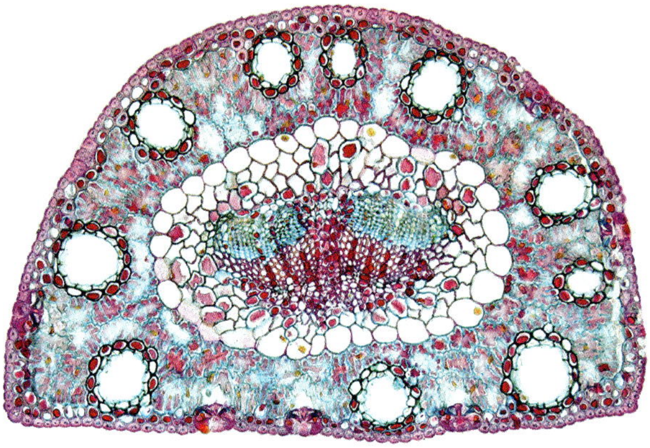

Abb. 87. Querschnitt durch eine Kiefernnadel, Hellfeld. Erkennbar ist die dickwandige Epidermis mit eingesenkten Spaltöffnungen, die darunter liegende Masse von Assimilationsgewebe und Leitbündelquerschnitte. Die großen hohlen Kreisflächen stellen Schnitte durch Harzgänge dar.

spiel in Abb. 86). Zur Anregung einige Hinweise zur Präperation und mikroskopischen Beobachtung.

Blätter

Man kann sowohl die Oberfläche wie auch Abdrücke davon und Querschnitte untersuchen.

Blattoberfläche

Man beobachtet im Auflicht oder hellen Durchlicht die Verteilung (teils Einsenkung) der Spaltöffnungen und die „Verfalzung“ der Epidermiszellen, welche die Blattoberfläche bilden. Ein Stückchen Epidermis kann man auch mit einem Flachschnitt (Abb. 88, oben) gewinnen und mit einem kurzen Pinzettenruck abreißen (Abb. 88, unten).

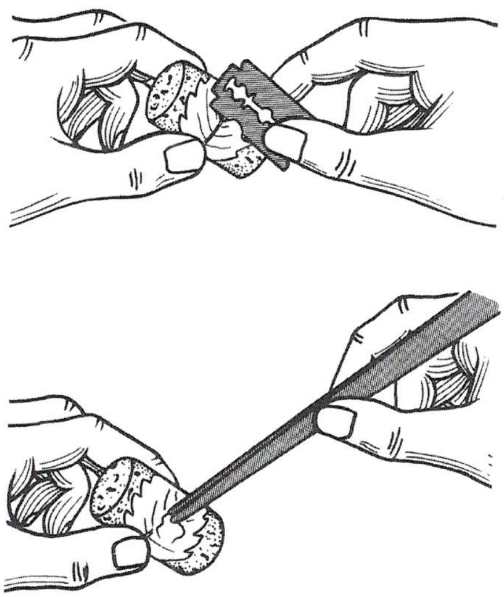

Abb. 88. Untersuchung eines Laubblatts. Oben: Flachschnitt durch ein Blatt. Unten: Abziehen eines Epidermis-Fetzchens.

Untersucht wird das Epidermis-Fetzchen (Abb. 89) in einem Wassertropfen, wo es sich flächig ausbreitet und dann mit einem Deckglas abgedeckt wird.

Noch einfacher zu präparieren sind die Häutchen der Küchenzwiebel (*Allium cepa*). Man scheidet eine solche Zwiebel auf, entnimmt einen zurechtgeschnittenen Ausschnitt einer Zwiebelschicht und zieht anschließend mit einer feinen Pinzette das untere, oder auch das deutlich feinere und dünnere obere Häutchen ab. Diese Häutchen entsprechen der oberen bzw. unteren Epidermis eines Blattes. Man bringt sie direkt nach der Entnahme in einen Wassertropfen auf einem Objektträger unter Deckglas. In beiden Häutchen kann man bei schwacher Vergrößerung die Zellwände als markante Strukturen studieren, bei stärkerer Vergrößerung auch die Zellkerne und feine Protoplasma-Strukturen. Das dünnere Häutchen lässt an einigen Stellen auch Spaltöffnungen (spätere Atemöffnungen an der Blattunterseite) erkennen. Im polarisierten Licht leuchten die Zellwände in starken Farbkontrasten hell auf (Abb. 90), bei stärkerer Vergrößerung lassen sich auch die Anlagen der Spaltöffnungen gut erkennen (Abb. 91).

Blattabdrücke

Ein wenig dünnflüssiger Uhu-Klebstoff (ein Tröpfchen Uhu, in etwas Terpentin oder einem anderen Lösungsmittel aufgelöst) wird über das Blatt gegossen. Nach dem Erstarren wird das Häutchen, das nun alle Feinheiten getreu abgedrückt enthält, vorsichtig abgezogen und am besten trocken unter einem leicht angedrückten Deckglas untersucht. Abbildung 92 zeigt mehrere Spaltöffnungen im Hellfeld.

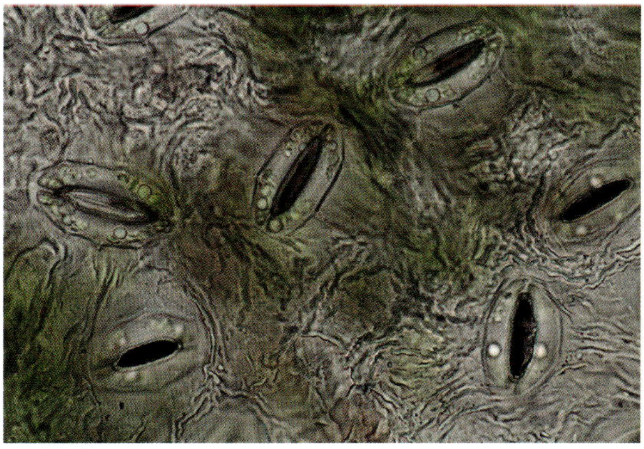

Abb. 89. Abgezogenes Epidermis-Fetzchen eines Laubblatts mit Spaltöffnungen, Hellfeld, Kondensorblende relativ weit zugezogen.

Abb. 90. Häutchen der Küchenzwiebel, polarisiertes Licht, deutliche Akzentuierung der Zellwände, Objektiv 16×.

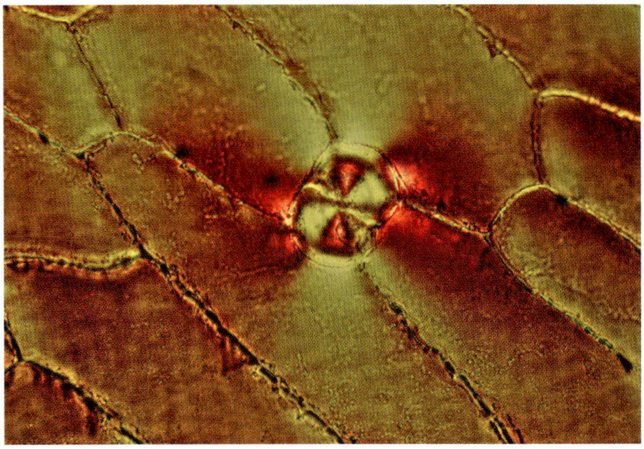

Abb. 91. Häutchen der Küchenzwiebel, polarisiertes Licht, Anlage einer Spaltöffnung in der Bildmitte, Objektiv 40×.

Blattquerschnitte

Die Vielfalt der Erscheinungsformen ist Legion. Meist findet man unter einem abschließenden Deckgewebe (Epidermis), das nach außen hin mehr oder minder massive, wasserundurchlässige Auflagerungen tragen kann, ein Assimilationsgewebe, bestehend aus eng aneinander stehenden, darunter aber maschenförmig-locker verteilten Zellen (Palisaden- und Schwammparenchym). Dazwischen sind die Gänge der Spaltöffnungen mit ihren Hilfszellen und Hohlräumen eingelagert. Insbesondere bemerkenswert sind Blätter von trockenheitsangepassten Pflanzen. Sie zeigen Einrollungen, Vertiefungen, in denen die Spaltöffnungen sitzen, und Haarwälle, mit denen diese Vertiefungen abgedeckt werden. Alle diese Einrichtungen dienen der Verdunstungsreduktion. Beispiele von Blattquerschnitten finden sich in den Abbildungen 93 und 94.

Holz

An Stängelquerschnitten kann man die jahreszeitlich wechselnden Holzablagerungen studieren. Holz sieht im mikroskopischen Bild sehr unterschiedlich aus, je nachdem, ob man es quer, in Richtung zur Stammmitte (radiär) oder senkrecht dazu (tangential) schneidet (Abb. 95).

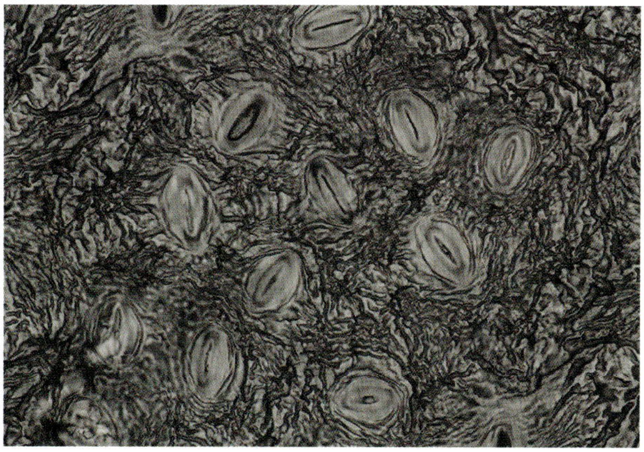

Abb. 92. Spaltöffnungen in einem Uhu-Blattabdruck, Hellfeld, weitere Beschreibung im Text.

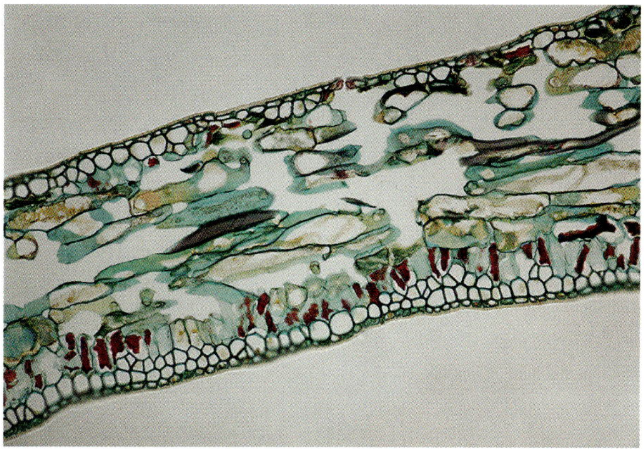

Abb. 93. Querschnitt durch das Blatt einer Steineibe (*Podocarpus* sp.), Hellfeld.

Abb. 94. Querschnitt durch ein Rhododenron-Blatt, Hellfeld. Oben: Palisadenparenchym, Mitte: Leitbündel, Unten: Schwammparenchym.

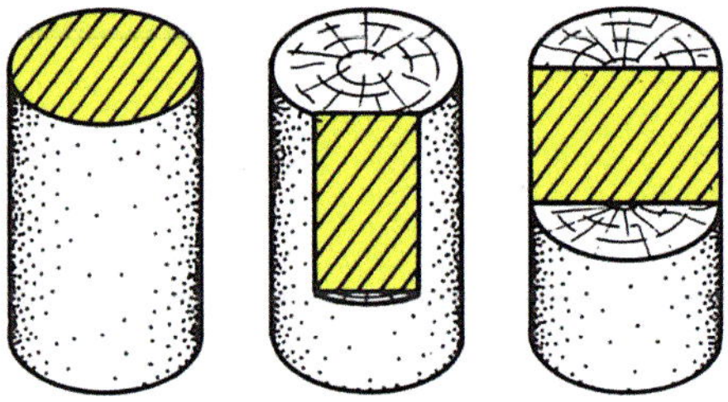

Abb. 95. Schnittebenen (schraffiert) beim Schneiden eines Pflanzentriebs oder -zweigs. Von links nach rechts: Quer-, Tangential- und Radialschnitt.

In den Diagrammen der Abbildungen 95 und 96 sind die Schnittrichtungen eingetragen. Wenn man den sehr unterschiedlichen Aspekt studiert, der jeder Schnittrichtung zuzuordnen ist, wird man uns zustimmen: Holz ist ein morphologisch faszinierendes Pflanzengewebe. Laub- und Nadelholz lassen sich durchaus unterscheiden; der Spezialist erkennt unter Umständen sogar einzelne Baumarten am mikroskopischen Bild.

Abbildung 97 zeigt eine Panorama-Ansicht durch einen kleinen Holzzweig im Längsschnitt, die Abbildung 98 präsentiert einen entsprechenden Querschnitt im Übersichtsbild und in Detailansicht. Die Abbildungen 99 bis 101 zeigen Radial- und Tangentialansichten von Holzschnitten.

Weitere Festigungsgewebe

Morphologisch wie biomechanisch interessant sind die Verteilungen der Festigungsstränge in Sprossen und Stängeln von Pflanzen, erkennbar an Querschnitten. Meistens sind die Stängel hohl, und die Festigungsstränge sitzen zur Erreichung eines möglichst großen Flächenträgheitsmoments weit außen. Das kann man an Schachtelhalmquerschnitten ebenso studieren wie an Grashalmschnitten, an solchen eines Taubnesselstängels (mit 4 gegenüberliegenden, im Schnitt knopfförmig vorspringenden Festigungssträngen) und an tausend anderen Präparaten. Abbildung 102 zeigt einen typischen Pflanzenstängel mit Leitbündeln.

Auch in krautigen Pflanzen gibt es in den Leitbündeln Holzteile. Diese enthalten wasserleitende, langgestreckte Zellen, die oft mit Ringen oder Spiralen ausgesteift sind. Eindrucksvoll sind Aufnahmen mit dem Rasterelektronenmikroskop (REM) von Quer- und Längsschnitten (Abb. 103).

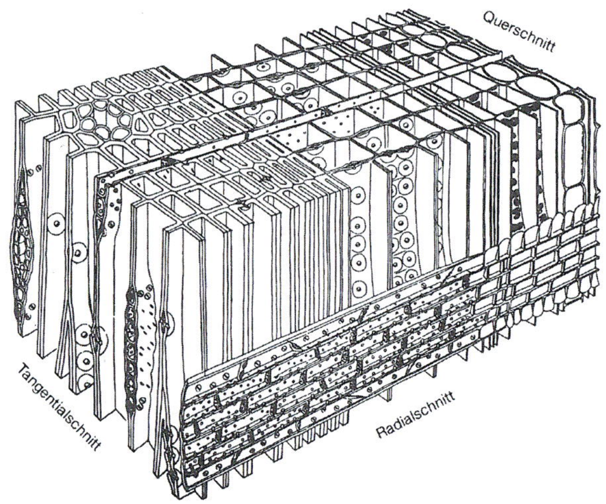

Abb. 96. Kennzeichnung der Schnittführung durch Holz. Parallel zum Tangentialschnitt verläuft eine Jahresringgrenze (englumige Leitungsgefäße grenzen an weitlumige).

Abb. 97. Längsschnitt durch einen kleinen Holzzweig, Übersichtsbild, Hellfeld. Borke (außen) in brauner Farbe, darunter Zylinder des lebenden Gewebes (in Blau).

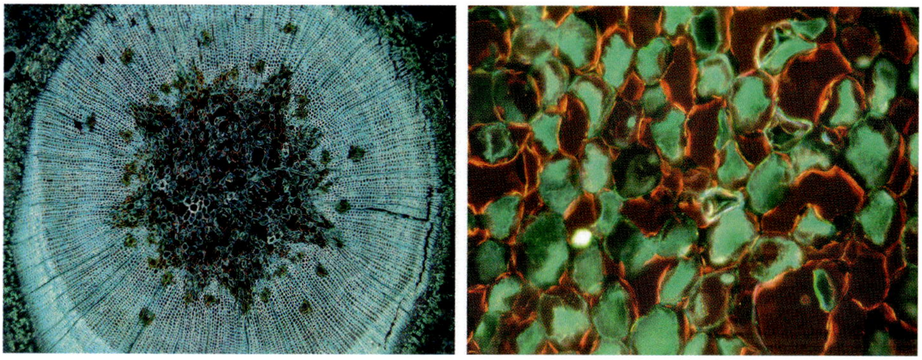

Abb. 98. Querschnitt durch einen kleinen Holzzweig (Kiefer), Übersichtsbild, Dunkelfeld, monochromatisches Blaulicht (links), inneres Gewebe bei stärkerer Vergrößerung, ungefiltertes Dunkelfeld (rechts). Fotos: Timm Piper.

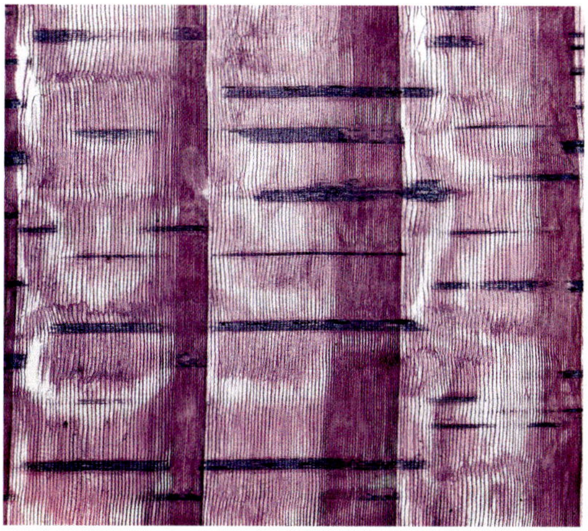

Abb. 99. Radialer Holzschnitt aus dem Außenbereich einer frisch gefällten, ca. 40-jährigen Kiefer (*Pinus*), Ansicht auf drei Jahresringe, Übersichtsbild, Dickenwachstum von links nach rechts. Fotos: Gerhard Terstegge, Lübbecke, Dr. Martina Leibig und Dipl. Ing. Josef Bauer, Fa. Precipoint, München, historisches Präparat: Prof. Dr. Franz Sigmund, Stuttgart (1877 – 1940). Aus: G. Terstegge. Zauberhafte Mikrowelt. Dustri/Hachinger. 2015. S. 18, Abb. 10.

Abb. 100. Detailsansicht aus Abbildung 99. Quer getroffene Hoftüpfel, waagerecht verlaufende Markstrahlen blau gefärbt. Aus: G. Terstegge. Zauberhafte Mikrowelt. Dustri/Hachinger. 2015. S. 18, Abb. 11.

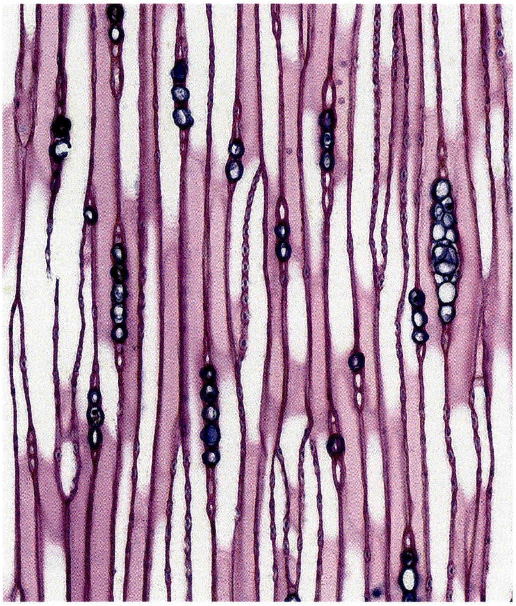

Abb. 101. Tangentialer Schnitt durch das Kiefernholz aus Abbildung 99 und bei noch stärkerer Vergrößerung. Quer geschnittene, aufgereiht angeordnete Markstrahlen (blau) zwischen den Holzzellen (rosa). Hoftüpfel in den Holzzellwänden. Aus: G. Terstegge. Zauberhafte Mikrowelt. Dustri/Hachinger. 2015. S. 19, Abb. 12.

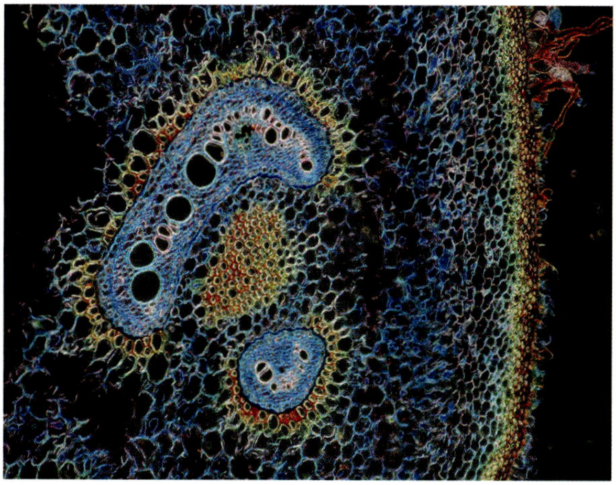

Abb. 102. Kürbisstängel mit Leitbündeln, Querschnitt, Dunkelfeld. Foto: Timm Piper.

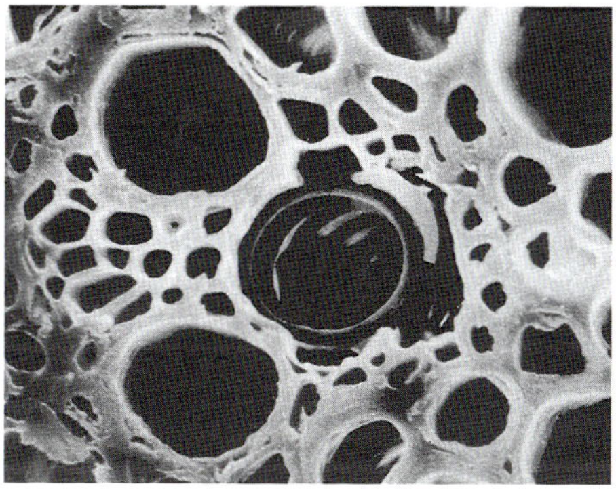

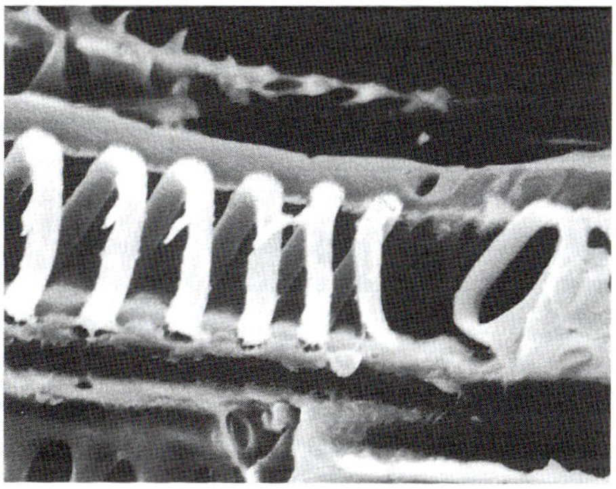

Abb. 103. REM-Aufnahmen von Holzteilen bei Leitbündeln. Links: Querschnitt; rechts: Längsschnitt. Die Zellwand ist aufgerissen, so dass die Versteifungsspirale freigelegt ist.

Sprosse und Blattspreiten

Sowohl holzige wie krautige Arten sind interessant; am leichtesten schneiden sich diesjährige Sprosse. Sind Pflanzenstängel zu „labberig“, legt man sie für 2 Wochen in Brennspiritus. Die vielfältigen Gewebeformen vergleicht man am besten mit einem Botanikbuch.

Reizvoll sind auch die rohrförmigen Blattspreiten („Stängel“) der Binsen, welche ein schwammartiges Sternparenchym enthalten, deren Einzelzellen mit meist sechs Fortsätzen Kontakte zu den Nachbarzellen schließen. Dieses zarte Parenchym stabilisiert das Rohr, trägt erstaunliche 40% zur Knickstabilität bei und dient als Durchlüftungsgewebe der Sauerstoffversorgung (Abb. 104).

Wurzeln

Querschnitte zeigen das in Lehrbüchern erläuterte Leitungsgewebe. Am „Ostersaat“, frisch gekeimtem Getreide, dessen Würzelchen man auswäscht und dann unter dem Deckglas leicht anpresst, lassen sich die seitlichen Ausstülpungen der Rindenzellen zu Wurzelhaaren wunderschön

Abb. 112. Kartoffelstärke im polarisierten Licht bei partiell gekreuzten Polarisatoren mit zusätzlichem Kompensator (Lambda-Plättchen).

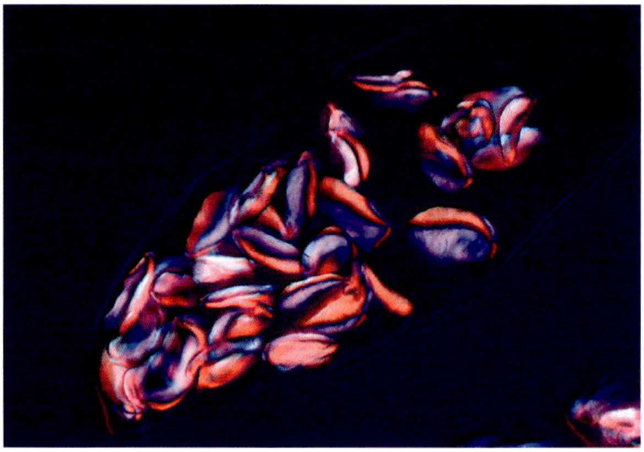

Abb. 113. Bananenstärke, Quetschpräparat, polarisiertes Licht mit Lambda-Kompensator.

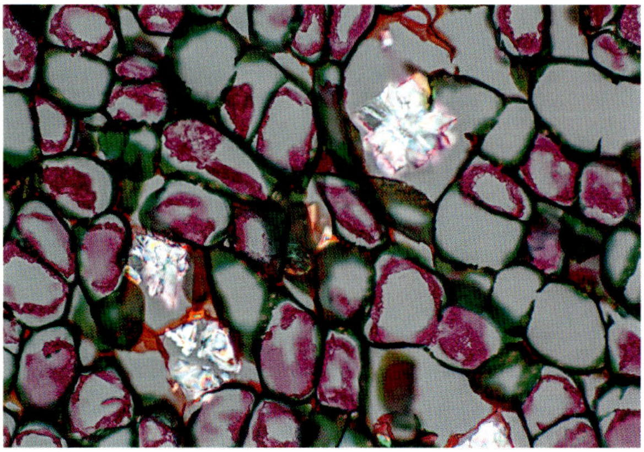

Abb. 114. Calciumoxalat-Kristalle als Zellablagerungen im Wilden Wein (Gattung *Parthenocissus*). Helles Aufleuchten der Kristalle im polarisierten Licht.

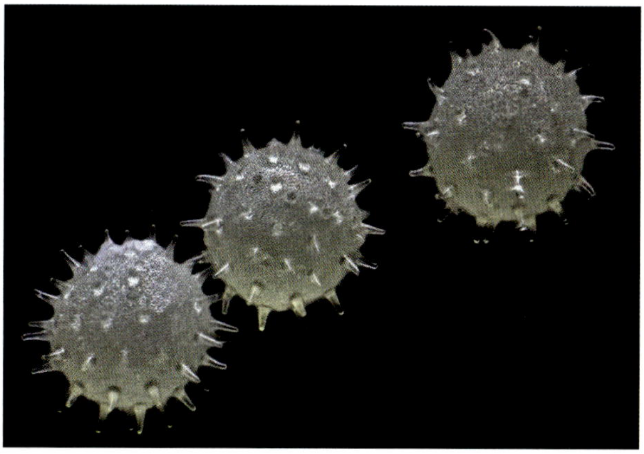

Abb. 115. Pollenkörner des Hibiscus mit „Haftnoppen" im Auflicht.

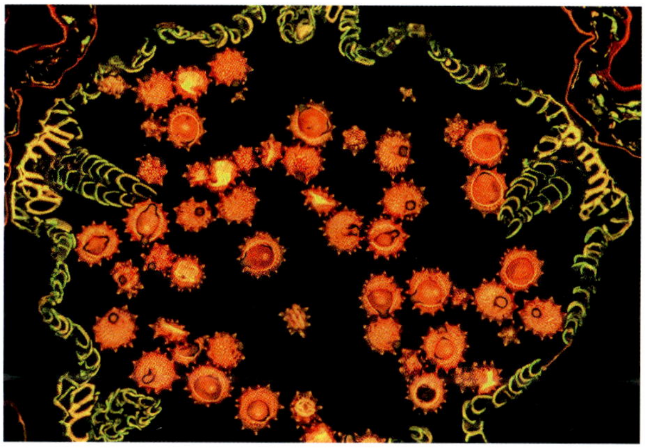

Abb. 116. Schnittpräparat einer Einzelblüte mit pollenhaltigen Staubblättern, Fluoreszenz.

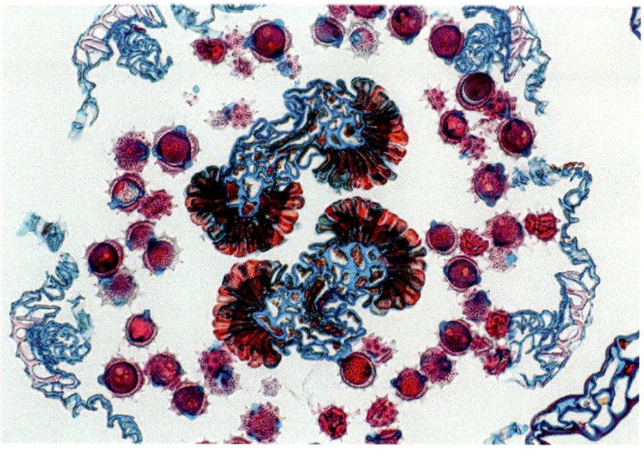

Abb. 117. Schnittpräparat einer Einzelblüte mit pollenhaltigen Staubblättern, Hellfeld.

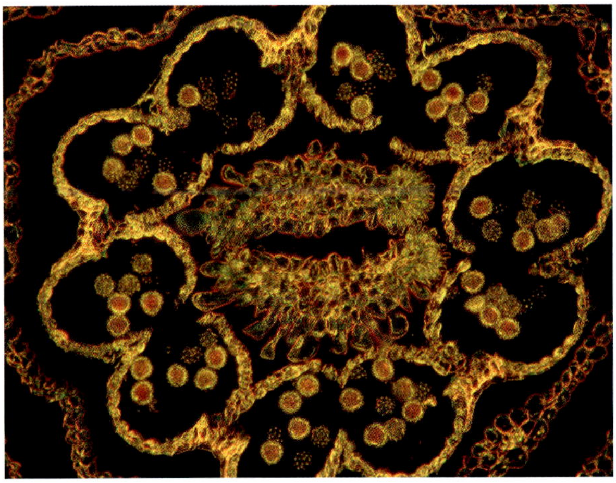

Abb. 118. Schnittpräparat einer Einzelblüte mit pollenhaltigen Staubblättern, Dunkelfeld. Foto: Timm Piper.

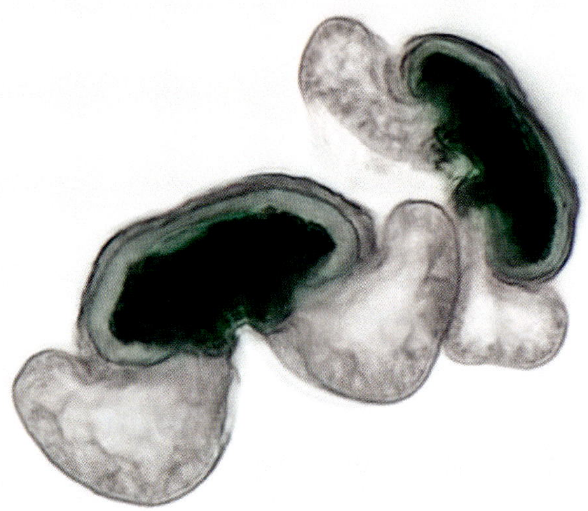

Abb. 119. Pollen der Schwarzkiefer mit Luftsäckchen, Hellfeld.

Abb. 120. Getreidekorn, gefüllt mit Nährgewebe, Schnittpräparat, Totalansicht, Hellfeld. Links (gelblich) der Embryo mit der nach schräg unten weisenden Wurzel und der nach schräg oben weisenden Sprossanlage.

Abb. 121. Vegetationskegel im Dünnschnitt, umgeben von Blattanlagen. Hellfeld (oben), digitale Inversion, „digitales Dunkelfeld" (unten).

lässt sich schlecht schneiden; man besorgt sich also gefärbte Dauerpräparate. Hat man den Prinzipbau einmal verstanden, so lässt sich auch seine Veränderung im Zuge des Auskeimens an Schnitten durch (beim Keimen weich werdenden) „Ostersaat" leicht verfolgen.

Fallbeispiel: Getreidekorn (Abb. 120). Links im Bild befindet sich der Keimling, bestehend aus Keimblatt, Blatt- und Wurzelanlage, nach rechts schließt sich der voluminöse Mehlkörper an. Am rechten Pol sieht man rudimentäre Härchen des dortigen Haarschopfes. Ummantelt ist das Getreidekorn von zwei Schichten, der inneren Aleuronschicht und der äußeren Frucht- und Samenschale.

Vegetationskegel, Knospen und Blüten

Die an den „Zweigenden" der Wasserpest (*Elodea canadensis*) stehenden dunkelgrünen Knöpfchen erweisen sich im Schnitt als „knospenartig" übereinanderliegende Systeme von Blattanlagen. Auch an der Sprossachse des Tannenwedels (*Hippuris vulgaris*), ebenfalls einer Wasserpflanze, kann man die Blattanlagen als knöpfchenförmige Aufwölbung gut erkennen. Man nennt sie Vegetationskegel. Schließlich sind die Blatt- und Blütenknospen der Holzgewächse sehr vielgestaltig. Reife Blütenknospen beeindrucken durch die Art, wie ihre Staub- oder Fruchtblätter „raumsparend verstaut" sind.

Abbildung 121 zeigt einen typischen Vegetationskegel im Dünnschnitt (Hellfeldbild und Invertierung zu „digitalem Dunkelfeld").

Mückenlarve,
Dunkelfeld

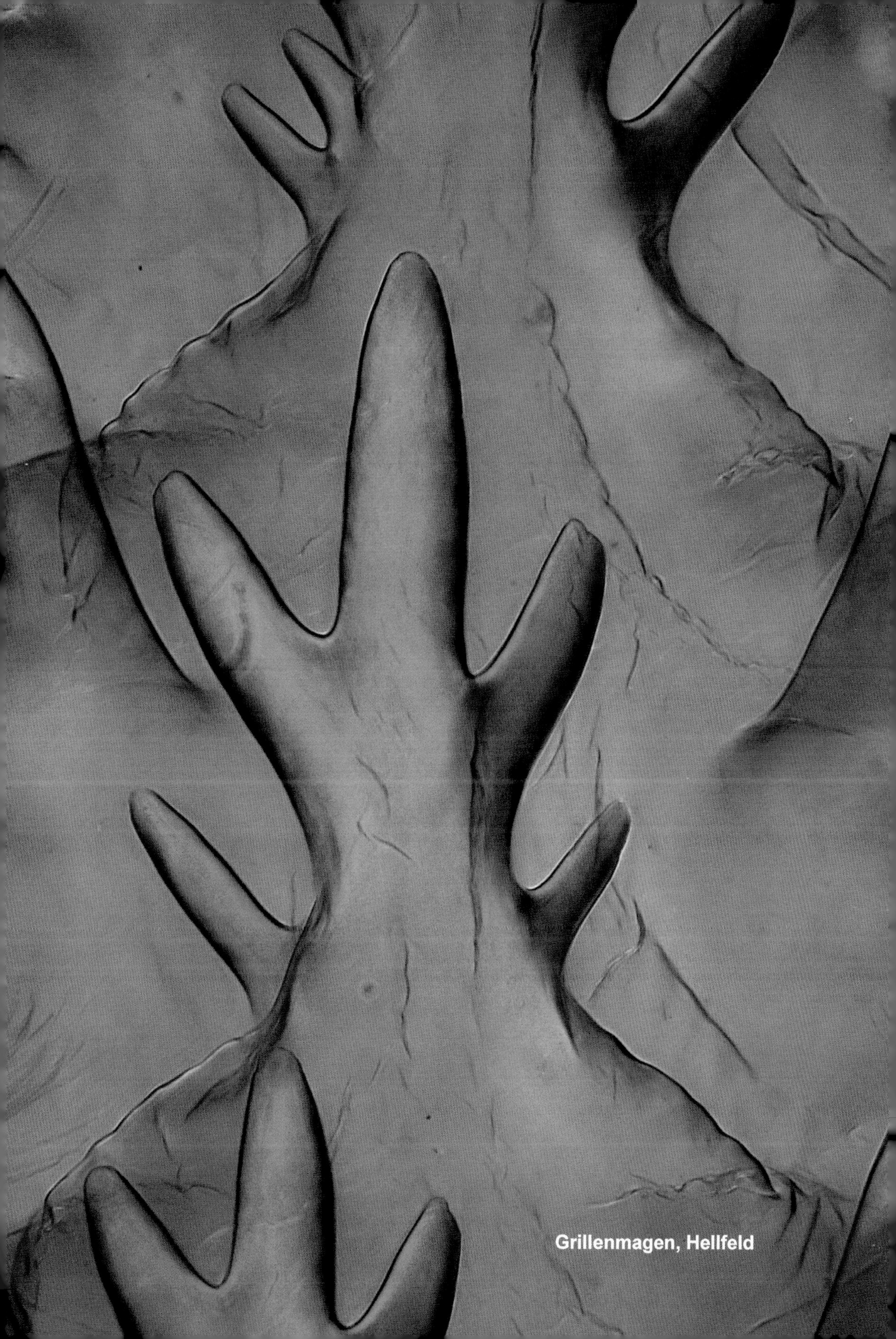

Grillenmagen, Hellfeld

Kopf einer
Stubenfliege

Honigbiene

Floh, frühe Darstellung

Tierwelt

Ausgeklammert bleibt an dieser Stelle die Vielzahl der Ein- oder winzigen Mehrzeller im Wassertropfen. Darüber wird im Folgeband 3 zu sprechen sein.

Jagdgründe

Im Gegensatz zur Pflanzenwelt, der man sich mit der Rasierklinge oder dem Handmikrotom problemlos nähern kann, bietet die Tierwelt nicht den unerschöpflichen Reichtum an Möglichkeiten zur Selbstuntersuchung. Dafür gibt es verständliche methodische Gründe.

Was lohnt sich?

Es gibt zwei Möglichkeiten. Man jagt entweder nach kleinen Tieren, z. B. winzigen Insekten oder Bodenorganismen, die man als Ganzes unter das Deckglas bringen kann, oder man jagt „an und in" einem Tier, entnimmt Organproben und bearbeitet diese weiter. Die letztere Technik wird für den Amateur im Allgemeinen kaum in Frage kommen, denn sie artet rasch in halbprofessionelle Laborarbeiten aus. Wer sich dafür interessiert, dem steht eine Reihe von speziellen Anleitungen zur Verfügung (s. Literaturverzeichnis). Der Kauf von Dauerpräparaten ist bequemer und bringt wohl auch erst den eigentlichen Einstieg. Präparieren aber sollte man schon unbedingt einmal ein Tier. Wir schildern dies am Beispiel des Regenwurms.

Im Allgemeinen empfiehlt sich also mehr der „unblutige" Weg: Winzig kleine Tiere in ihrer Gesamtheit zu untersuchen oder Teile von toten Insekten etc. abzupfen. Fürs erstere lohnt sich am ehesten die Lebewelt des Wassers und Ufers, mit kleinen Insekten und deren Larven, Würmern, Krebstieren (zum Beispiel auch Asseln), winzigen Schnecken, Muscheln. Interessant sind aber auch Parasiten auf Tieren, etwa Flöhe oder Vogelläuse. Von Insekten lassen sich leicht Beine, Fühler und Mundwerkzeuge abpräparieren. Auch Schuppen von Schmetterlingsflügeln können bei mittlerer Vergrößerung gut betrachtet werden (vgl. Abb. 41). Kleine Fliegen und andere Insekten kann man auch nach Aufhellung als Ganzes einbetten. Das Mikrofoto der Abbildung 122 zeigt die Totalansicht einer aufgehellten kleinen Fliege im Dauerpräparat, Abbildung 123 eine Ausschnittansicht eines ebenfalls aufgehellten Hinterleibs einer Stubenfliege. Gegebenenfalls kann man auch auf eine chemisch bewirkte Aufhellung verzichten und die eingedeckten Objekte im Dunkelfeld oder

Abb. 122. Zweiflügler (Diptera) bei schwacher Vergrößerung, leicht aufgehelltes Dauerpräparat, Hellfeld. Man erkennt die beiden mächtigen Bündel der indirekten Flügelmuskeln.

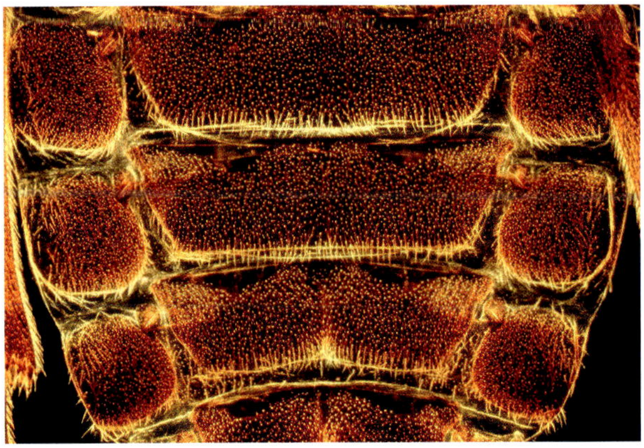

Abb. 123. Hinterleib einer Stubenfliege (*Musca domestica*), aufgehellt, Chitinhülle flach ausgestreckt präpariert. Dunkelfeld.

bei Auflicht-Beleuchtung betrachten. Sie leuchten dann auf dunklem Untergrund in ihrer Eigenfarbe hell auf (Abb. 124), siehe auch Beispiele in Abbildungen 36, 37 und 38.

Bodenkleintiere

Auf einfache Weise kann man an die Kleintierwelt aus lockeren Streuböden herankommen, wie die Abbildung 125 erläutert. Gereizt wird mit einer über den Trichter gehängten 75-Watt-Birne. Vor der Hitze weichen die Tiere nach unten aus, durchdringen die Gaze oder – besser – ein Stück Fliegengitter, und fallen schließlich in das Auffanggefäß. Kleininsekten wie Springschwänze und andere Urinsekten, Bodenmilben, Fadenwürmer, Spinnen, Insektenlarven, Käfer und andere Lebewesen im Kleinstformat wird man auf diese Weise erbeuten.

Man kann solche Kleinlebewesen des Bodens ebenso wie Insekten auch mit einem Netz einfangen und mit Äther betäuben. Zu diesem Zweck empfiehlt es sich, am Boden eines leeren Einmach- oder Marmeladenglases einen Wattebausch mit etwas Äther zu tränken und darüber eine Tüte Kaffee- oder Teefilterpapier anzu-

Abb. 124. Zuckmücke (*Chironomida*), Objektiv Plan 2,5×, Okular 5×, im Dunkelfeld aufgenommen.

bringen. Dann das Netz bzw. einen Teil hiervon, welcher die eingefangenen Insekten beherbergt, in das Glas bringen, sodass der Inhalt in die Filtertüte fallen kann, und dann das Glas mit seinem Deckel verschließen. Vom Ätherdampf betäubt, werden die erbeuteten Kleintiere rasch narkotisiert und dann in die Filtertüte fallen. Je nach Menge des Äthers und Dauer der Einwirkung werden die Tiere daran schmerzlos sterben, oder nur für gewisse Zeit betäubt sein.

Tierentwicklung

Die Langzeit-Beobachtung sich entwickelnden Wasserschneckenlaichs an der Aquariumscheibe ist eine schöne Sache. Mit einem alten Tubus kann man sich ein gut funktionierendes Aquarienmikroskop zurechtbasteln (Abb. 126), oder ggf. auch eine digitale Handlupe nehmen. Mit Lupenobjektiven, z. B. den Leica-Photaren oder Zeiss-Luminaren, lassen sich von den Schneckenembryonen auch sehr anschauliche Makrofotos anfertigen (Abb. 127). Typischerweise sind mehrere Embryonen in ihren Eihüllen kettenförmig oder flächig aneinandergelagert und von einer gallertigen Schutzhülle umgeben. Bei längerer Beobachtung lassen sich auch aktive Bewegungen der Embryonen erkennen.

Fallbeispiel: Größere Wasserschnecken wie die Spitzhornschnecke, *Lymnaea stagnalis*, lassen sich im Aquarium leicht halten. Sie weiden den Algenbelag der Scheiben ab und kleben den Scheiben auch ihren Laich an. In der Aufnahme von Abbildung 128 ist die Entwicklung schon weit fortgeschritten. Die jungen Schnecken rotieren in ihren Eihüllen langsam herum und werden sie bald sprengen.

Leicht beobachtbar ist auch frisch abgelegter Frosch- oder Krötenlaich. In einer großen Petri-Schale kann man ihn sich unter häufigem Wasserwechsel entwickeln lassen und mit dem Binokular bei

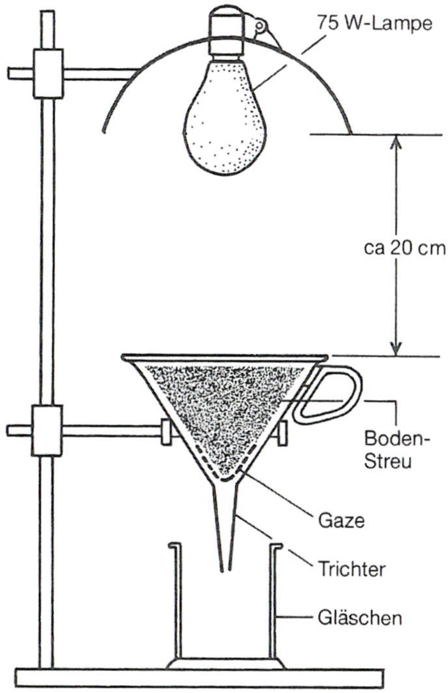

Abb. 125. Apparatur nach Berlese zur Gewinnung sehr kleiner Bodentiere.

Abb. 126. Aquarienmikroskop an einem 5-l-Aquarium. W.N. hat nie ein größeres Aquarium besessen; als „Tümpelaquarium" reicht ein 5-l-Gefäß.

schwächster Vergrößerung öfters nachsehen. Um ihn so zu beobachten, benötigt man allerdings, man glaubt es nicht, eine schriftliche Genehmigung der Unteren

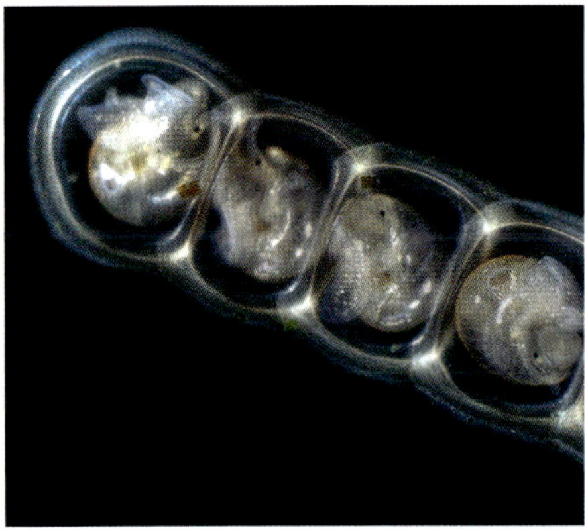

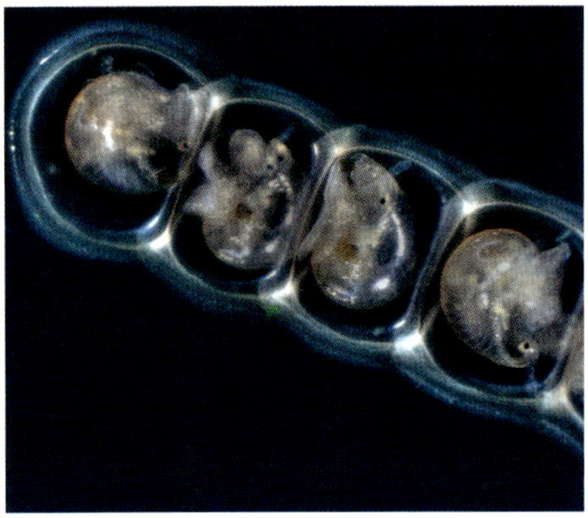

Abb. 127. Laich mit Embryonen der Posthornschnecke (*Planorbarius corneus*), an einer Aquarienscheibe haftend, Länge der Anordnung: ca. 5 mm. Externe Schrägbeleuchtung mit mehreren Lichtquellen, im Bild unten teils blau gefiltert. Lebendaufnahmen mit Leica-Photar.

Naturschutzbehörde (!), auch wenn man ihn unbeschädigt wieder in seinen Tümpel setzt oder gar aus einem austrocknenden Tümpel rettet und ihn nach der Beobachtung in einen „guten" Tümpel versetzen will. Deutschland ist gesetzestreu, auch im Falle blühenden gesetzlichen Unsinns.

In Miniatur-Kammern auf einem Objektträger oder Hohlschliff-Objektträger kann man im Übrigen Kleinstinsekten relativ problemlos über einige Zeit halten und beobachten, beispielsweise Springschwänze, Felsenspringer, Bücher-, Staub- und Rindenläuse, allerkleinste Käfer. Die Tiere kann man mit schwächster Vergrößerung bei der Nahrungsaufnahme (pflanzliche oder faulige Substanzen), der Kopulation, der Eiablage und der Häutung beobachten. Man darf nur nicht die Luftzufuhr mit Vaseline abschneiden, kann beispielsweise einen dicken, mehrfach gerollten Wollfaden zur Abstandshaltung benutzen und zur Feuchthaltung ein paar Minitröpfchen Wasser einpipettieren.

Präparieren

Das Präparieren von Tieren, selbst von toten Laborratten, ist unter emotionalem

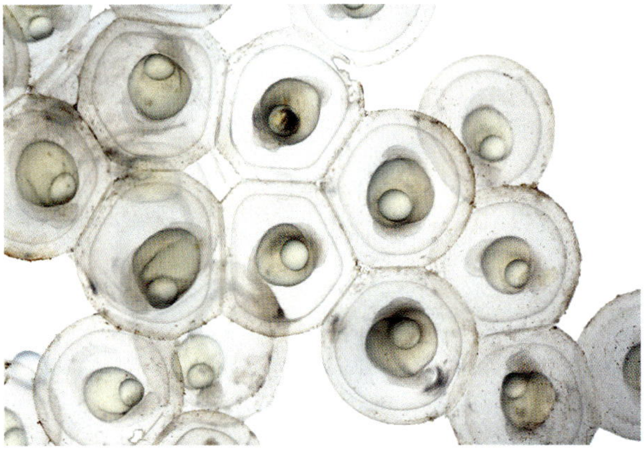

Abb. 128. Jungschnecken im Laich der Spitzhorn- oder Schlammschnecke (*Lymnaea stagnalis*) an der Aquarienwand.

Tierschutzaspekt selbst bei Zoologiestudenten nicht mehr sehr beliebt, auch unbeschadet der Tatsache, dass man ein Tier nicht kennt, wenn man es nicht von innen kennt. Probieren Sie das bei einem Regenwurm aus, und Sie werden uns Recht geben.

Fallbeispiel Regenwurm: Einige Aspekte zur Präparation eines Regenwurms seien hier zusammengestellt.

Darf ich das Tier töten?

Es hilft nichts: Für die Präparation töten wir ein Lebewesen. Der Regenwurm ist ein solches. Wir haben keine äußere Notwendigkeit, ihn zu töten. Wir sind nicht vor dem Verhungern, sodass wir ihn nicht zur Lebensrettung verspeisen müssten.

Wir töten ihn des Erkenntnisgewinns wegen.

Manche akzeptieren das nicht. Dazu muss jeder seiner eigenen Meinung folgen. Wenn Sie sich also entschließen, den Regenwurm nicht zu opfern, begnügen Sie sich mit einem Lehrbuchkapitel. Andernfalls gehen Sie wie folgt vor:

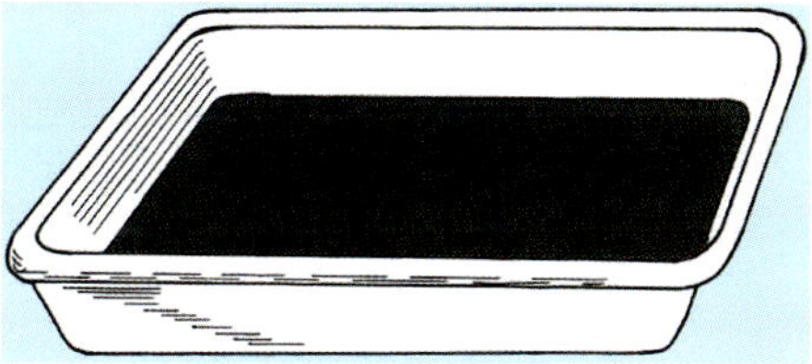

Abb. 129. Präparierbecken.

Das Präparierbecken

Präpariert wird in einem Präparierbecken (Abb. 129). Dieses ist traditionell eine spezielle Schale, in die schwarzes Wachs eingegossen ist. Bienen- und Kerzenwachs (wo es Kerzen gibt, kann man auch Bienenwachskerzen kaufen) wird in einer Konservendose zu gleichen Teilen zusammengeschmolzen (schwach heizende Elektroplatte, keine offene Flamme!). Dann wird Ruß beigemischt, und die Mischung wird in eine Schale ausgegossen. Dazu eignet sich ganz gut eine mittelgroße Entwicklungsschale oder eine ausrangierte Bratpfanne. Als einfachere Variante könnte auch eine schwarze Kunststoffwanne dienen, auf deren Boden eine dunkel eingefärbte Korkplatte eingeklemmt oder eingeklebt worden ist.

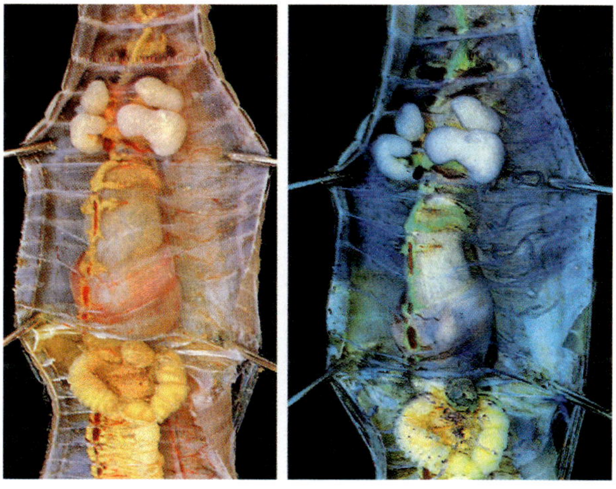

Abb. 130. Ausschnitt aus einem aufgeschnittenen Regenwurm, nahe dem Vorderende. Links: Ungefärbt. Rechts: Nach der „Tintenstift-Methode“ angefärbt.

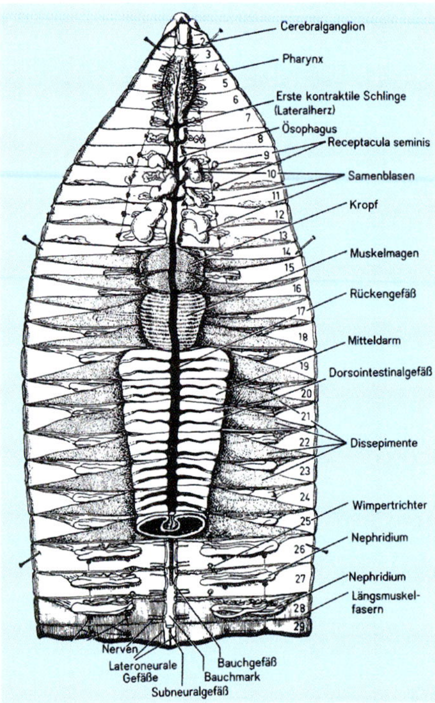

Abb. 131. Anatomische Skizze zur Präparation eines Regenwurms (Zeichnung aus Renner 1984).

Die Präparation

Ein größerer Regenwurm wird für eine Stunde in ein Reagenzglas mit 10%igem Alkohol gelegt, wodurch er betäubt und schließlich abgetötet wird. Der Wurm wird mit der dunklen Seite nach unten in das Präparierbecken gelegt. Unter leichter Dehnung wird er durch schräges Einstecken einer Stecknadel (am besten einer solchen mit Glaskopf) vorne und hinten fixiert. Dann wird er mit einer sehr flach eingestochenen und geführten, scharfen und spitzen Präparierschere (Abb. 133) von hinten nach vorne aufgeschnitten und seitlich „auseinandergeklappt", wobei die Seitenlappen mit schräg eingesteckten Stecknadeln wieder fixiert werden (Abb. 130). Hygieneaspekte sind einzuhalten. Man kann Gummihandschuhe tragen und sollte die Instrumente vor und nach der Benutzung mit 70%-Alkohol abreiben und nach der Präparation auskochen.

Man erkennt nun den inneren Aufbau und die Organe, die in Abbildung 131 detailliert bezeichnet sind. Auffallend ist zunächst das Darmsystem (Schlunddarm, Speiseröhre, Kropf, Muskelmagen, Mitteldarm), dem ein längslaufendes Blutgefäßsystem aufliegt, das vor allem in der Speiseröhren- und Mitteldarmregion mit Schlingen links und rechts um die Darmteile herumläuft. In den vordersten Segmenten (9 – 13) finden sich die Geschlechtsorgane; unübersehbar sind die dicken Samenblasen. Durch zarte Querwände (die beim Präparieren seitlich auseinandergezogen und zerrissen worden sind), sogenannte Dissepimente, ist der Wurm in Segmente eingeteilt. Zwischen ihnen liegen, paarig links und rechts, die mit einem Wimpertrichter beginnenden und sich in einen geknäulten Schlauch fortsetzenden Nierenorgane, die über Poren an den Seitwänden nach außen münden.

Schneidet man den Darm ab und hebt ihn an der Schnittstelle hoch, so erkennt man darunter das Bauchmark, den wichtigsten Teil des Nervensystems. Man sieht dann auch, dass der Mitteldarm auf seiner dorsalen, d.h. dem Rücken zugewandten Seite, eine die Oberfläche vergrößernde Einstülpung aufweist, die sogenannte Typhlosolis. Dort findet die Resorption der Nahrung statt. Dem Darm aufgelagert ist das gelblich bis bräunlich erscheinende Chloragog-Gewebe, welches nach Art einer „Vorstufe der Leber" verschiedene Stoffwechselfunktionen realisiert (unter anderem Abbau von Ammoniak in Harnstoff, Glykogensynthese und -speicherung, Fettspeicherung). Die unverdaulichen Reste werden am Ende des Tieres über den After ausgeschieden. Weitere Einzelheiten sind in zoologischen Lehrbüchern (beispielsweise im „Renner", s. das Literaturverzeichnis) abgehandelt.

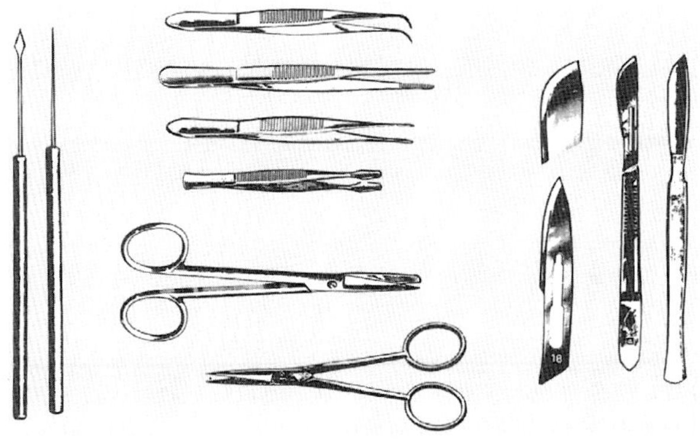

Abb. 132. Übliche Präpariergeräte aus einem Katalog (Microthek), Lanzett- und Präpariernadel, Pinzetten, Scheren, Skalpelle.

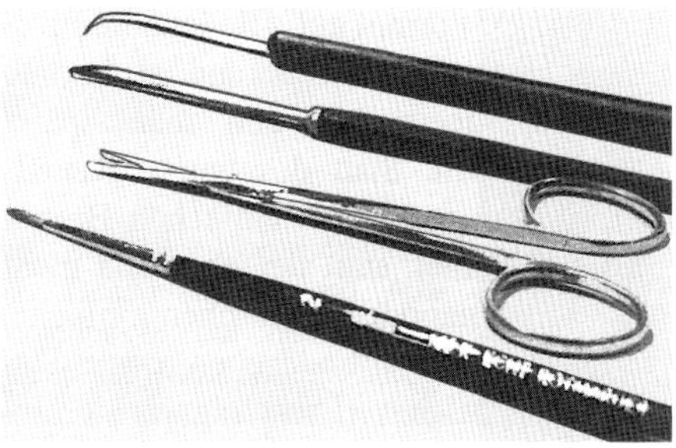

Abb. 133. Gebogene Präpariernadel, Lanzettnadel, Präparierschere und feinster Marderhaarpinsel.

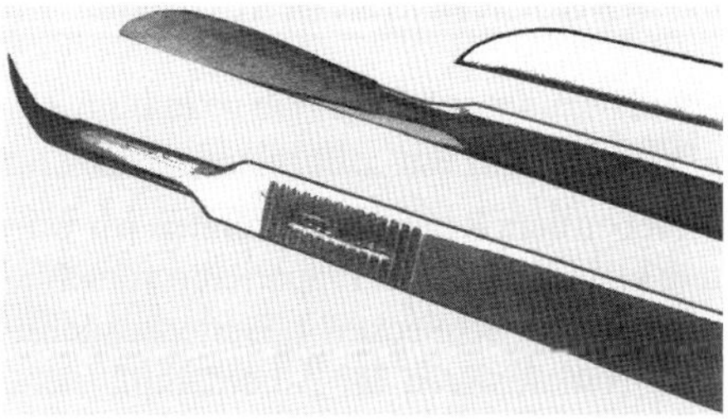

Abb. 134. Einstückskalpell mit Klingenschoner sowie Skalpell mit anklemmbarer Einwegklinge.

Der Trick mit dem Tintenstift

Zur besseren Sichtbarmachung gibt es einen ebenso simplen wie probaten Trick. Die zarten Gewebeteile wie Dissepimente und Nephridialorgane (Nierenorgane) sind als weißliche Masse sehr schlecht zu erkennen. Man nehme einen Tintenstift (einen klassischen, altertümlichen Tintenstift), bedecke das Präparat etwa 1 cm hoch mit Wasser und tauche den Stift eine Sekunde lang über die zu markierende Stelle. Es lösen sich Schlieren von blauer Stiftsubstanz (Methylenblau) und lagern sich dem Untergrund auf. Auf einmal wird dieser plastisch, und man erkennt in Blauabstufungen tausend Einzelheiten, die man vorher übersehen hat! Dies ist ein immer funktionierendes und gleichzeitig einfaches Mittel. Durch längeres oder kürzeres Eintauchen lässt sich eine unterschiedlich starke Anfärbung erzielen (Abb. 130, rechts). Sobald die Anfärbung ausreicht – Überfärbung bringt nichts – wird die blaue Farbstoffwolke mit der Pipette unter Wasser weggespritzt.

Mikroskopische Untersuchungen am Regenwurmpräparat

Nützliche Präpariergeräte sind in den Abbildungen 132 bis 134 dargestellt. Mit einer feinen Pinzette reißt man einen Teil des angefärbten Dissepiments weg und untersucht im Wassertropfen bei aufgelegtem Deckglas. Gleiches gilt für das Nephridium; insbesondere der Wimpertrichter ist interessant. Die bräunlichen Chloragog-

Abb. 138. Fisch-Schuppe, kontrastiert im Interphako-Verfahren.

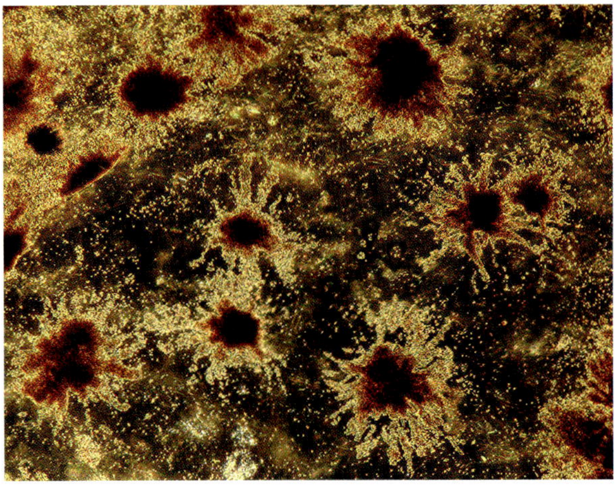

Abb. 139. Pigmentierungen einer Fischhaut (Hering, *Clupea harengus*), horizontale Feldweite: 0,7 mm, Dunkelfeld, Dauerpräparat, 45 Jahre alt.

laren erkennen. Die Abbildungen 137 und 138 zeigen Fischschuppen; reizvoll sind auch die Pigmentierungen der Fischhaut (Abb. 139).

Von den Amphibien war früher der Grasfrosch das Standard-Präparat; das ist längst vorbei. Mit einiger Mühe konnte man auch die feine Schwimmhaut eines lebenden Frosches unter dem Mikroskop ausbreiten und die Blutströmung durch ihre Kapillaren beobachten. Das galt auch für den feinen Schwanzsaum junger Kaulquappen oder für ihre ausgestülpten Kiemenbäumchen. Heute verstößt schon ein scharfer Blick auf einen Lurch gegen unsere so sinnvoll durchdachten Naturschutzgesetze. Eine hübsche Serie von Detailansichten lebender Kaulquappen zeigt die Bildtafel der Abbildung 140.

Reptilien wird man sowieso nicht in die Hand bekommen; hebt man einmal eine überfahrene Eidechse oder Schlange auf, so lohnt sich der Makroblick auf ihre unterschiedlich gestalteten Bauch- und Rückenschuppen, von denen man auch durch einfaches Eindecken mit einem Kunstharz Dauerpräparate herstellen kann. Auch von Ausschnitten des Schuppenpanzers, welcher mehrere Einzelschuppen im Verbund zeigt, lassen sich einfache Dauerpräparate anfertigen.

Vögel beeindrucken durch ihre Federstruktur, die immer ein Trockenpräparat wert ist. Daunenfedern, Deckfedern und Schwungfedern (Handschwingen) sind sehr unterschiedlich gestaltet. Bei mittlerer Vergrößerung lässt sich betrachten, wie die Haken- und die Bogenstrahlen einer Feder ineinandergreifen und eine stabile Fläche formen. Wenn man eine Feder etwas auseinanderreißen lässt, kann man diese Strahlen an ihren Rändern gut studieren.

Eine so zerfaserte Feder zieht der Vogel einfach durch den Schnabel, und sie schließt sich dadurch wieder vollständig – ein gewaltiger Vorteil dieses Konstruktionsprinzips. Abbildung 141 zeigt die mikroskopische Ansicht einer Vogelfeder, aufgenommen im Hellfeld und aufbereitet zu einer digitalen Skizze, welche das Bauprinzip noch weitergehend verdeutlicht. Im

Abb. 140. Detailansichten einer lebenden Kaulquappe (aufgenommen mit Makro- und Lupenobjektiven).

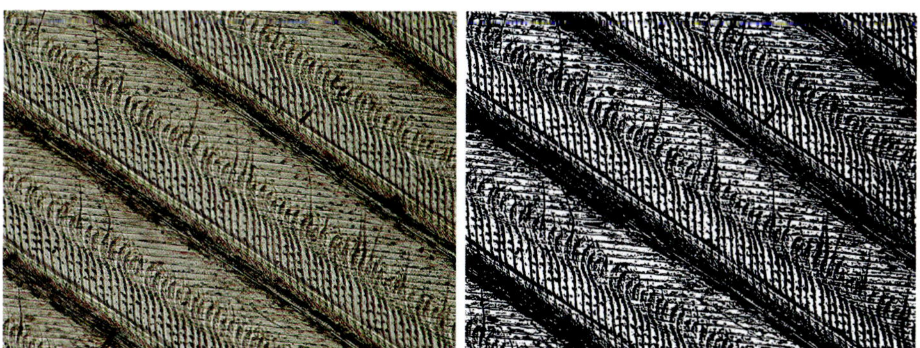

Abb. 141. Vogelfelder (Truthahn), Dauerpräparat, Hellfeld (links), digitale Schwarz-Weiß-Aufbereitung (rechts) zur klareren Hervorhebung des Bauprinzips. Foto: Timm Piper.

Abb. 142. Vogelfeder (Truthahn), Dauerpräparat, polarisiertes Licht.

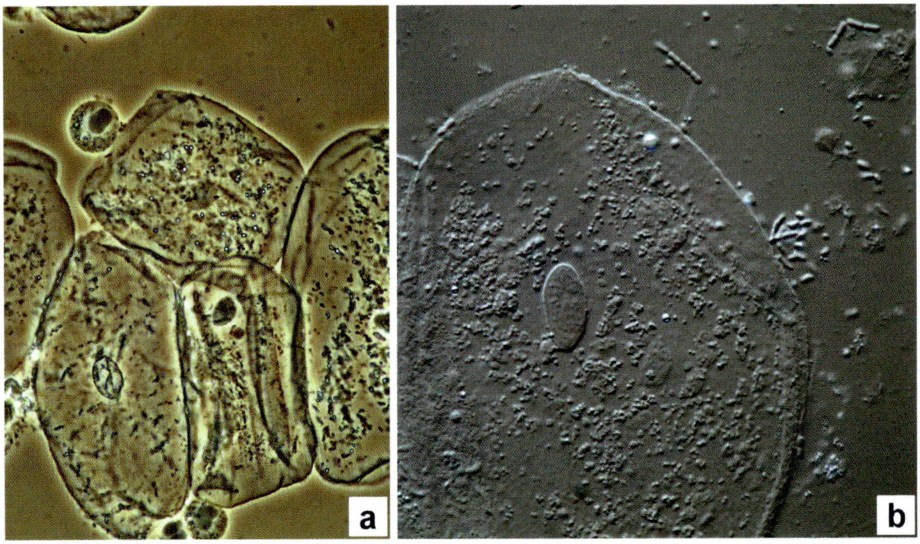

Abb. 143. Speichel, Frischpräparat unter Deckglas, Phasenkontrast, Objektiv 40× (a), Interferenzkontrast, Objektiv Öl 100× (b). Runde Plasmazellen in Abb. a links oben und Mitte unten, verschiedene Bakterien in Abb. b oben rechts.

polarisierten Licht (Abb. 142) ergeben sich reizvolle Farbkontraste.

Säuger

Die Zelle ist der kleinste Baustein des Lebens. Man kann Zellen auf einfachste Weise studieren, wenn man einen menschlichen oder tierischen Speicheltropfen auf einen Objektträger bringt und mit einem Deckglas bedeckt. Die Beobachtung sollte vorzugsweise im Phasenkontrast oder Dunkelfeld durchgeführt werden. In großer Zahl findet man abgeschilferte Epithelzellen der Mundschleimhaut mit großen, gut erkennbaren ovalen Zellkernen. In kleineren Gruppierungen sind auch deutlich kleinere rundliche Plasmazellen zu erkennen, mit reichlichen, sich bewegenden Körnchen (Granula) und irregulär begrenzten Zellker-

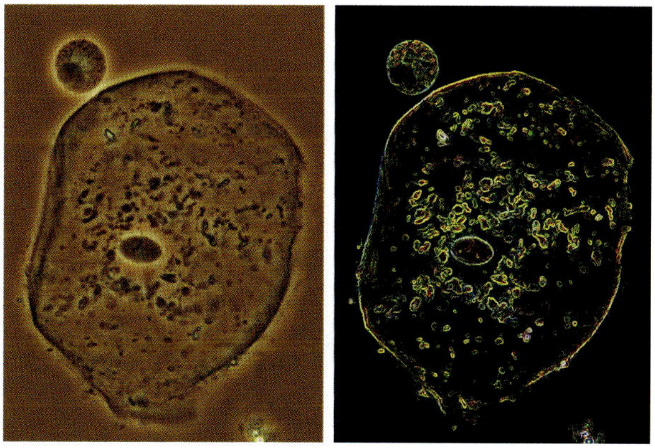

Abb. 144. Epithelzelle und Plasmazelle (links oben) aus einem Speichel-Frischpräparat, Objektiv 40×, Ausschnittvergrößerung, originales Phasenkontrastbild (links), digitale Bearbeitung mit der Sobel-Funktion (rechts).

nen. Daneben können auch verschiedenartige Speichelbakterien gesichtet werden, die teils nur passiv mit der Flüssigkeitsströmung bewegt werden, teils aber auch begeißelt sind und sich mit großer Geschwindigkeit aktiv bewegen.

Abbildung 143 zeigt die vorbeschriebenen Komponenten einer Speichelprobe im Phasenkontrast und Interferenzkontrast. Auch auf digitalem Wege kann man aus einem Phasenkontrastbild eine Dunkelfeld-artige Ansicht generieren, so zum Beispiel mit der sog. Sobel-Funktion, die in Software zur Bearbeitung von Astrofotos zur Verfügung steht und feine Konturen auf dunklem Untergrund hervorhebt (Abb. 144).

Ebenfalls auf einfache Weise können Blutzellen untersucht werden. Hierzu kann ein kleiner Bluttropfen unter ein relativ großes Deckglas gebracht werden, sodass die Blutzellen in einer möglichst dünnen, einlagigen Schicht ausgebreitet werden. Auch hier untersucht man vorzugsweise im Phasenkontrast (Abb. 145). In dickerer Schicht drehen sich die roten Blutkörperchen um ihre Achse, sodass deren räumliche Struktur besser erkannt werden kann, teils lagern sie sich auch zu „Geldrollen" zusammen. In diesem Zustand hat sie schon Antony van Leeuwenhoek im Jahr 1719 beschrieben, und in ähnlicher Weise kann man sie auch im Interferenzkontrast plastisch dar-

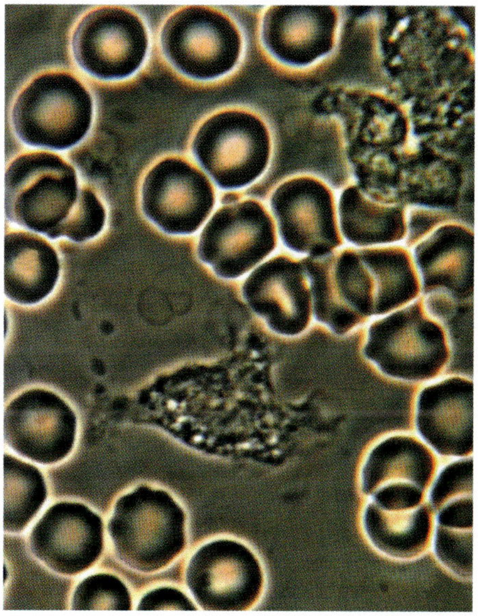

Abb. 145. Blut des Menschen, Frischpräparat, ungefärbt, Objektiv Öl 100x, Phasenkontrast. Zahlreiche scheibchenförmige Erythrozyten, drei amöboide Leukozyten (Mitte und rechts oben).

stellen (Abb. 26). Fixierte und gefärbte Blutausstriche werden in der Regel luftgetrocknet ohne Deckglas aufbewahrt. Bei idealer Ausstrichtechnik sind die Blutzellen auch hier säuberlich nebeneinanderliegend angeordnet. Die verschiedenen weißen Blutzellen (Leukozyten) sind im fixierten

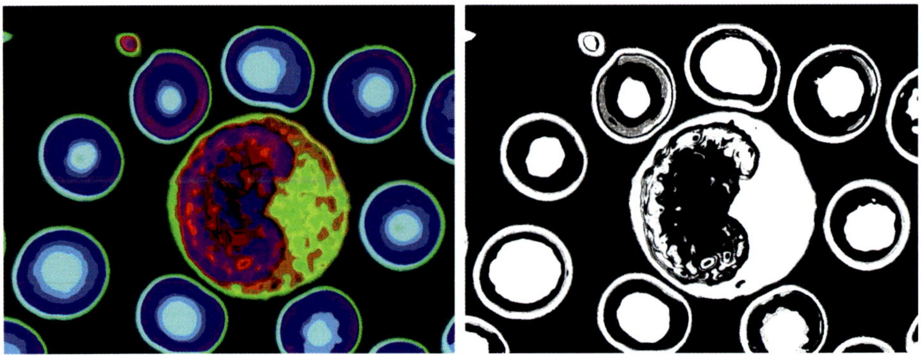

Abb. 146. Gefärbter Blutausstrich, Leukozyt, umkreist von Eryrthrozyten, zusätzlich miterfasst ist ein kleiner, rundlich begrenzter Thrombozyt (oben links). Digitale Verfremdung in HistoPopart (Bild links), schematisierende Schwarz-Weiß-Darstellung (Bild rechts). Foto: Anne Kerber, Homburg/Saar, Quelle: A. Kerber und J. Piper: Histopopart, Dustri/Hachinger, 2020.

Zustand mehr oder weniger kreisrund und fallen durch ihre Größe und intensiv gefärbten Zellkerne auf. Die roten Blutkörperchen (Erythrozyten sind etwas kleiner und zeigen beim Menschen anstelle von Zellkernen mittige Einbuchtungen. Bei den Blutplättchen (Thrombozyten) handelte es sich um deutlich kleinere Zellfragmente, die irregulär geformt sind. Durch spezielle digitale Bearbeitungstechniken können aus unscheinbaren Ausstrichpräparaten lebhaft gefärbte, „kosmisch" wirkende Kompositionen und abstrakte Schwarz-Weiß-Graphiken geschaffen werden, von denen Abbildung 146 ein Beispiel zeigt (Foto: Anne Kerber, entnommen dem Buch „HistoPopart", vgl. Literaturhinweise).

Gesamtübersichten über Entwicklung, Aufbau und topographische Anatomie der Säuger können Schnittpräparaten von Embryonen entnommen werden. So lässt der in Abbildung 42 gezeigte Längsschnitt durch einen Mausembryo die wesentlichen Strukturen in ihrer Lage und Anordnung erkennen, so z. B. Hirn (1) und Rückenmark (2), Wirbelsäule (3), Rückenmuskeln (4), Maul und Zunge (5), Herz (6), Lunge (7), Leber (8), Niere (9) und Nebenniere (10), Darm (11) und Bauchmuskeln (12).

Von allen Organen der Säuger und des Menschen kann man gefärbte Schnitte als Dauerpräparate erwerben, wenn man deren mikroskopischen Aufbau im Einzelnen studieren will. Systematische Übersichten hierzu finden sich in einschlägigen Lehrbüchern der Histologie bzw. mikroskopischen Anatomie. Ohne den Rahmen sprengen zu wollen, möchten wir einige charakteristische Organe stellvertretend für die Vielfalt aller anderen im Folgenden als Fallbeispiele näher vorstellen. Hierbei soll auch vermittelt werden, dass Bau und Funktion in einem direkten und engen Zusammenhang stehen.

Haut und Haare

Für Säuger kennzeichnend ist unter anderem das Haarkleid; am herausgezogenen Haar kann man die untere Zwiebel und den herauswachsenden Schaft unterscheiden, sieht aber am unpräparierten Objekt kaum mehr. Wie anders ist das, wenn man gut gefärbte histologische Quer- und Längsschnitte durch behaarte Haut betrachtet. Was heißt betrachten – richtiggehend durchstudieren sollte man solche Präparate, wenn man verstehen will, wie sich ein Haarschaft aus seiner Wurzel schiebt. Das ist einigermaßen komplex. Man kann aber Fotos oder Strichzeichnungen, Element

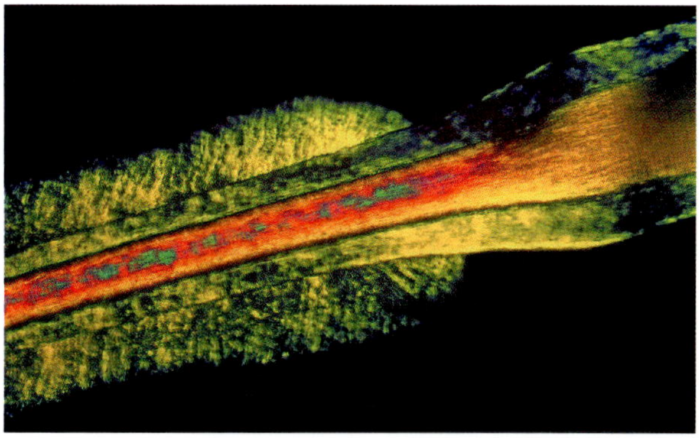

Abb. 147. Kopfhaar, umgeben von seiner Wurzelscheide, Objektiv 10×, polarisiertes Licht.

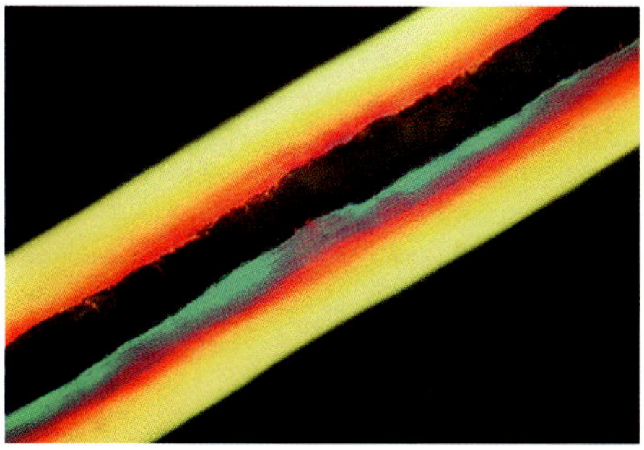

Abb. 148. Kopfhaar, Mark (dunkel) und Rinde (rötlich und gelblich), Objektiv 40×, polarisiertes Licht.

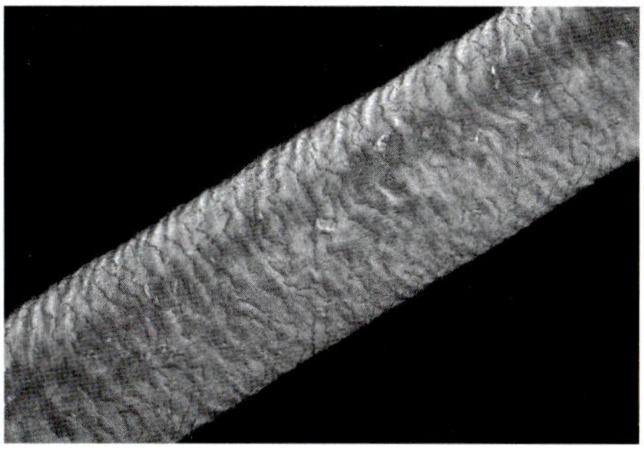

Abb. 149. Kopfhaar im Auflicht-Mikroskop, Darstellung der schuppenartigen Oberflächentextur.

für Element, mit seinem eigenen Präparat vergleichen und so die Haarentwicklung nachvollziehen.

Kopfhaare sind jedem unmittelbar zugänglich, indem man sich selbst oder einer freiwilligen „Versuchsperson" ein solches Haar vorsichtig mitsamt seinen Wurzelanteilen herausreißt. Man kann es dann auf einfache Weise mikroskopisch untersuchen, indem man es in ein wenig Wasser bringt und mit einem Deckglas bedeckt. Auf diese Weise ist eine gute Planlage gewährleistet. Mit 10-fachem Objektiv kann man den Haarschaft und die ihn umgebenen Wurzelanteile im Übersichtsbild betrachten (Abb. 147). Bei stärkerer Vergrößerung (Objektiv 40-fach) kann der feinere Aufbau des Haares studiert werden. Deutlich erkennt man die äußere Haarrinde und das innere Haarmark (Abb. 148). Im Auflicht kann man sehr präzise die Beschuppung der Haaroberfläche erkennen (Abb. 149), aus deren Beschaffenheit sich auf den Zustand des Haares rückschließen lässt. Bei einem gesunden Haar, wie in Abbildung 149 gezeigt, liegen die Schuppen der Haaroberfläche flach an, stehen die Schuppen ab (sog. „angerauter Zustand"), weist dies auf eine schlechte Beschaffenheit des Haares hin. Histologische Schnitte lassen erkennen, dass sich Säuger- und Menschenhaare im Unterhautbindegewebe aus zwiebelförmigen Anlagen entwickeln, die von Scheiden („Wurzelscheiden") umhüllt sind. Sie bilden das Mark und die Rinde des Haares, das sie dadurch herausschieben. Am Haarbalg sitzen feine Muskeln an, die das Haar aufrichten können

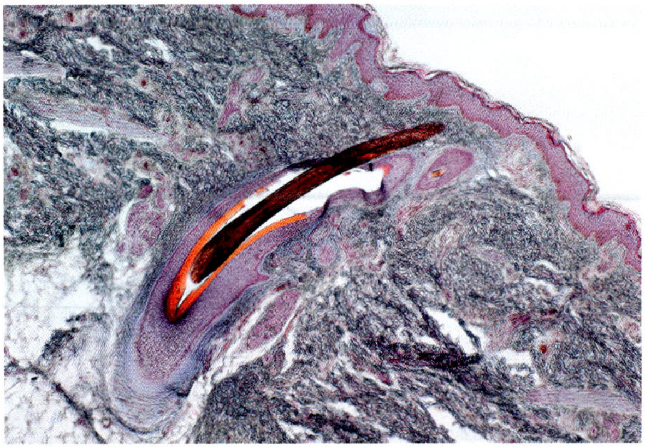

Abb. 150. Haarwurzel im histologischen Schnittpräparat, Hellfeld. Die Oberhaut (Epidermis) mit äußerer Hornschicht (rosa) bildet die schmale äußere Begrenzung der Haut. Darunter folgt die Lederhaut (Corium), welche als breite Schicht dunkel gefärbt ist. Links unten ist noch die Unterhaut (Subcutis) erfasst (hell), welche vorwiegend aus Fettzellen und locker eingestreutem Bindegewebe besteht. Die Haarwurzel (in der Bildmitte) ist schräg angeschnitten. Man erkennt den Haarschaft und die ihn umgebende zweischichtige Wurzelscheide. Links und rechts von der Wurzelscheide sind Talgdrüsenanteile angeschnitten.

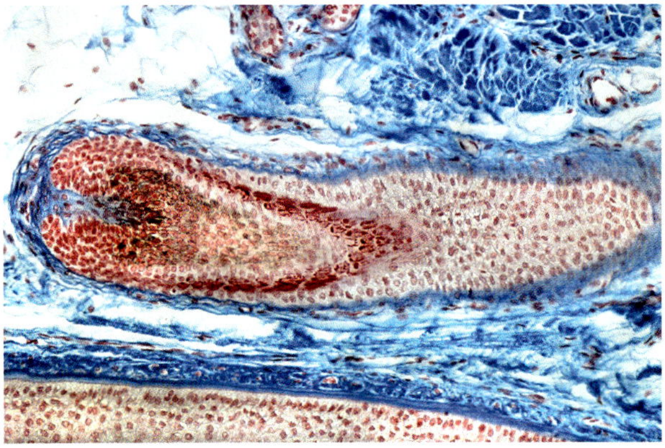

Abb. 151. Haarwurzel im leicht tangentialen Schrägschnitt, Objektiv 16x, Hellfeld.

(„es sträuben sich die Haare") und es münden dort Talgdrüsen. Das wachsende Haar durchstößt dann die Oberhaut und gelangt ins Freie.

Abbildung 150 zeigt einen Schnitt durch die Haut mit einer nahezu längs getroffenen Haarwurzel im Übersichtsbild. Die Oberhaut (Epidermis, rechts oben im Bild) ist blassrosa gefärbt, die darunter liegenden Schichten einschließlich Unterhaut (Subcutis) sind in dunklen Grau-Blautönen eingefärbt. Links unten ist das Gewebe schwächer gefärbt und erscheint aufgelockert; hier ist subkutanes Fettgewebe im Schnitt miterfasst. Beidseits des Haarwurzelschaftes sind oval begrenzte und gelappt strukturierte Anteile zweier Talgdrüsen angeschnitten, diese sind ebenfalls blassrosa gefärbt. Detailansichten in steigernder Vergrößerung zeigen die Ab-

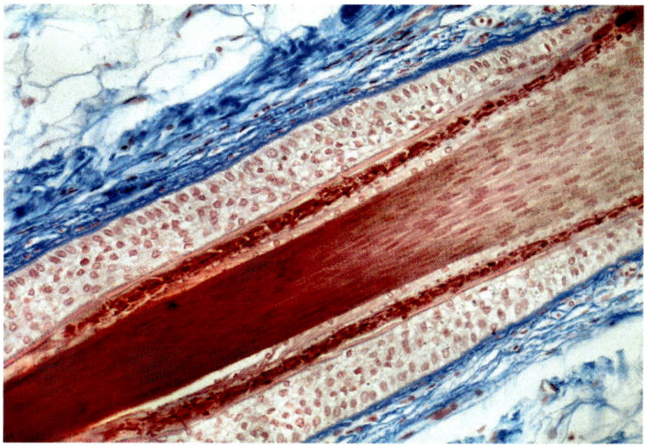

Abb. 152. Haarwurzel im Längsschnitt, Objektiv 16x, Hellfeld.

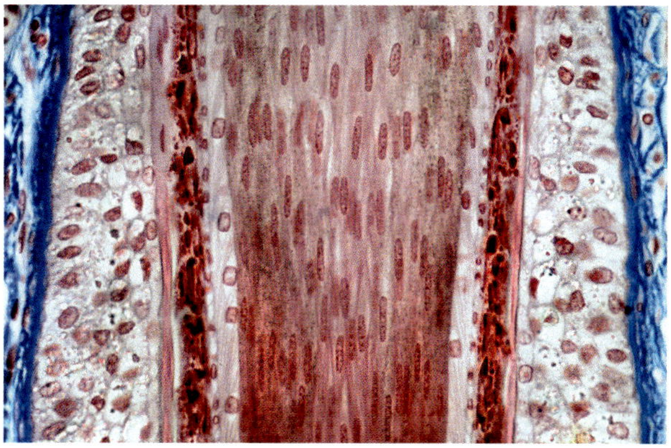

Abb. 153. Haarwurzel im Längsschnitt, Objektiv 40x, Hellfeld.

bildungen 151 bis 153. Der leicht tangentiale Schrägschnitt in Abbildung 151 lässt am Grund der Haarwurzel (links im Bild) die blau gefärbte Haarpapille erkennen, die von der zellreichen Haarzwiebel umgeben ist (Zellkerne rot gefärbt). In der Innenzone befindet sich der an dieser Stelle nicht verhornte basale Haarschaft (hellbraun getönt). Dieser ist nach außen hin von der zellreichen Wurzelscheide umgeben. Bei mittlerer Vergrößerung lassen sich an Längsschnitten die typischen Strukturen einer Haarwurzel detaillierter erkennen (Abb. 152). Mittig verläuft der Haarschaft, umgeben von einer zellreichen inneren Wurzelscheide, bestehend aus mehreren Schichten, und einer äußeren bindegewebigen Wurzelscheide, deren zahlreiche Kollagenfasern blau gefärbt sind. Bei noch stärkerer Vergrößerung können innerhalb des basalen Haarschaftes und der ihn umgebenden Wurzelscheide alle Feinstrukturen und mitsamt ihrem komplizierten Schichtaufbau im Detail erkannt werden (Abb. 153). Charakteristisch sind die auffallend schmalen und langen Zellkerne des Haarmarks, die alle in Wachstumsrichtung ausgerichtet sind.

Im Bindegewebe unter der Oberhaut (Epidermis) und auch in der Unterhaut finden sich verschiedene, interessant strukturierte Hautsinnesorgane. Die größten und auffallendsten sind die im Unterhautgewebe liegenden Vater-Pacinischen Lamel-

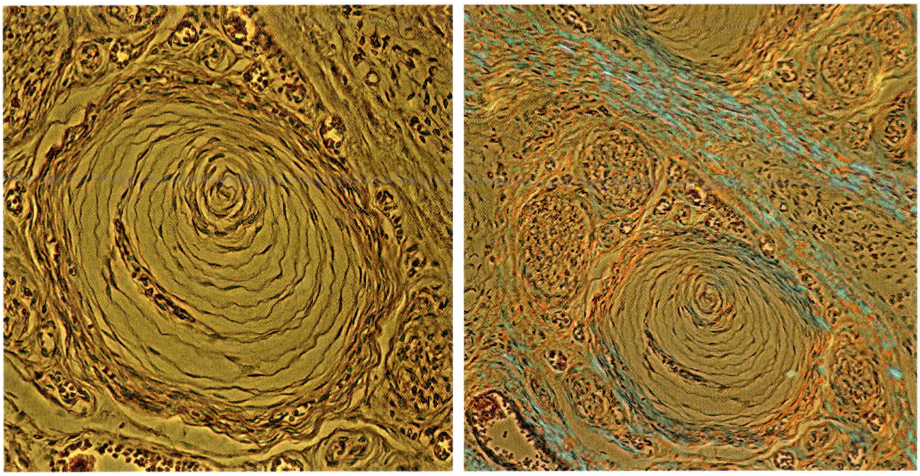

Abb. 154. Hautschnitt mit Vater-Pacini-Lamellenkörperchen, feinen Blutgefäßen und Kollagenfasern. Konventioneller Phasenkontrast (links), Kombination von Phasenkontrast und polarisiertem Licht plus Lambda-Kompensator (rechts). Im rechten Bild leuchten geeignet orientierte Kollagenfasern in hellen Blau-Grüntönen auf.

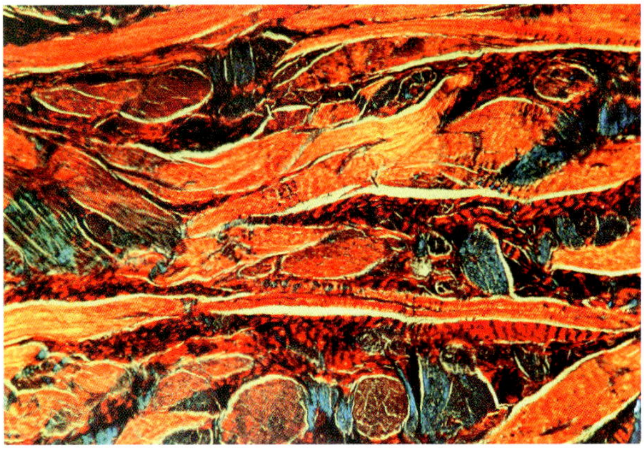

Abb. 155. Hautmuskelstränge der behaarten Säugerhaut, Objektiv 2,5x, Polarisation plus Lambda-Kompensator.

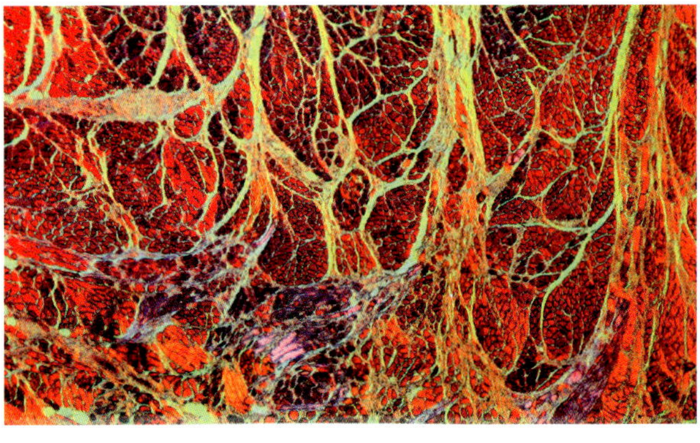

Abb. 156. Lippe, Sagittalschnitt, Objektiv 4x, Polarisation plus Lambda-Kompensator.

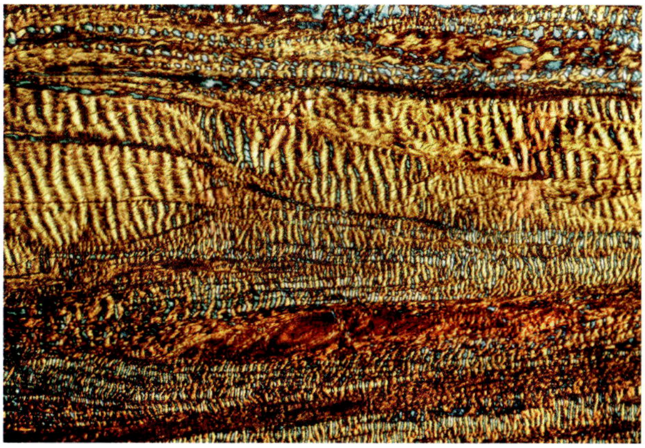

Abb. 157. Sehne. Längsschnitt, Objektiv 4x, Polarisation plus Lambda-Kompensator.

lenkörperchen (Abb. 154). Diese bestehen aus mehreren flachen, zwiebelschalenartig angeordneten Zellschichten, in deren Innenzone Nervenfasern und feine Blutgefäße verlaufen. Die Lamellenkörperchen dienen der Vibrationssinneswahrnehmung (sog. Tiefensensibilität).

Im Unterschied zur Haut des Menschen sind bei vielen Säugetieren mächtige Hautmuskelpakete im gesamten Unterhautgewebe eingelagert. Diese Muskelstränge durchziehen die Unterhaut in allen Raumrichtungen, sodass die Haut regionär auf vielfältige Weise bewegt und in begrenztem Ausmaß verschoben werden kann. Dank dieser Hautmuskelstränge kann zum Beispiel eine Kuh durch ruckartiges Bewegen ihrer Haut dort sitzende Fliegen, Mücken und Bremsen vertreiben. Abbildung 155 veranschaulicht den Verlauf solcher Muskelstränge in einer Übersichtsdarstellung. Die optisch aktiven Myofibrillen lassen die Muskelanteile unter einem Polarisationsmikroskop in Farbkontrasten aufleuchten.

Beim Menschen findet sich vergleichbare Hautmuskulatur nur im Gesichtsbereich. Hier stellt sie die anatomische Grundlage des mimischen Ausdrucks dar. Speziell die Lippen werden von zahlreichen feinen Muskelzügen durchsetzt. Abbildung 156 präsentiert einen Sagittalschnitt durch die Lippe, wiederum aufgenommen im polarisierten Licht. Die Muskelfaserbündel (dunkle Zeichnung) sind überwiegend quer getroffen. Sie werden von lockerem, nervenführendem Bindewebe durchsetzt, welches heller und transparenter erscheint.

Sehnen und Muskeln

Sehnen dienen als zugfeste, nicht dehnbare Verbindungen von Muskeln und Knochen. Einsprechend ihrer Funktion bestehen sie aus dicht gepackten, überwiegend parallel zum Längsverlauf ausgerichteten Kollagenfasern, welche von Bindegewebszellen gebildet werden und insgesamt das sog straffe Bindegewebe bilden. Da Kollagen optisch aktiv ist, leuchtet es im polarisierten Licht hell auf.

Abbildung 157 zeigt den Verlauf von Kollagenfasern innerhalb einer Sehne, so, wie er sich im Polarisationsmikroskop darstellt.

Skelettmuskulatur ist im Längsschnitt durch eine charakteristische Querstreifung gekennzeichnet, die vor allem im pola-

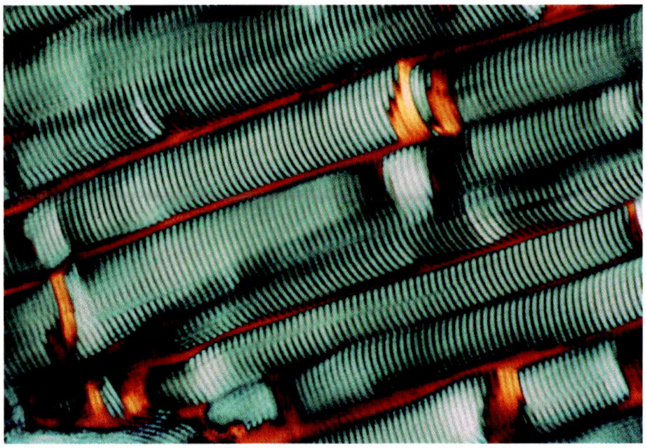

Abb. 158. Skelettmuskelfasern, Längsschnitt, Objektiv 40x, Polarisation plus Lambda-Kompensator.

Abb. 159. Querschnitt durch kompakte Knochensubstanz. Goldner-Färbung.

risierten Licht eindrucksvoll zutage tritt (Abb. 158).

Knochen, Knorpel und Verknöcherung

Schnitte durch einen Knochen können vorzugsweise im Hellfeld und polarisierten Licht untersucht werden, wobei beide Verfahren einander ergänzende Informationen liefern. Am Querschnitt durch die kompakte Knochensubstanz erkennt man im Hellfeld (Abb. 159) die aneinandergrenzenden, im Schnitt runden Knocheneinheiten (Osteone) mit ihren großlumigen zentralen (Haversschen) Kanälen und ihrem lamellösen, von feinen radiären Kanä-

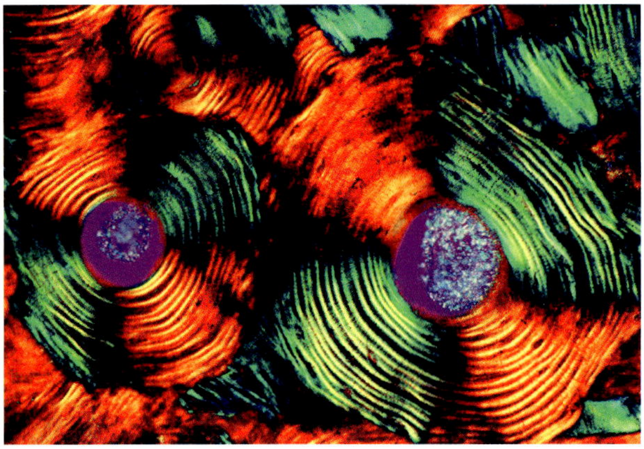

Abb. 160. Knochenlamellen im Querschnitt, Objektiv 16x, Polarisation plus Lambda-Kompensator.

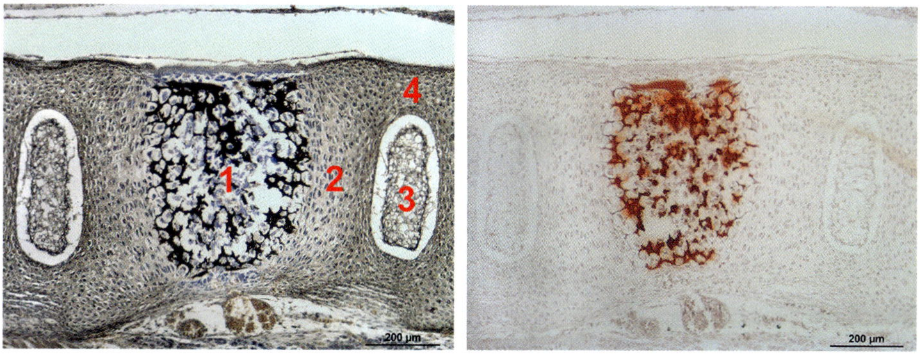

Abb. 161. Längsschnitt durch die Wirbelsäule eines 17 Tage alten Mausembryos, Hellfeld. Darstellung der Verknöcherungszonen durch Farbmarkierung von Calcium, nämlich Versilberung nach von Kossa (links) und Alizarinrot S-Färbung (rechts). 1 = Wachstumsplatte, 2 = Endplatte, 3 = Nucleus pulposus, 4 = Anulus fibrosus. Foto: M. Torzewski, Stuttgart.

len durchzogenen Aufbau. Sie sind durch ähnliches Material, die Schaltlamellen, miteinander verbacken. Dunkel kontrastiert sind die Knochenzellen (Osteozyten). Bei Polarisation leuchten die Knochenlamellen hell auf (Abb. 160).

In den Knochenlamellen sind Kollagenfibrillen spiralig angeordnet, wobei Verlaufsrichtung und Neigungswinkel benachbarter Lamellen variieren. Im Wechsel verlaufen diese Fibrillen entweder flach in der Querschnittebene, oder steil in der Längsschnittebene. Kollagen ist optisch aktiv (anisotrop). Daher leuchten die flach verlaufenden Fasern im polarisierten Licht hell auf, wohingegen die steil verlaufenden dunkel erscheinen.

Während der Entwicklung und Reifung ungeborenen Lebens kann Knochengewebe auf zweierlei Weise gebildet werden. Manche Knochen sind bindegewebig präformiert, sodass sich an diesen Stellen Bindegewebe in Knochengewebe umformt (sog. desmale Ossifikation). Andere Knochen sind knorpelig vorgebildet, sodass der zuvor vorhandene embryonale Knorpel in Knochen umgewandelt wird (sog. chondrale Ossifikation). Letzteren Umbau von Knorpel in Knochen veranschaulichen die Abbildungen 161 und 162. Abbildung 161 zeigt bei schwacher

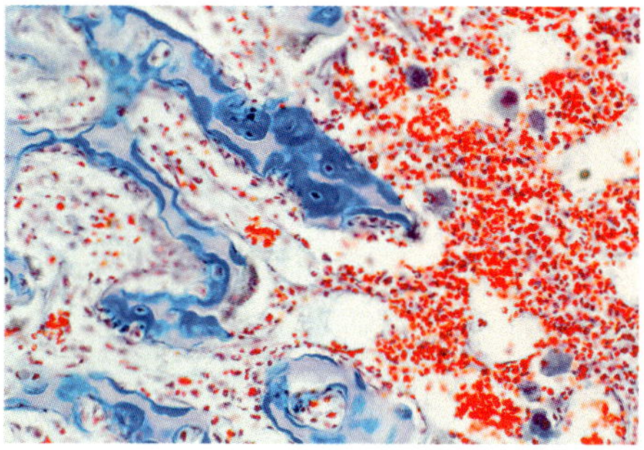

Abb. 162. Chondrale Ossifikation bei stärkerer Vergrößerung, Hellfeld, Knorpel blau, knochenbildendes Gewebe rot.

Vergrößerung einen Längsschnitt durch einen Abschnitt der Brustwirbelsäule eines Mausembryos. Teile der Wirbelsäule sind im Embryo knorpelig vorgebildet, und der jeweilige Knorpel wird bei der Verknöcherung schrittweise durch Knochengewebe ersetzt. Andere knöcherne Anteile der Wirbelsäule entstehen durch desmale Ossifikation: Bindegewebe, welches an den embryonalen Wirbelknorpel angrenzt, wandelt sich in Knochengewebe um. Erkennbar sind Wachtums- und knorpelige Endplatte (1 und 2), welche den späteren knöchernen Wirbelkörper bilden sowie die Anlagen des inneren Gallertkerns (Nucleus pulposus, 3) und äußeren straffen Bindegewebsmantels (Anulus fibrosus, 4), aus denen die späte-

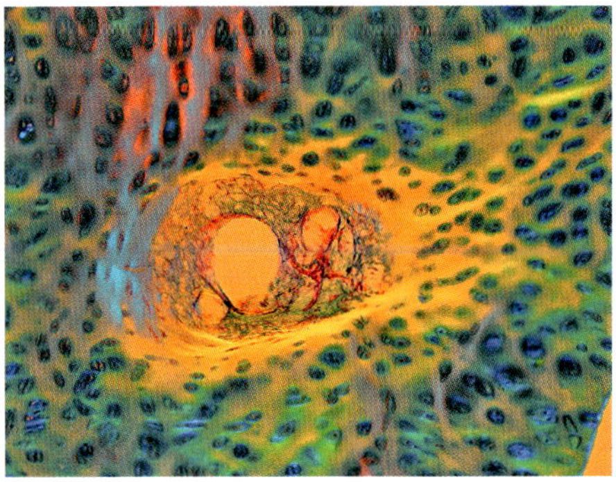

Abb. 163. Hyaliner Knorpel, Polarisation mit Lambda-Kompensator. Kleine bindegewebige fibrokartilaginäre Narbe bei Knorpeldefekt (in Bildmitte), umgeben von intaktem Knorpelgewebe. Foto: Timm Piper.

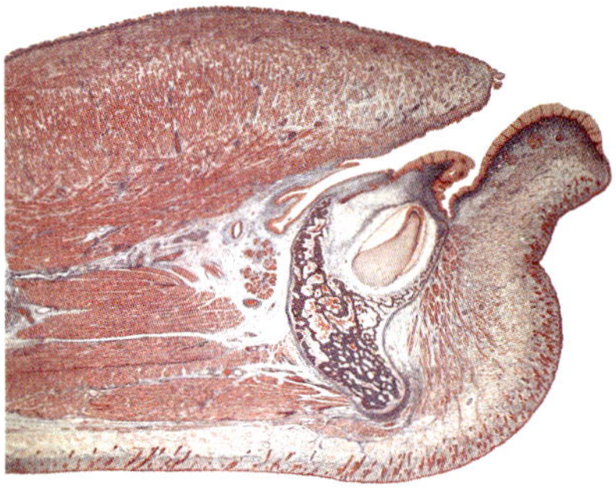

Abb. 164. Zahnanlage eines Unterkiefers mit Begleitstrukturen, Objektiv 1x, Hellfeld.

ren Bandscheiben entstehen. Im Bereich der Wachstumsplatte (1) zeigen sowohl die Versilberung nach von Kossa (links) als auch die Alizarinrot S-Färbung (rechts) einen deutlichen Nachweis von Calcium im Bereich der Endplatte, sodass sich hier auf eine Knochenbildung rückschließen lässt. In den angrenzenden Bereichen findet sich noch kein Calcium; hier hat die Umwandlung in Knochen noch nicht stattgefunden. Abbildung 162 zeigt in einem anderen Präparat eine chondrale Ossifikation bei stärkerer Vergrößerung. Hier wurde eine Zweifachfärbung durchgeführt, welche Knorpelgewebe blau und knochenbildendes Gewebe rot darstellt.

Knorpelzellen und hyaline Knorpelgrundsubstanz können je nach verwendeten Färbemitteln auch im polarisierten Licht betrachtet werden, mitunter entstehen ästhetisch reizvolle Farbkontraste (Abb. 163).

Zahnanlage und Zahn

Abbildung 164 gibt einen Überblick über eine Zahnanlage im Kontext ihrer anatomischen Umgebung. Wir erkennen unten die äußere Haut des Unterkiefers, welche nach rechts hin in die Unterlippe übergeht. Im oberen Bereich liegt die

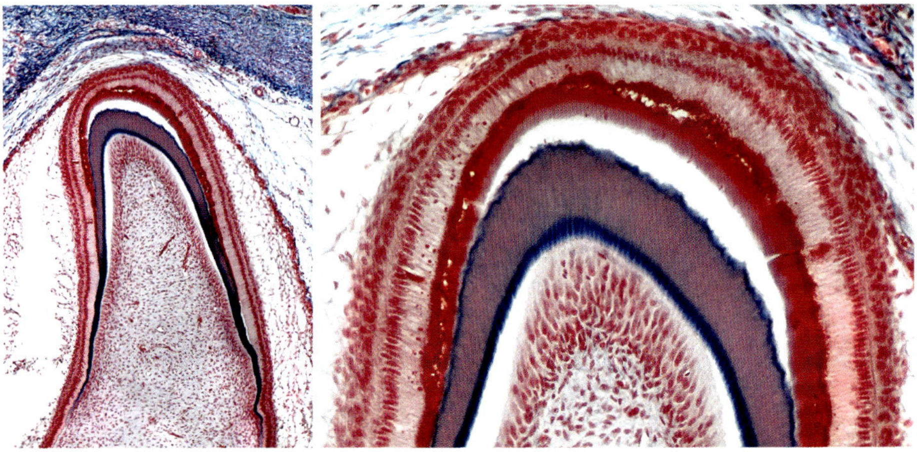

Abb. 165. Zahnanlage von Abbildung 164, Objektiv 6,3x (links), 16x (rechts).

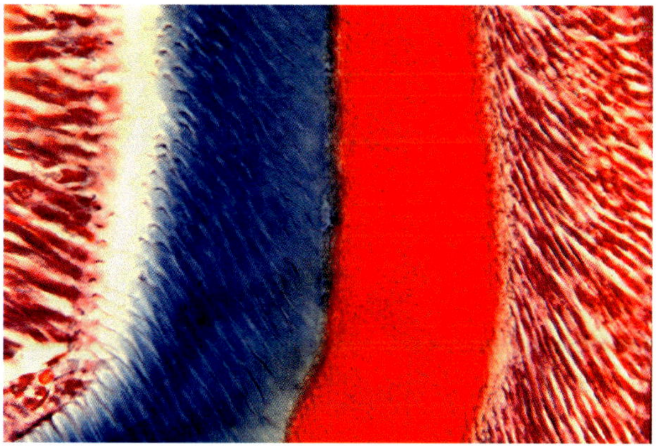

Abb. 166. Fortgeschritten entwickelte Zahnanlage eines Säugers, Objektiv 40x, Hellfeld. Von rechts nach links: Schmelzbildungsgewebe (rötlich), Schmelz (rot), Zahnbein oder Dentin (blau), Zahnbildungsgewebe (rötlich).

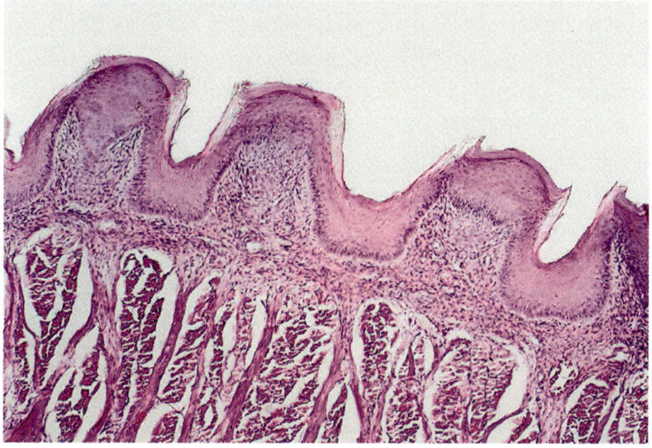

Abb. 167. Querschnitt durch die Blätterpapillen einer Katzenzunge, Hellfeld.

breitflächig angeschnittene Zunge, deren komplexe räumliche Anordnung der Muskelstränge angedeutet sichtbar ist. Links im Bild sind Anteile der unter der Zunge liegenden Zungengrund-Muskulatur mit erfasst. Rechts und mittig unter der Zunge zeigt sich ein Anschnitt des Unterkiefers, der schon teilweise verknöchert ist. Eingebettet in den Kieferknochen und nach oben hin bedeckt von rudimentärem Zahnfleisch und Mundschleimhaut ist eine längs getroffene Zahnanlage erkennbar. Die Tafel der Abbildung 165 lässt weitere Einzelheiten im Bereich der nach oben hin ausgerichteten Zahnspitze erkennen. Von innen nach außen: Zahnpapille (innerste locker gepackte Zellen), Odontoblasten (angrenzende dicht gepackte Zellen), Dentin (blau-violett), inneres Schmelzepithel (rote bandförmige Zone), Schmelzpulpa (lockeres Bindegewebe mit spärlichen rötlich gefärbten Fasern), darüber das blau gefärbte Bindegewebe des Zahnfleischs.

Eine reifere Zahnanlage zeigt Abbildung 166. In der Orientierung der Abbildung liegt das Schmelzbildungsgewebe rechts. Es produziert den rot angefärbten Schmelz. Das Zahnbein- oder Dentinbildungsgewebe liegt links; es produziert das blau angefärbte Dentin.

Zunge

Die Oberfläche der Zungenschleimhaut ist mit unterschiedlich gestalteten Geschmackspapillen ausgestattet. Abbil-

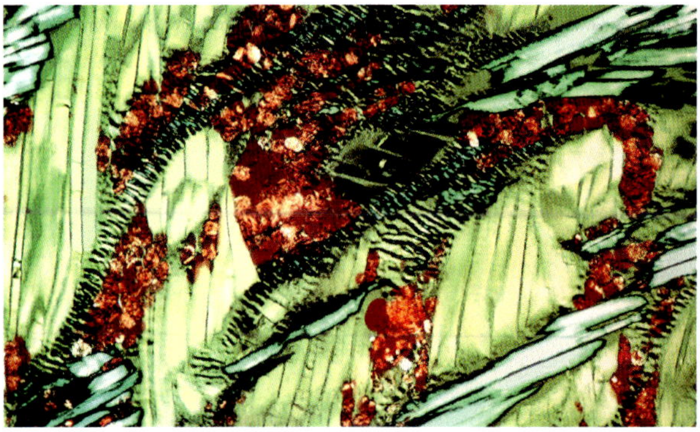

Abb. 168. Zungenmuskulatur und eingelagerte Fettzellen, Objektiv 4x, Polarisation plus Lambda-Kompensator.

dung 167 veranschaulicht dies anhand eines Schnitts durch eine Katzenzunge. Im Gegensatz zur Zunge des Menschen, bei welcher rundliche Geschmackspapillen überwiegen, trägt die Katzenzunge blätterförmige Papillen, die im Querschnitt regelmäßige kammartige Strukturen ergeben. Unter der Schleimhaut befinden sich komplex angeordnete Muskelstränge (Abb. 168), welche die vielfältigen Bewegungen der Zunge ermöglichen. Die im hier gezeigten Schnitt vertikal und transversal angeordneten Muskelstränge leuchten im polarisierten Licht hell auf. Eingelagert sind rot gefärbte Fettzellen. In mehreren Fettzellen finden sich kleine kristalline Ausfällungen, sog, „Margarinkristalle", die postmortal entstanden sind.

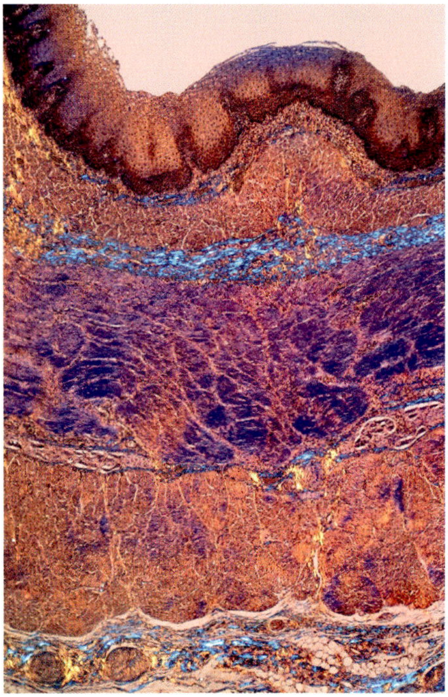

Abb. 169. Speiseröhre, Querschnitt, Objektiv 4x, Polarisation plus Lambda-Kompensator.

Verdauungstrakt

Der Verdauungsakt beginnt mit der Mundhöhle, wo die aufgenommene Nahrung zerkleinert wird und endet mit dem Enddarm, der nicht verwertbare Nahrungsreste sammelt, bis sie ausgeschieden werden. Vereinfachend betrachtet, gleicht der Verdauungstrakt einem Rohrsystem, dessen jeweilige Feinstruktur an die Funktion angepasst ist.

Ein Querschnitt der Speiseröhre (Abb. 169) lässt erkennen, dass die zum Lumen hin gerichtete Schleimhaut (im Bild oben) aus einem mehrschichtigen Epithel besteht. Unter der Schleimhaut befindet sich lockeres Bindegewebe mit eingestreuten glatten Muskelfasern, welche hellblau kontrastiert sind. Es folgen zwei breite Muskelschichten, eine innere Ringmuskelschicht (überwiegend dunkelblau) und eine äußere Längsmuskelschicht (rot-braun). Nach außen hin bildet eine lockere Bindegewebsschicht (Adventitia) den Abschluss (im Bild unten). Durch das

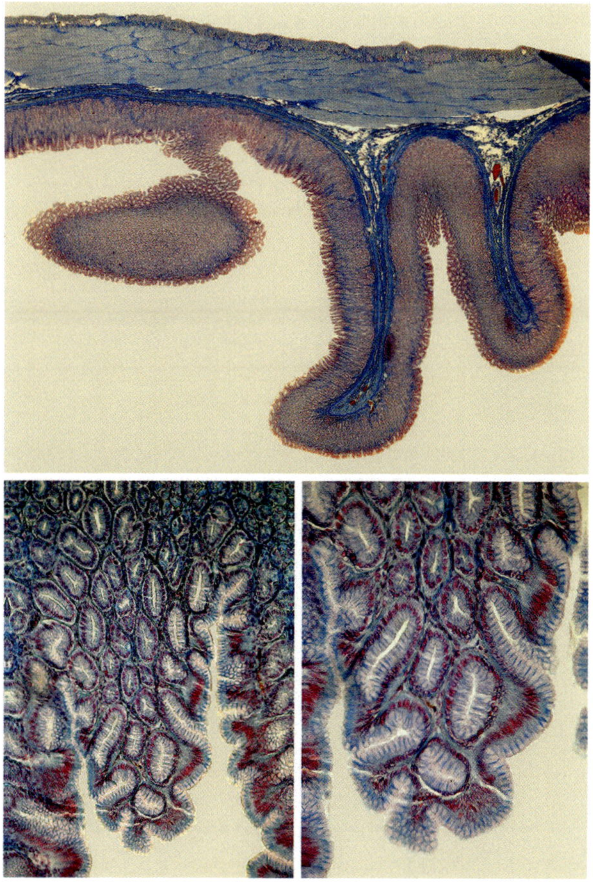

Abb. 170. Magenschleimhaut, Länge des Gewebsstücks: 1 cm, Panorama-Ansicht, aus mehreren Einzelfotos zusammengesetzt (oben), Detailansichten bei stärkeren Vergrößerungen (unten). Fotos: Timm Piper.

Wechselspiel der Ring- und Längsmuskelschicht werden peristaltische Wellen erzeugt, welche die Nahrung, sogar auch im Kopfstand gegen die Schwerkraft, aktiv nach unten in den Magen transportieren. Auch die sich anschließenden Abschnitte des Magen-Darm-Trakts sind mit diesen Muskelschichten ausgestattet.

Der Magen (Abb. 170) bildet, wie im oberen Bild zu erkennen ist, zahlreiche große Schleimhautfalten aus (rötlich kontrastiert). Anteile der sich nach außen anschließenden Magenwand sind bläulich gefärbt. Die unteren Bilder zeigen die typischen Einstülpungen der Magenschleimhaut (Foveolae gastricae) sowie zahlreiche Drüsen, welche unter anderem Salzsäure („Magensäure"), Schutzschleime und das Eiweiß-spaltende Enzym Pepsin bilden.

Der Dünndarm besteht aus drei Abschnitten, Duodenum (Zwölffingerdarm),

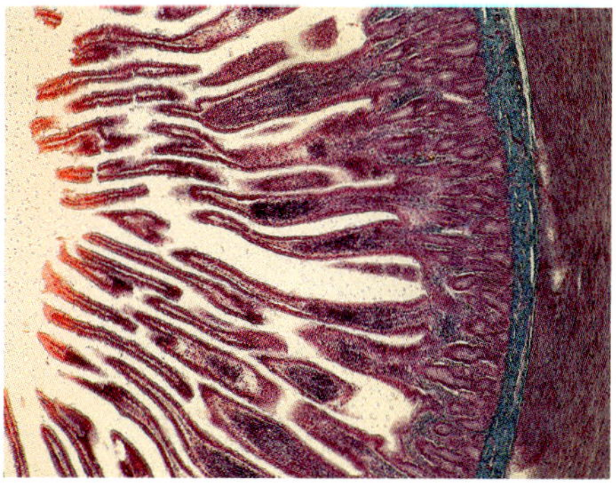

Abb. 171. Dünndarm (Jejunum), Übersichtsbild. Foto: Timm Piper.

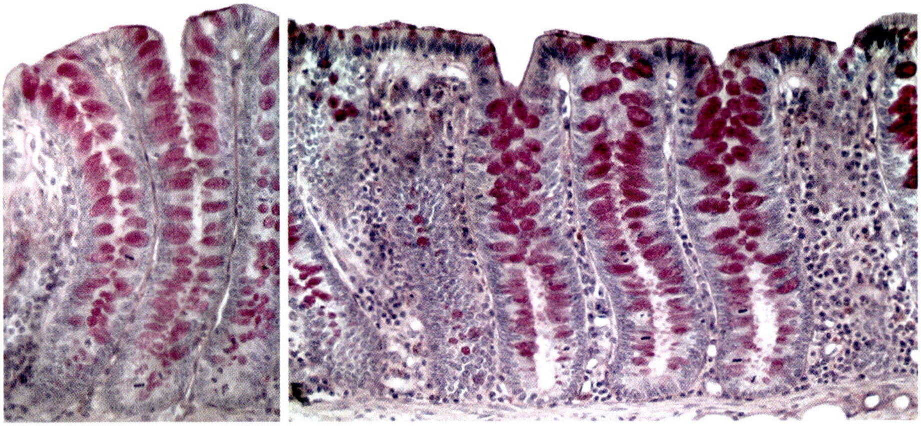

Abb. 172. Schleimhaut des Dickdarms (Colon), Krypten und Becherzellen, Objektiv 40x (links), 32x (rechts).

Jejunum und Ileum. Seine Schleimhaut zeigt typische fingerförmige Ausstülpungen (Darmzotten). Dies sind im Jejunum (Abb. 171) am stärksten ausgeprägt. Die Zotten bewirken eine massive Oberflächenvergrößerung, sodass die Inhaltsstoffe der Nahrung möglichst vollständig aufgenommen (resorbiert) werden können. Nach rechts hin folgen im Bild weitere Schichten der Darmwand, welche aus glatter Muskulatur und Bindegewebe bestehen.

Dickdarm (Colon) und Rektum (Enddarm) haben keine Zotten mehr, weil in diesen Abschnitten keine Resorption von Nahrungsbestandteilen mehr stattfindet, sondern der einfließende, noch recht dünnflüssige Dünndarminhalt durch Rückresorption von Wasser zunehmend eingedickt und schließlich im Rektum bis zum Stuhlgang gesammelt wird. Die Schleimhaut des Dickdarms (Abb. 172) zeigt daher anstelle von Zotten nur noch tiefe Einstülpungen (Krypten), deren Schleimhaut zahlreiche sog. „Becherzellen" aufweist (im Bild rötlich), welche Schleimsubstanzen produzieren.

Leber

Die Leber besteht aus zahlreichen Leberläppchen, die als kleinste Baueinheiten dieses Organs schon bei Lupenvergröße-

Abb. 173. Leber, Objektiv 4x, Leberläppchen, Hellfeld.

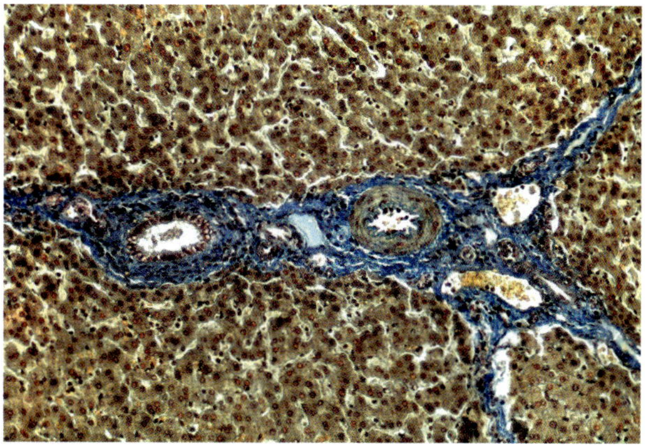

Abb. 174. Leber, Objektiv 16x, interlobuläres Bindegewebe mit Glisson-Trias, Hellfeld.

rung erkennbar sind. Im Übersichtsbild der Abbildung 173 sind die Leberläppchen ockergelb bis braun gefärbt. Im Zentrum einiger Leberläppchen sind rundliche Anschnitte der dort gelegenen Zentralvenen getroffen. Die Leberläppchen sind umgeben von schmalen Bindegewebssträngen (blau). Bei stärkerer Vergrößerung (Abb. 174) können die einzelnen Leberzellen ausgemacht werden, die in gewundenen Säulen angeordnet sind. Zwischen diesen Zellsäulen befinden sich schmale Spalträume, die „sinusoiden Kapillaren“. Die Interzellularräume zwischen aneinandergrenzenden Leberzellen bilden die sog. Gallenkapillaren aus (in Abb. 174 nicht aufgelöst). In den Bindegewebszonen, welche die Leberläppchen voneinander trennen, verlaufen drei charakteristische Strukturen (sog: „Glissonsche Trias“): Gallengänge (ein Anschnitt in Abb. 174 links), Interlobärvenen/Pfortaderäste (zwei Anschnitte in Abb. 174 rechts) und Interlobärarterien/Äste der Leberarterie (ein dickwandiger Anschnitt in Abb. 174, mittig zwischen Gallengang und Venen). Die vorbeschriebene Architektur eines Leberläppchens wird schematisch in Abbildung 175 verdeutlicht. Im orange hervorgehobenen Disseschen Raum, einem Spaltraum zwischen den Leberzellen und dem Endothel der Sinusoide, findet der Stoffaustausch statt. Zur Oberflächervergrößerung bilden die Leberzellmembranen hier feine Fortsätze, die „Mikrovilli“, im Schema durch feine parallele Striche angedeutet. Der Mallsche Raum ist ein schmaler Lymphraum zwischen den Grenzplatten der Leberläppchen und dem sie umgebenden Bindegewebe. Er soll dem lymphvermittelten Stoffaustausch dienen.

Die in Schnittpräparaten erkennbaren Strukturen stehen in direktem Bezug zur Funktion der Leber. Im Darm resorbierte Nahrungsbestandteile werden in der Pfortader gesammelt und zur Leber geführt. Innerhalb der Leber verzweigen sich die Pfortaderäste zu immer feineren Ästen und schließlich zu den Interlobärvenen, die in die sinusoiden Kapillaren (zwischen den Leberzellsäulen) einmünden. Dort tritt das Pfortaderblut mit den Leberzellen in direkten und engen Kontakt, sodass verwertbare Nahrungsbestandteile von den Leberzellen aufgenommen werden können. Die sinusoiden Kapillaren münden alsdann in die Zentralvenen der Leberläppchen. Diese vereinigen sich zu größeren Venen, welche letztlich in die Lebervene münden. Die Lebervene führt das Blut nach seiner Leberpassage schließlich wieder dem Körperkreislauf zu. Die Leberzellen synthetisieren aus den aufgenommenen Nahrungsbestandteilen diverse Eiweiße, Fette und Kohlenhydrate. Gleichzeitig entgiften sie das Blut und geben „Abfallprodukte“

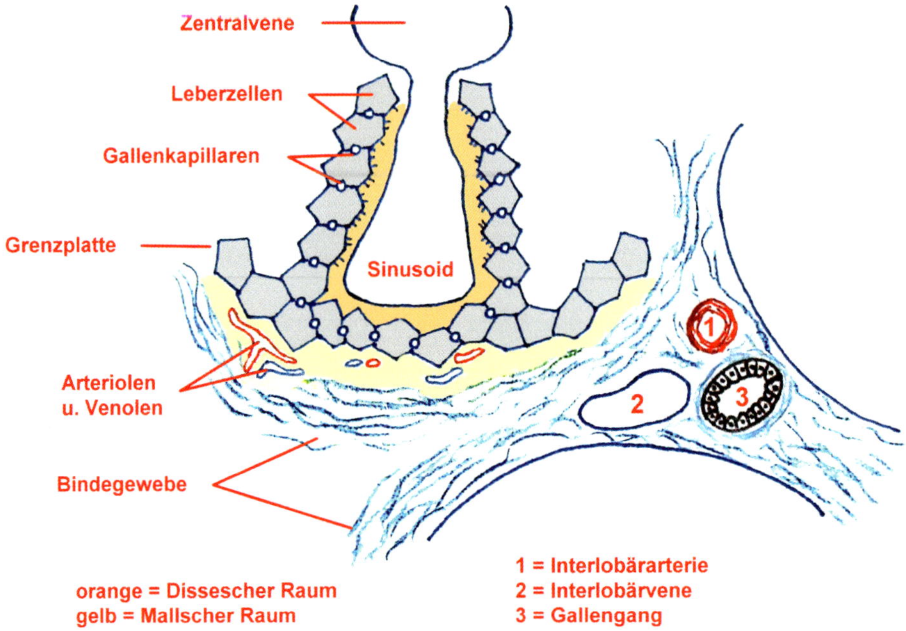

Abb. 175. Architektur eines Leberläppchens und seiner Begleitstrukturen (modifiziert nach einer Handskizze von JP, 1978).

des Stoffwechsels teils an das Blut ab und scheiden diese teils über Gallenkapillaren und Gallengänge mit der Gallenflüssigkeit in den Darm aus. Die ins Blut abgegebenen unverwertbaren bzw. toxischen Stoffe werden über die Nieren entgiftet und mit dem Harn ausgeschieden.

Niere

Die Abbildungen 176 und 177 zeigen typische Ansichten einer Niere. Erkennbar sind in Abbildung 176 zwei Nierenkörperchen (Glomerula), das linke ist angeschnitten. Am rechten sieht man rechts oben die Einlaufstelle der Blutgefäßschleifen, und unten ist der Beginn des abführenden Kanals sichtbar. Eindrucksvoll stellt sich das Nierenparenchym auch in der Azan-Färbung dar (Abb. 177). Die Detailansicht in Abbildung 177 zeigt rechts an das Glomerulum angrenzend einen kissenförmigen Zellverband, den sog. juxtaglomerulären Apparat. Dieser produziert das Hormon Renin, welches im Zusammenspiel mit anderen Hormonen (Angiotensin und Aldosteron) eine Blutdruckerhöhung bewirkt. Die Rekonstruktionszeichnung und ihr Schema (Abb. 178) zeigen, wozu eine noch so schöne histologische Mikroaufnahme nicht fähig ist: Abstraktion und Vervollständigung. Über ein zuführendes Gefäß (Vas afferens, „Zuleitung“) wird Blut in die Kapillarknäuels der Glomerula geleitet. Verschiedene Giftstoffe werden hier filtriert und als sog. „Primärharn“ dem Blut entzogen. Anschließend wird das durch Filtration gereinigte Blut über ein abführendes Gefäß (Vas efferens, „Ableitung“) wieder in den Blutkreislauf zurückgeführt. Der Primärharn wird nun über die „Sammelblase“ des Glomerulums und den sich anschließenden „Abführkanal“ in ein komplexes Kanalsystem eingeleitet und dort zunehmend konzentriert, indem Wasser rückgewonnen wird. Der konzentrierte Endharn wird über den Harnleiter

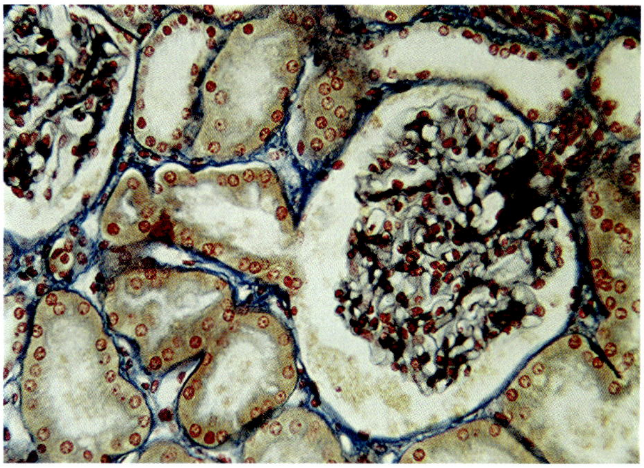

Abb. 176. Schnitt durch die Niere des Menschen, Hellfeld. Das linke Nierenkörperchen ist am Bildrand angeschnitten, nähere Beschreibung im Text.

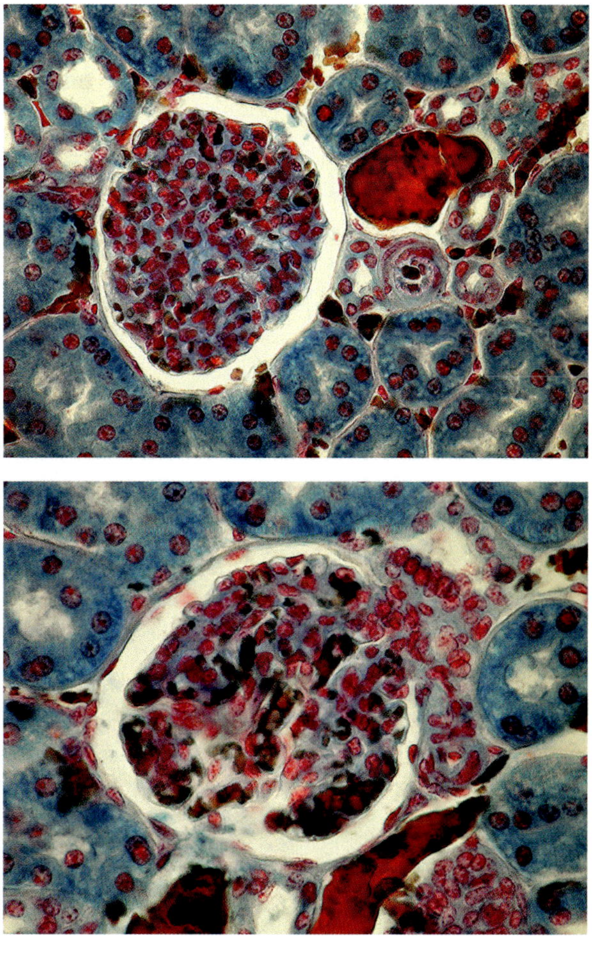

Abb. 177. Niere, Azan, Hellfeld. Glomerulum mit umgebenden Nierenkanälchen (oben), Detailansicht eines Glomerulums mit „juxtaglomerulärem Apparat", rechts im Bild (unten). Fotos: Timm Piper.

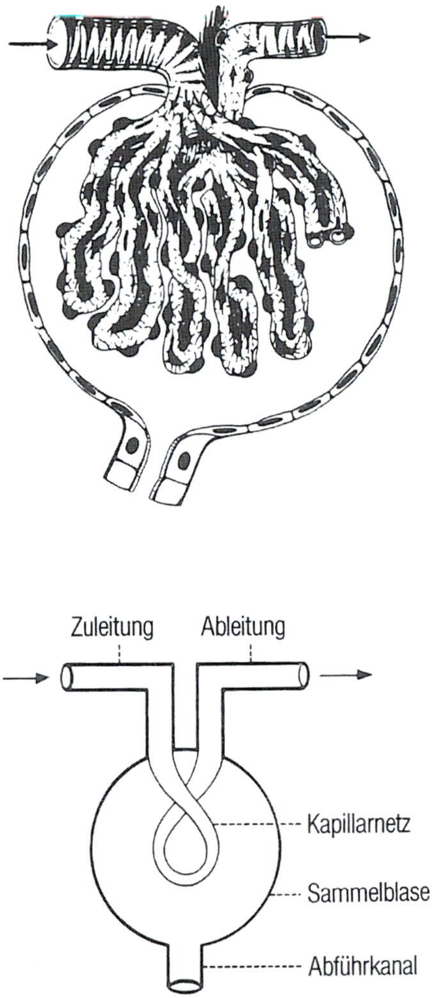

Abb. 178. Rekonstruktionszeichnung eines Nierenkörperchens und sein Funktionsschema.

zur Harnblase geführt, dort gesammelt und schließlich ausgeschieden.

Atemtrakt

Die Atemluft gelangt über Mund und/ oder Nase zum Kehlkopf (Larynx) und von dort in die Luftröhre (Trachea). Die Luftröhre gabelt sich in die beiden Hauptbronchien, welche die Atemluft in den rechten und linken Lungenflügel leiten. Innerhalb der Lungenflügel gabeln sich die Hauptbronchien rechts in drei und links in zwei Äste zur Versorgung der Lungenlappen. Jeder Lappenbronchus bildet wiederum durch mehrfache Aufzweigungen zahlreiche weitere Äste, die Bronchien. Die kleinsten Bronchien gehen in die feinen Bronchiolen über. Auch diese verzweigen sich in dünnere Äste. Die kleinsten Bronchiolen (Bronchioli terminales) münden in die Lungenbläschen (Alveolen). Diese sind von Kapillarnetzen umhüllt, an denen sich der Gasaustausch vollzieht. Durch Diffusion gelangt Sauerstoff aus den Lungenbläschen in das Blut der Lungenkapillaren, und auf umgekehrtem Weg wird Kohlendioxid aus den Lungenkapillaren in die Lungenbläschen abgegeben, um mit der Ausatemluft nach außen befördert zu werden.

Die Luftröhre (Abb. 179) erinnert im Querschnitt an einen Armreif. Ihre Wand wird von Knorpelspangen offen gehalten (im Bild rot), die nach vorne gerichtet sind und deren beiden hinteren Enden (im Bild unten) durch eine bindegewebige Wand zusammengehalten werden. Das Lumen der Luftröhre wird von einer Schleimhaut ausgekleidet. Die Wände der Bronchien (Abb. 180) sind ebenfalls mit knorpeligen Verstärkungselementen versehen (im hier gezeigten Bild dunkel bis schwarz). Diese sind bei den größeren Bronchien ähnlich wie bei der Luftröhre als Spangen ausgestaltet, bei kleineren Bronchien hingegen nur noch als Knorpelfragmente oder kleine Knorpelplättchen vorhanden. Zusätzlich beinhaltet die Bronchuswand glatte Muskulatur. Im Schnittbild sind die Bronchien von zahlreichen Lungenbläschen (Alveolen) umgeben. Bei den Bronchiolen (Abb. 181) fehlen jegliche Knorpel. Sie enthalten lediglich noch glatte Muskelzellen. Auch die Bronchiolen sind im Schnittpräparat in Lungenbläschen eingebettet.

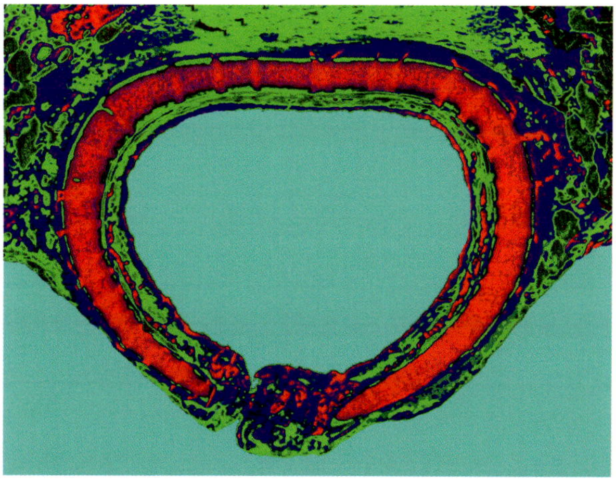

Abb. 179. Luftröhre, Querschnitt, Objektiv 1x, Hellfeld-Originalaufnahme von JP, digitale Nachbearbeitung zu einem „Falschfarbenbild“ von Anne Kerber, Universität Homburg/Saar.

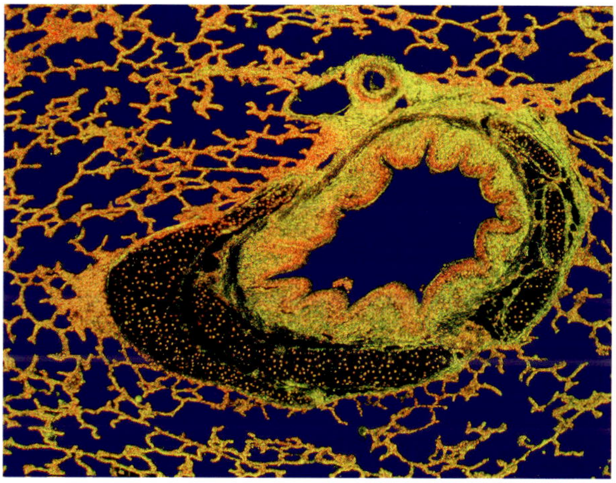

Abb. 180. Bronchus, Objektiv 10x, Dunkelfeld, Untergrund blau aufgehellt.

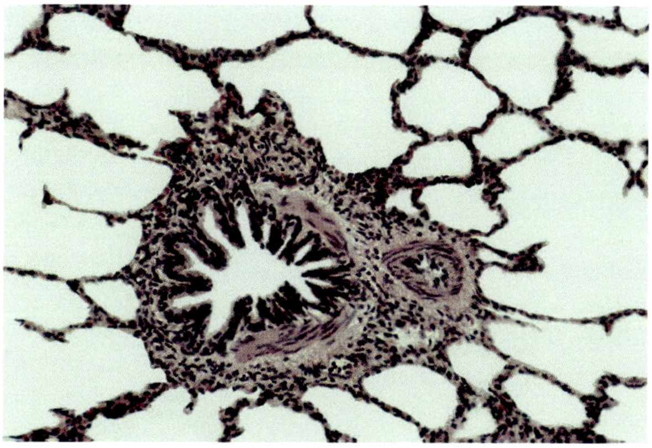

Abb. 181. Bronchiolus mit umgebenen Lungenbläschen, Objektiv 16x, Hellfeld.

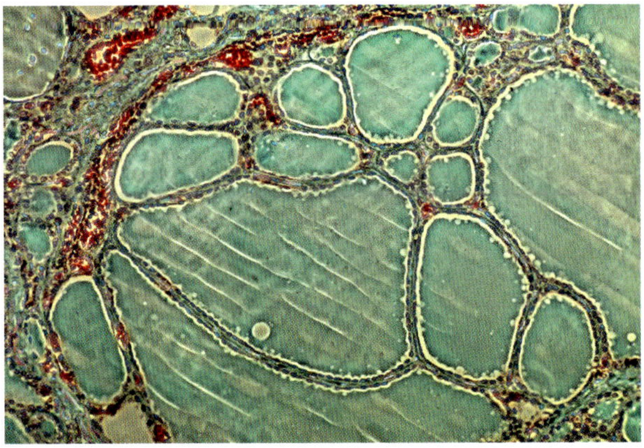

Abb. 182. Schilddrüse, Objektiv 16x, Phasenkontrast.

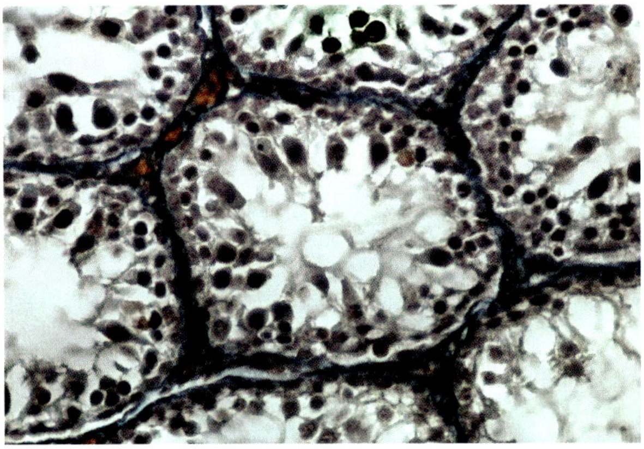

Abb. 183. Hodenkanälchen, Querschnitt, Objektiv 40x, Hellfeld.

Drüsengewebe

Als Beispiel eines typischen Drüsengewebes soll die Schilddrüse gezeigt werden (Abb. 182). Diese liegt in der vorderen Halsregion vor der Luftröhre, in enger Nachbarschaft zu den Kehlkopfknorpeln. Die von ihr produzierten Schilddrüsenhormone werden in zahlreichen Follikeln gespeichert, deren Anordnung im hier gezeigten Bild an die Luftansicht einer Seenplatte erinnert. Umsäumt sind diese „Seen" von Drüsenepithelien, welche die Hormone synthetisieren und in den Follikel deponieren. Von dort werden die Schilddrüsenhormone direkt an angrenzende Kapillaren und Lymphgefäße abgegeben.

Hoden und Eierstock

Hoden und Eierstock bilden als innere Geschlechtsorgane die Keimzellen. Der Hoden (Abb. 183) besteht aus zahlreichen gewundenen Kanälchen, die im hier gezeigten Schnittbild quer getroffen sind. Umhüllt sind die Hodenkanälchen von dichtem Bindegewebe. In ihrem Inneren enthalten sie verschiedene Generationen der samenbildenden Zellen. Die unreifen Vorstufen sind hierbei in der Außenzone angeordnet, die reifen Spermien in der Innenzone, also zum Lumen hin gerichtet. Neben diesen samenbildenden Zellen enthalten die Hodenkanälchen noch Stützzellen (Sertoli-Zellen). Im Bindegewebe zwischen den Hodenkanälchen befinden sich die Leydigschen Zwischenzellen, welche

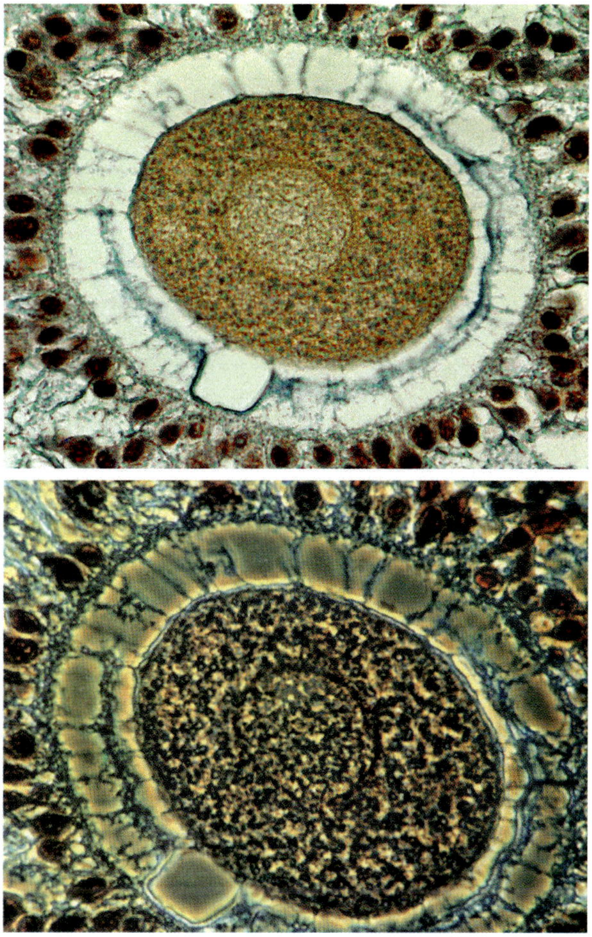

Abb. 184. Eizelle, Längsschnitt, Objektiv 40x, Hellfeld (oben), Phasenkontrast (unten).

Testosteron (und in geringen Mengen Östrogen) produzieren.

Die Bildtafel von Abbildung 184 zeigt eine reife Eizelle als Detailansicht eines Eierstock-Schnitts. Die ovale Eizelle (Braun) wird von einer sehr schmalen zellfreien Zone umsäumt (Zona pellucida), gefolgt von einer strahlenförmig gefaserten Zone, der „Corona radiata". Bei jüngeren Eizellen befindet sich dort ein einschichtiger Epithelsaum, dessen Zellen mit zunehmender Eireifung zugrunde gehen, sodass die hier im Bild erkennbaren radiären Strukturen Überbleibsel dieser früheren Epithelzellen darstellen. Die Eizelle ist mitsamt ihrer beiden Hüllschichten von sog. Granulosazellen umgeben. Diese bilden insgesamt das „Stratum granulosum". Beim Eisprung löst sich die Eizelle aus ihren umgebenden Strukturen und gelangt über die Bauchhöhle in den Eileiter, wo sie ggf. befruchtet werden kann.

Plazenta (Mutterkuchen)

Der Mutterkuchen (Abb. 185) besteht aus zahlreichen Zotten („Villi"), welche fetales Blut führen. Diese Zotten ragen in den sog. „intervillösen Raum", der mit mütterlichem Blut gefüllt ist. Ähnlich, wie ein Fisch über die Kiemen atmet und dem

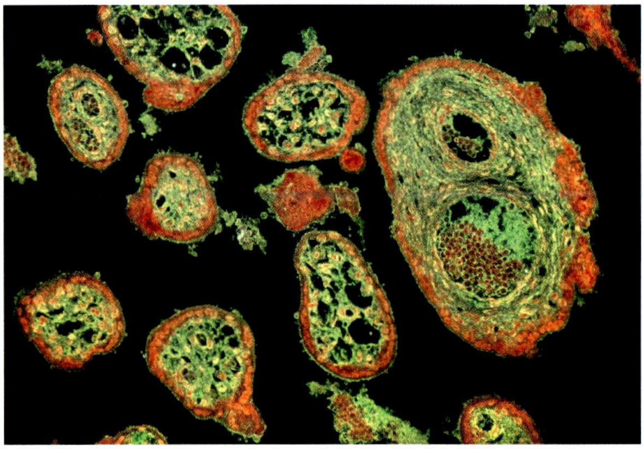

Abb. 185. Mutterkuchen (Plazenta), Querschnitte mehrerer Zotten, Objektiv 16x, Dunkelfeld.

Wasser Sauerstoff entzieht, atmet der Fetus über seine Plazentazotten und bezieht den benötigten Sauerstoff aus dem mütterlichen Blut des intervillösen Raumes. Einige der im Bild quer getroffenen Zotten lassen fetale Blutgefäße erkennen, von denen manche noch Erythrozyten (rote Blutzellen) enthalten. Vereinzelt kann man auf dem schwarzen Bilduntergrund, welcher dem intervillösen Raum entspricht, auch noch mütterliche Blutzellen ausmachen. Die rot gefärbte Außenzone der Zotten besteht aus zwei Schichten, dem äußeren Synzytiotrophoblast und dem sich nach innen anschließenden Zytotrophoblast. Die gelb-grün gefärbten Innenbereiche beinhalten Bindegewebe und fetale Blutgefäße.

Embryo

Übersichtsschnitte von Maus- oder Rattenembryonen sind käuflich zu erwerben. An ihnen kann man die Anlagen der verschiedenen Organe unter Berücksichtigung ihrer Nachbarschaftsbeziehungen gut studieren (vgl. Beispiel eines längsgeschnittenen Mausembryos in Abb. 42).

Nervengewebe

Das Nervengewebe zeigt mikroskopisch einen vielgestaltigen Aufbau, der für die unterschiedlichen Anteile und Strukturen des Nervensystems (Großhirn, Kleinhirn, Stammhirn, Hirnstamm, Rückenmark, Ganglien, periphere Nerven) jeweils charakteristisch ist. Besonders eindrucksvoll stellen sich die motorischen Vorderhornzellen des Rückenmarks dar, die insgesamt zu den größten Nervenzellen zählen. Die Ausschnittansicht eines Rückenmarksquerschnitts (Abb. 186) lässt die grundlegenden Strukturen einer solchen Nervenzelle gut erkennen: Zell-Leib (Perikaryon) mit Zellkern, je ein abgehender langer Fortsatz (Neurit, Axon) und mehrere gegenüberliegend abgehende kurze Fortsätze (Dendriten).

Sinnesorgane – Auge

Als Beispiel eines Sinnesorgans soll das Auge mikroskopisch demonstriert werden. Dessen Aufbau kann anhand fetaler Augenanlagen erfasst werden. Die Bildtafel von Abbildung 187 zeigt embryonale Augenanlagen in einem frühen (oben) und späten (unten) Entwicklungsstadium. In der oberen Abbildung erkennt man eine rudimentäre Außenschicht, aus der sich die spätere Hornhaut und Iris differenzieren. Es folgt eine auffallend großvolumige Linsenanlage, der Glaskörper ist nur als Spaltraum angelegt. Die Netzhaut nimmt einen breiten Raum ein, die Augenhöhle ist bindegewebig präformiert. An dem un-

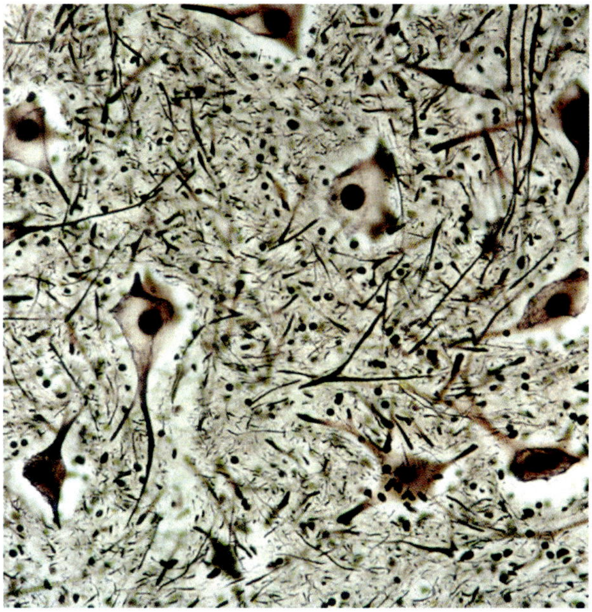

Abb. 186. Motorische Vorderhornzellen im Rückenmark, Objektiv 16x, Hellfeld.

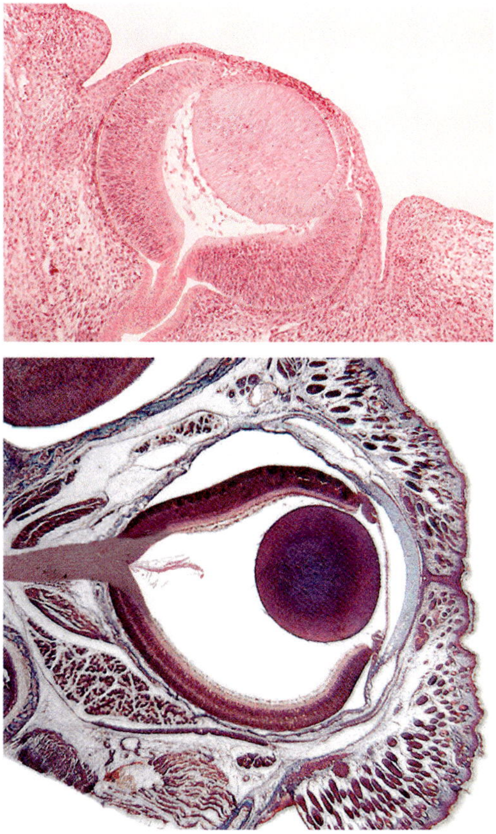

Abb. 187. Querschnitte durch die Köpfe von Kleinsäuger-Embryonen mit Augenanlagen in einem frühen (oben) und späten (unten) Entwicklungsstadium. Weitere Erläuterungen im Text.

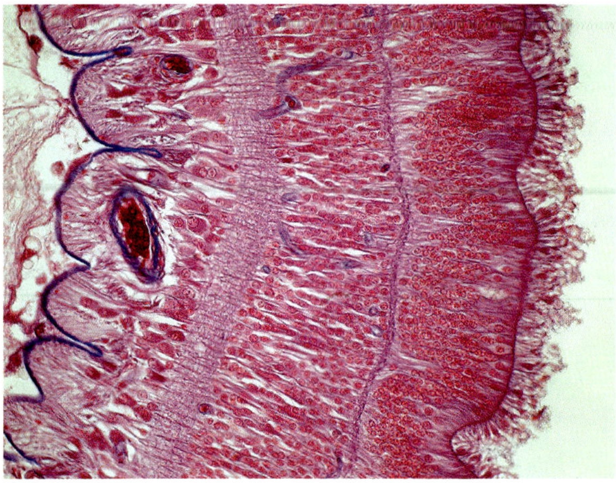

Abb. 188. Netzhaut (Retina) des menschlichen Auges, Objektiv 40×, Hellfeld. Foto: Timm Piper.

teren Querschnitt erkennt man von rechts nach links die Lieder, die Hornhaut, die vordere und hintere Augenkammer, die Iris (Pupille), die noch kugelige Linse, den Glaskörper-Raum, die mehrschichtige Netzhaut, darum herum die abschließenden Augenhüllen. Rückwärtig, also hinter dem Auge (im Bild links) erkennt man in der Augenhöhle (Orbita) einige Anschnitte der Augenmuskeln, welche den Augapfel in die verschiedenen Blickrichtungen bewegen. Die Austrittsstellen des Sehnervs sind in beiden Schnitten mit erfasst.

Die Netzhaut (Retina, Abb. 188) besteht aus Lichtrezeptoren, den Zapfen (Rezeptoren für die Farbsinneswahrnehmung) und Stäbchen (Rezeptoren für die Hell-Dunkel-Wahrnehmung). Diese Rezeptoren sind mehrschichtig mit Nervenzellen (Neuronen) verschaltet, bevor eine Weiterleitung zum Sehnerv erfolgt. Links im Bild ist der Glaskörper angeschnitten, die Lichtrezeptoren befinden sich rechts im Bild. Das Licht würde folgerichtig bei der hier gezeigten Orientierung von links nach rechts einfallen.

Dies war nur ein kleiner Ausschnitt aus den Möglichkeiten, welche gute histologische Dauerpräparate dem Mikroskopiker bieten. Hat er ihre Vorteile erkannt, wird er sich wohl nicht mehr so sehr darum reißen, Wirbeltiere zu präparieren. Freilich kann man beispielsweise von Geflügelfarmen unschwer welche bekommen.

Auch tote Laborratten oder Labormäuse und tote Küken oder Stadttauben, die an Zoos verfüttert werden, sind aber so eine Sache. Selbst wenn man neugierig ist auf ihr „Innenleben", ist es besser, man lässt die Finger davon. Unter Umständen treten hier schon Desinfizierungsprobleme auf. Auch nach der Präparation von Regenwürmern oder Schnecken sollte man die Präparationswerkzeuge, wie erwähnt, entweder mit 70%igem Alkohol abreiben oder mit Wasser reinigen, trocknen und dann mit Sagrotan besprühen. Mit dem Innenleben größerer Tiere kann man sich problemlos aber theoretisch vertraut machen; der „Renner" macht´s möglich. Eine Reihe weiterer Histologiebücher, die auch für den Nichtfachmann lesbar sind, sind im Anhang angeführt. Nach der Durcharbeit einer „Histologie des Menschen" sieht man seinen Körper mit anderen Augen.

Seifenblasen, Auflicht

Safranin,
polarisiertes Licht

Vitamin C, kombinierte
Hell-Dunkelfeldbeleuchtung

Vitamin C, Dunkelfeld

Malonsäure,
polarisiertes Licht

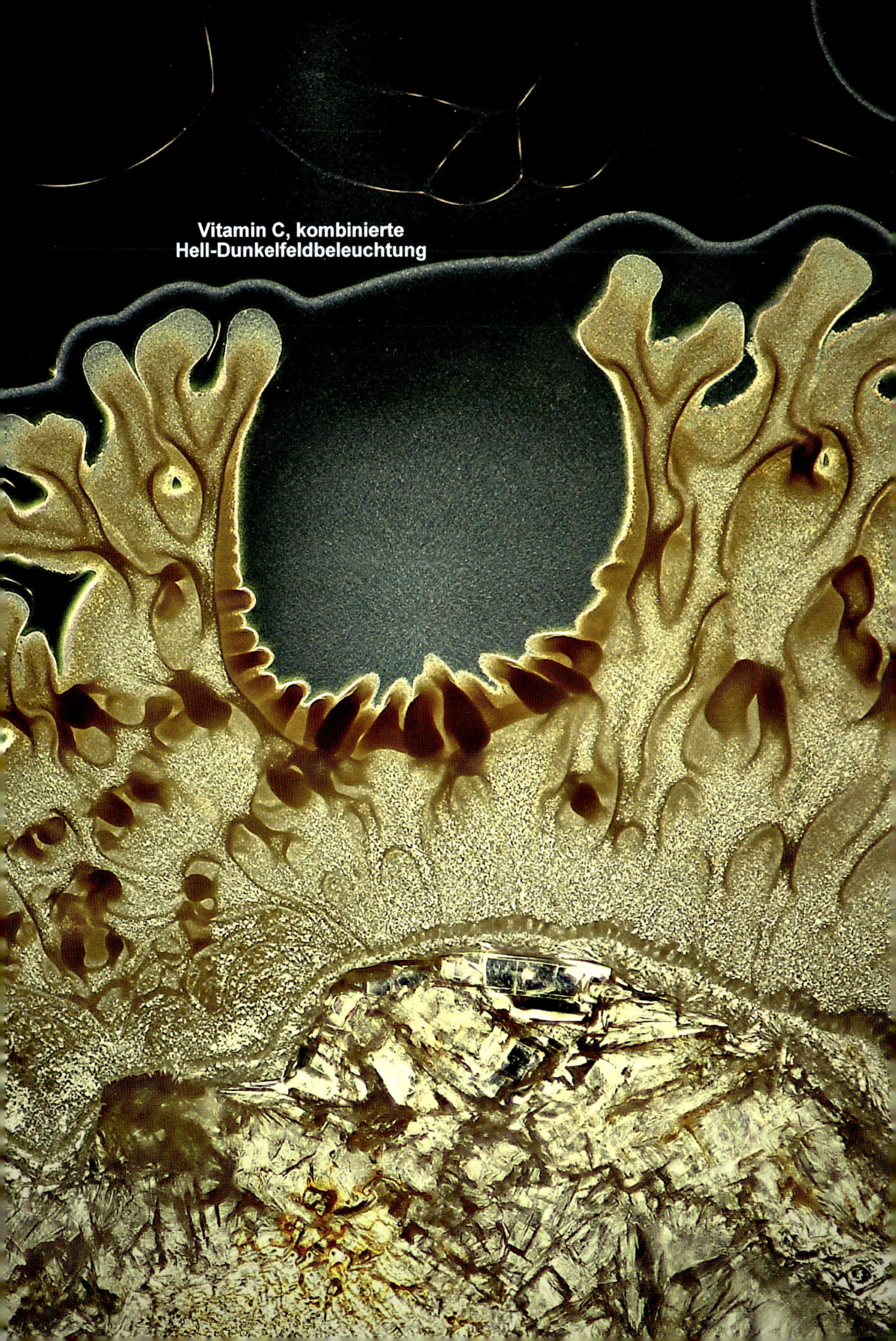

Vitamin C, kombinierte
Hell-Dunkelfeldbeleuchtung

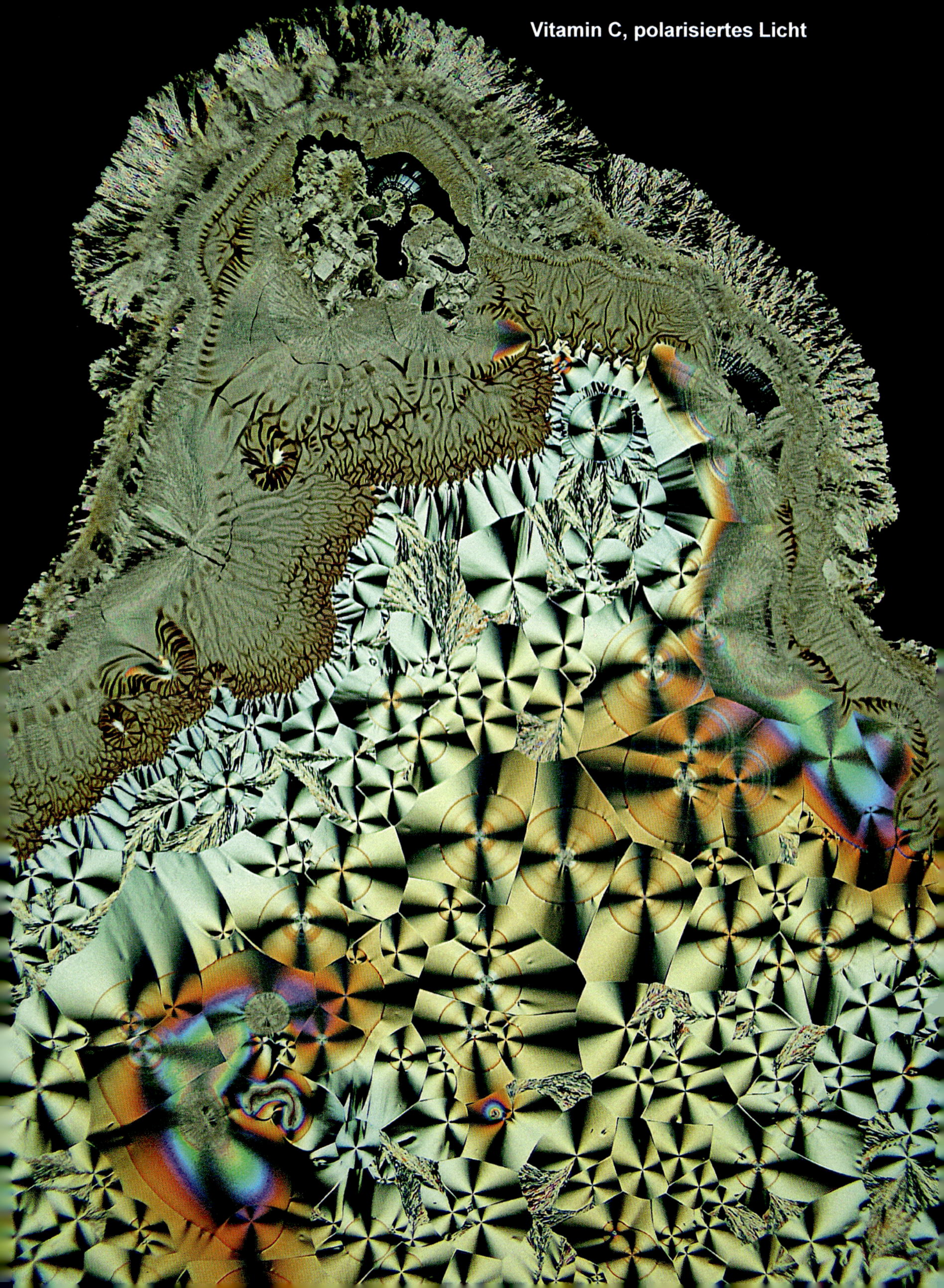

Vitamin C, polarisiertes Licht

Methyl-Sulfonat, polarisiertes Licht

Anorganische Strukturen

Auskristallisierende Salzlösungen ergeben oft erstaunlich ansprechende Bilder, wenn man sie optisch einfärbt. Gesteinsschliffe kann man so dünn machen, dass sie sich als Präparat im durchfallenden Licht untersuchen lassen. Auch hier bewährt sich optische Einfärbung. Oberflächenstrukturen von Steinen und auskristallisierten Mineralien sind etwas für das Binokular. Schließlich macht die Fülle der Mikrofossilien schon ein eigenes Sammelgebiet auf.

Kristallisationen

Ein beliebtes Spiel ist die Beobachtung von Kristallisationsvorgängen, womöglich noch im polarisierten Licht, mit dem man den Vorgang und sein Resultat optisch einfärben kann.

Fallbeispiel Salzkristalle: In einem größeren Wassertropfen auf dem Objektträger löst man Salze auf. Dann breitet man den Tropfen flach aus, damit er schneller verdunstet, und beobachtet bei schwacher Vergrößerung, wie das Salz mit dem Verdunsten des Tropfens – manchmal sehr rasch, fast schlagartig – auskristallisiert.

Statt Kochsalz kann man natürlich beliebige andere Salze (oder auch ein Gemisch von zwei oder drei unterschiedlichen Substanzen) nehmen. Günstige Salze sind beispielsweise Alaun (in Salzdeostiften), Magnesiumsulfat oder Mischkristalle von Natriumchlorid und Kaliumchlorid. Sehr schöne Bilder können auch pharmakologisch wirksame Substanzen aus der Hausapotheke ergeben, beispielsweise Vitamin C oder Paracetamol, das in Alkohol gelöst werden sollte.

Alaun bildet bei Kristallisation aus großen Tropfen ohne Deckglas vielgestaltige räumliche Formationen, teils pyramidenförmig, teils mit baumartig verzweigten Einschlüssen.

Im polarisierten Licht entwickeln sich bei optisch aktiven Substanzen wahre Farbenräusche – fantastische Vorlagen für Farb-Mikroaufnahmen. Einige Beispiele

Abb. 189. Harnstoff, Polarisation mit Lambda-Kompensator.

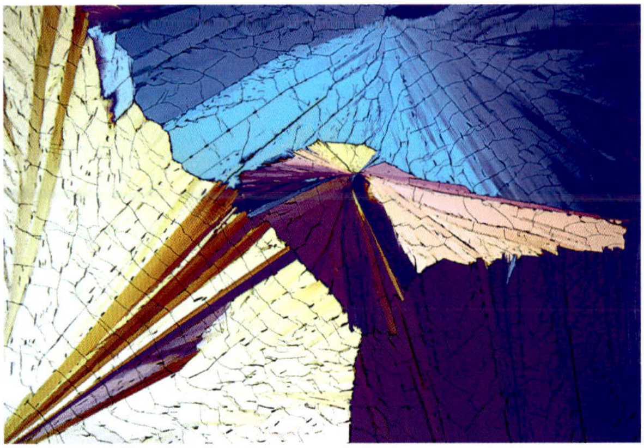

Abb. 190. Mikrokristalle aus Methyl-Sulfonal in Ethanol gelöst, Polarisation mit Lambda-Kompensator.

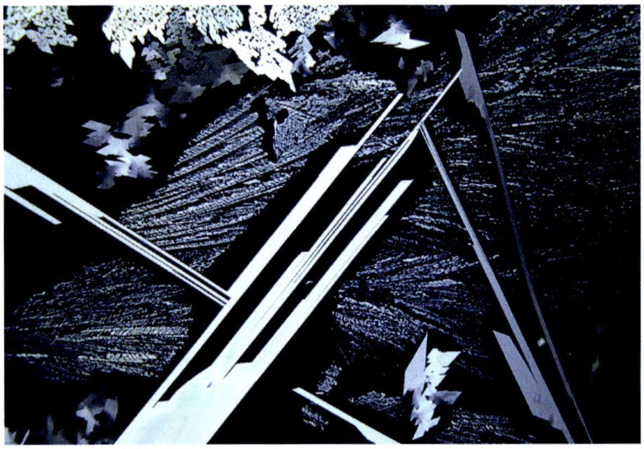

Abb. 191. Mikrokristalle aus Malonsäure, Polarisation mit Lambda-Kompensator.

Abb. 192. Mikrokristalle aus Malonsäure, Polarisation mit Lambda-Kompensator.

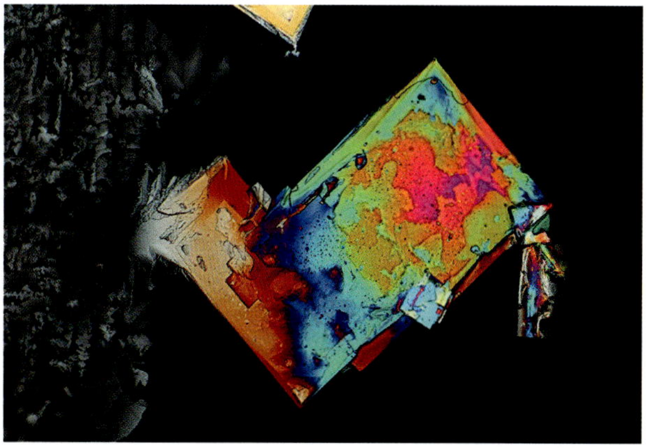

Abb. 193. Me-Sulfonal, Polarisation mit Lambda-Kompensator.

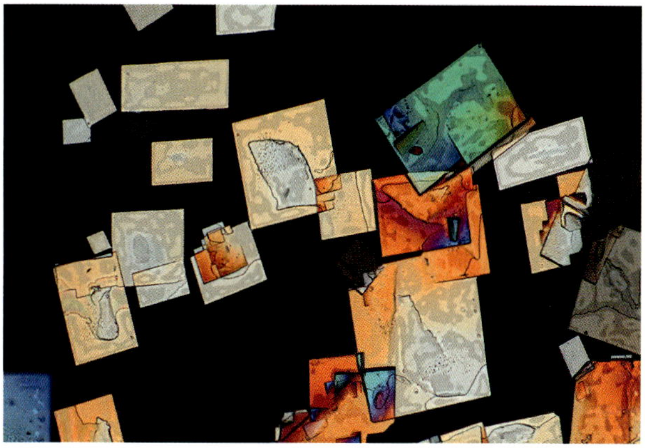

Abb. 194. Me-Sulfonal, Polarisation mit Lambda-Kompensator.

werden zunächst in den Abbildungen 189 bis 194 gezeigt. Auch Kristalle mit einer Eigenfarbe können im polarisierten Licht mit kreativen Farbeffekten versehen werden. Abbildung 195 zeigt eine Deckglaskristallisation von Neutralrot im polarisierten Licht; das Motiv erinnert an eine Landschaftsansicht, welche den nächtlichen Ausbruch eines Vulkans im Bild festhält. Filigrane, pflanzenähnlich anmutende Formationen zeigt Kaliumeisenzyanid (Abb. 196, Abb. 197). Mit etwas Glück kann man auch aus Tinte sehr hübsche Kristalle gewinnen, deren Formation z. B. an einen Kometen erinnert (Abb. 198). Größere Tintentopfen können beim Eintrocknen reizvolle konzentrische ringförmige Ausfällungen bilden (Abb. 199).

Weitere Fallbeispiele: Vitamin C und Stevia

Vielfältige Kristallformen zeigt Vitamin C, ggf. versetzt mit Stevia. Vitamin C (Ascorbinsäure) ist für wenig Geld in pulverisierter Form in jeder Apotheke erhältlich, der süßende Pflanzenzucker Stevia, ebenfalls pulverisiert, in jeder gut bestückten Lebensmittelabteilung. Zur Erzeugung schöner Kristalle beträufelt man einen Objektträger großflächig mit einigen Wassertropfen, bis eine zusammenhängende Lache entsteht. Dann gibt man behutsam geringe Mengen Vitamin C hinzu und verrührt dieses mit einem feinen Spatel oder Rührstäbchen, bis alle Partikel aufgelöst sind. Zur Herstellung einer gesättigten Lösung wiederholt man die Zugabe in klei-

Abb. 195. Neutralrot. Kristallisation unter Deckglas, polarisiertes Licht mit Lambda-Kompensator.

Abb. 196. Kaliumeisenzyanid, Polarisation mit gekreuzten Polarisatoren ohne Kompensator (links), mit Lambda-Kompensator bei nicht gekreuzten Polarisatoren (rechts).

nen Schritten, bis sich die ersten Partikel nicht mehr lösen. Je langsamer man nun diese Lösung verdunsten lässt, desto schöner formen sich in der Regel die Kristalle aus. Typischerweise entsteht im Randbereich der flächigen Kristallausfällungen ein verdichteter Saum von relativ dick geschichtetem Material und zur Mitte hin eine deutlich dünnere Beschichtung.

Zur weitergehenden Variierung der Kristallformen kann man der Vitamin C-Lösung auch ein wenig Stevia beimischen, z. B. in Verhältnis von etwa 2 Teilen Vitamin C zu einem Teil Stevia. Beim Verdunsten formieren sich beide Komponenten zu komplex strukturierten Mischkristallen.

Man kann nun den Objektträger verwahren, so, wie er ist. Dies hat aber den Nachteil, dass die Kristalle im Laufe der Zeit durch Staubpartikel verunreinigt und ggf. auch durch Unachtsamkeit beschädigt werden können. Geschützter sind sie, wenn man sie mit einem großflächigen Deckglas bedeckt. Sofern man das gesamte Präparat erhalten und bedecken will, kann man die vier Ecken des Deckglases mit kleinen Tropfen eines UV-Glasklebers versehen (Abb. 200). Dieser Kleber härtet innerhalb von einigen Sekunden unter UV-Licht aus. Ein weiterer Vorteil ergibt sich daraus, dass nun die Kristalle auch mit stärker vergrößernden Objektiven betrachtet werden können, welche nur für Deckglasbeobachtungen gerechnet sind.

Grundsätzlich kann man auch deutlich flacherer Präparate herstellen, wenn man zunächst den dicken Randwulst der Außenzone vom Objektträger entfernt, z. B. mit einem feinen Skalpell abkratzt und nur den flachen inneren Bereich als Dauerpräparat erhält, In diesem Fall kann man die Kristalle auch mit UV-Glaskleber versiegeln. Hierzu bedeckt man die zu erhaltende Fläche vorsichtig mit einer dünnen Kleberschicht und legt anschließend möglichst blasenfrei das Deckglas auf, analog zur Eindeckung eines sonstigen Dauerpräparates. Anschließend härtet man den Kleber unter UV-Licht aus (Abb. 201). Nun sind die Kristalle in dünner Schicht unter Deckglas „versiegelt" und können auch mit starken Objektiven bei geringem Arbeitsabstand untersucht werden.

Die Abbildung 202 zeigt Ansichten des Vitamin C-Präparat, präpariert gemäß Ab-

Abb. 197. Kaliumeisenzyanid, Polarisation mit Lambda-Kompensator bei gekreuzten Polarisatoren.

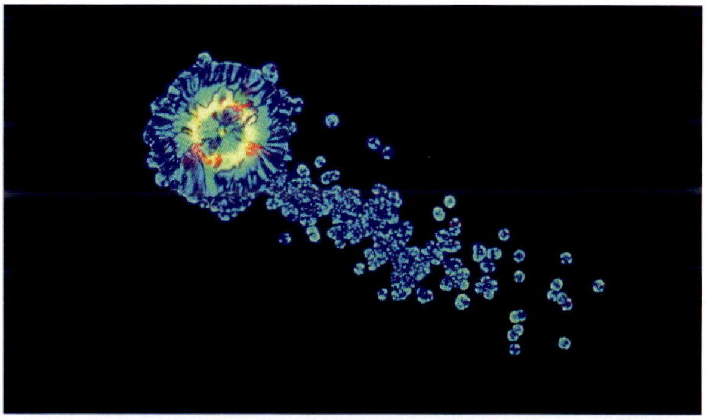

Abb. 198. Tinte, sehr flache Deckglas-Kristallisation, Polarisation plus Lambda-Kompensator, Objektiv 40x.

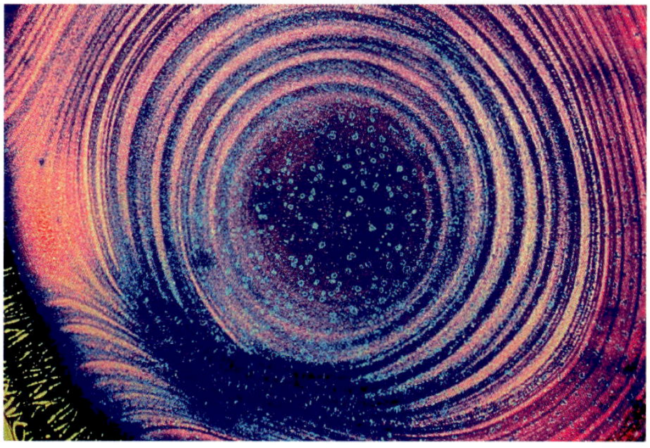

Abb. 199. Tintentropfen, Ausfällungen ohne Deckglas, Objektiv 2,5x, Dunkelfeld.

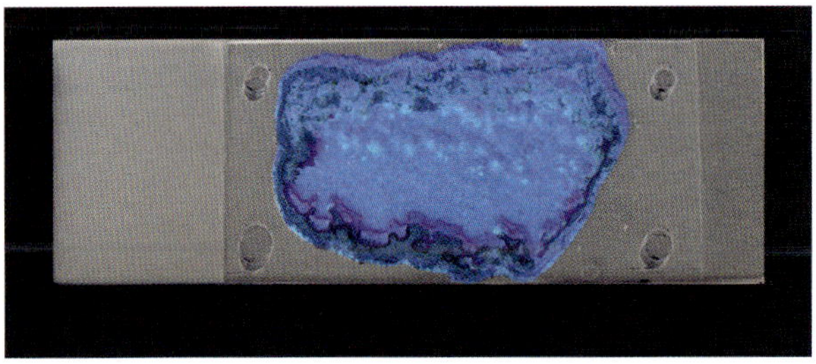

Abb. 200. Großflächige Kristallisation, Deckglasbedeckung in Lufteinbettung, Fixierung des Deckglases mit vier Tropfen UV-Glaskleber

Abb. 201. Großflächige Dünnschicht-Kristallisation, Entfernung des Randwulstes, Versiegelung unter Deckglas mit UV-Glaskleber

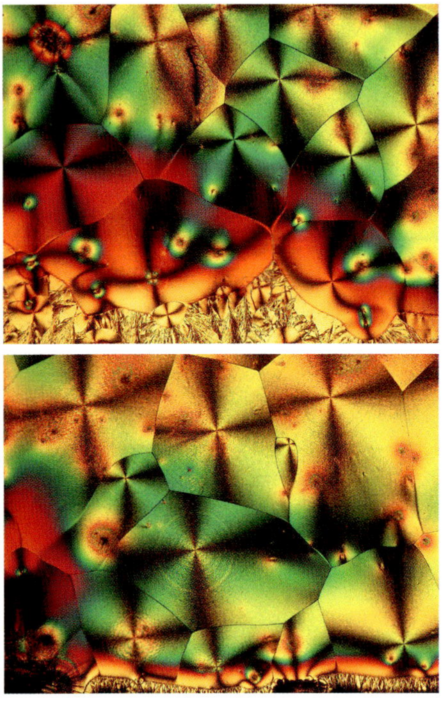

Abb. 202. Vitamin C, Lufteinbettung, Polarisation mit Lambda-Kompensator dünnere Schichten in Rot (oben), dickere Schichten in Grün und Gelb kontrastiert (unten).

bildung 200, aufgenommen im Übergangsbereich des dickeren Randwulstes (jeweils am unteren Bildrand erfasst) zur dünneren Innenzone. Je nach Schichtdicke dominieren im polarisierten Licht unterschiedliche Farben, dickere Bereiche erscheinen hier in Grüntönen, dünnere in Rottönen. Die Abbildung 203 präsentiert eine Vitamin C-Kristallisation in typischer Scheibenform, versiegelt unter Deckglas (Präparat von Abb. 201), aufgenommen bei geringem Arbeitsabstand mit Objektiv 40×.

Durch Hinzufügen von Stevia (pflanzlicher Süßstoff, gewonnen aus dem „Süßkraut" bzw. „Honigkraut", *Stevia rebaudiana*) entstehen zusätzliche scheibenförmige Kristalle mit charakteristischen, kreisförmig angeordneten feinen Streifenmustern, welche sich mit Vitamin C-Kristallen verbinden. Beispiele von lufteingebetteten und mit UV-Glaskleber versiegelten Präparaten finden sich in den Abbildungen 204 und 205.

Abb. 203. Vitamin C, Deckglasversiegelung, Objektiv 40×, typische Scheibenform, Polarisation mit Lambda-Kompensator

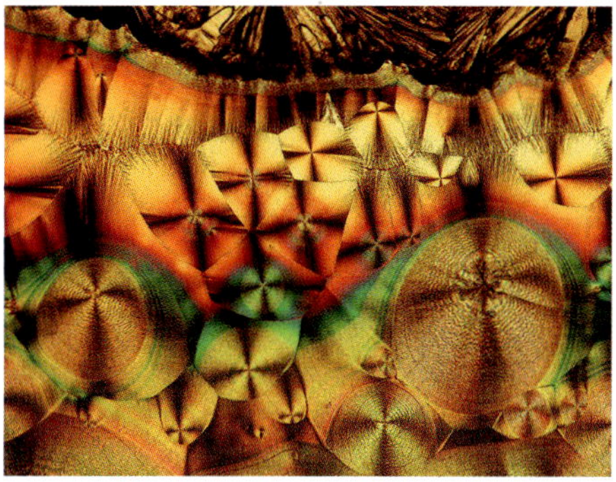

Abb. 204. Vitamin C plus Stevia, Lufteinbettung, Polarisation mit Lambda-Kompensator

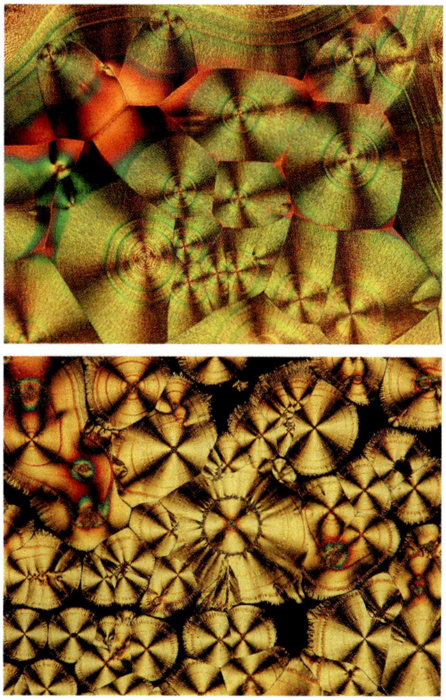

Abb. 205. Vitamin C plus Stevia, Deckglasversiegelung, Polarisation mit Lambda-Kompensator, dickere Schichten (oben), dünnere Schichtungen (unten)

Schneekristalle

Schneekristalle können naturgemäß als originale Objekte nur im Freien untersucht werden, wenn das Mikroskop zuvor mitsamt allem Zubehör einschließlich Objektträger auf die Außentemperatur abgekühlt wurde. Alternativ können sie auch mit geeigneten Makro-Einrichtungen fotografiert werden. Optimaler Kontrast ergibt sich, wenn die Schneekristalle auf dunklem Untergrund im Auflicht beleuchtet werden (Abb. 206 und 207). Ein weiteres Verfahren, welches eine „Konservierung" von Schneekristallen in „Dauerpräparaten" erlaubt, stellt die Abdruck-Methode dar. Ein Objektträger wird zunächst mit einer dünnen Schicht Nagellack bedeckt (oder mit einem anderen geeigneten Schnelleinschlussmittel wie Entellan, dessen Viskosität durch Zugabe von Xylol verringert werden kann). Der Lackfilm muss in seiner Konsistenz so beschaffen sein, dass Schneeflocken in ihn tief genug einsinken, um einen Abdruck zu hinterlassen. Der Lack-beschichtete Objektträger wird nun im Freien gelagert und mit einem Marmeladenglas abgedeckt, bis er Gefriertemperatur erreicht hat. Beim nächsten Schneeschauer entfernt man die Abdeckung so lange, bis einige Schneeflocken auf der

Abb. 206. Formation mehrerer Schneekristalle im Auflicht-Dunkelfeld

Abb. 207. Einzelner, komplex strukturierter Schneekristall, Auflicht-Dunkelfeld.

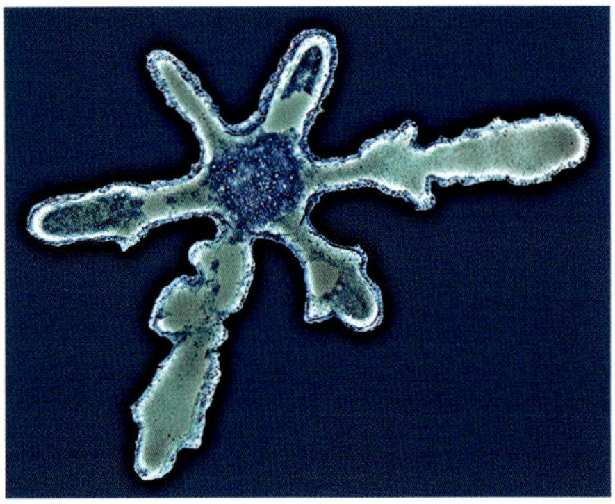

Abb. 208. Einzelner Schneekristall im Nagellackabdruckpräparat, polarisiertes Licht. Foto: Timm Piper.

Abb. 209. Mehrere, aufeinander getürmte Schneekristalle im Entellan-Abdruckpräparat. Variabler Hell-Dunkelfeld-Kontrast (VHDK), Aufnahmen in verschiedenfarbigen Lichtfilterungen. Foto: Timm Piper.

Lackschicht „gelandet“ sind. Anschließend wird der Objektträger wieder abgedeckt, um ein übermäßiges „Einschneien“ zu verhindern. Man belässt ihn nun solange weiter draußen, bis der Lack eingetrocknet ist. Da Lösungsmittel bei geringer Außentemperatur langsam verdunsten, kann dies einige Zeit, mitunter zwei oder drei Tage dauern. Danach bringt man den Objektträger in normale Raumtemperatur. Die auf seiner Lackschicht befindlichen Schneeflocken schmelzen sogleich und verdunsten in kurzer Zeit. Zurück bleiben Abdrücke der Schneeflocken, welche bei gut gelungenen Präparaten alle feinen Details erkennen lassen. Einen Schneekristallabdruck in Nagellack zeigt Abbildung 208; Abdrücke in Entellan finden sich in den Abbildungen 209, 210 und 211.

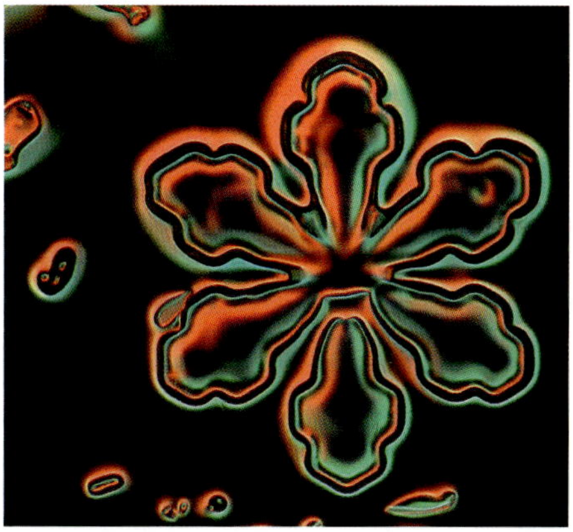

Abb. 210. Einzelner Schneekristall, Entellan-Abdruck, aufgenommen im mehrfach gefilterten VHDK. Foto: Timm Piper.

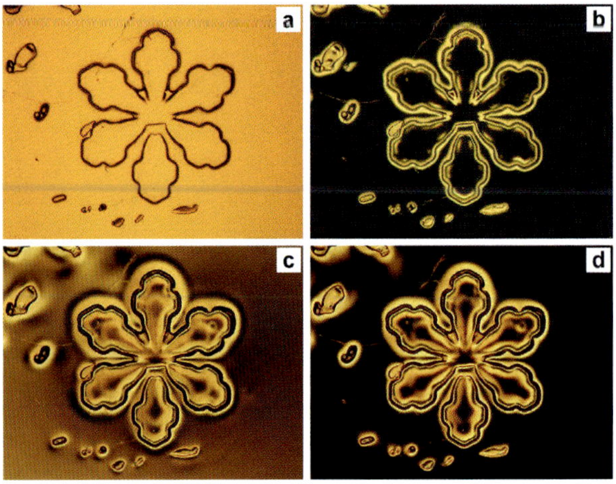

Abb. 211. Effekte des variablen Hell-Dunkelfeld-Kontrasts (VHDK). Schneekristall-Abdruck im Schnelleinschlussmittel Entellan, Objektiv 4×, Hellfeld (a), Standard-Dunkelfeld (b), VHDK mit relativer Dominanz von Hellfeld (c) und Dunkelfeld (d). Fotos: Timm Piper.

Abb. 212. Basaltisches Ergussgestein (Limburgit) aus dem Kaiserstuhl im Auflicht bei schwacher Vergrößerung, horizontale Feldweite: 15 mm.

Abb. 213. Beispiel für den Einsatz eines Polarisationsmikroskops in der Geologie. Darstellung von Einschlüssen in einem Gesteinsschliff (Shonkinit, Shonkin Sag, Mantana, USA), Objektiv 2,5×, Okular 5×, polarisiertes Licht mit Lambda-Kompensator.

Gesteinsschliffe

Man kann Gesteine in dickerer Schicht im Auflicht untersuchen (vgl. Abb. 212), oder man schleift sie so dünn, dass sie durchscheinend und im durchfallenden Licht untersuchbar werden. Der Spezialist schleift zunächst mit groben, dann immer feineren Schleifmitteln. Sobald die Probe plättchenförmig dünn geworden ist, dreht er sie um und schleift die Gegenseite. Die Technik ist nicht schwierig und wenig aufwendig, doch zeitraubend und man muss erst einmal zusehen können. Wer sich interessiert, sollte ein paläontologisches Universitätsinstitut anrufen und um Information bitten. Man kann auch Gesteinsdünnschliffe von bestimmten Anbietern als Fertigpräparate käuflich erwerben (Beispiele in Abb. 213).

Abb. 214. Halbleiter in Auflicht-DIC, Anwendungsbeispiel einer industriellen Material- bzw. Qualitätskontrolle.

Oberflächenstrukturen

Als Beispiel einer Oberflächenstruktur soll ein integrierter Schaltkreis erwähnt werden, deren winzige Komponenten, z. B. Transistoren, man im Auflicht (hier: DIC) beobachten kann (Abb. 214, 215 und 216). Andere reizvolle Oberflächen finden sich auf diversen Gegenständen des täglichen Lebens wie Textilien, Drucksachen, Metalloberflächen, Schallplatten, CD-Rohlingen u.a.

Abb. 215. Ausschnitt aus einem Waver mit elektronischen Bauteilen, Auflicht-Polarisation.

Mikroskopie von Seifenblasen

Seifenblasen bzw. dünne Filme von Seifenblasen-Flüssigkeit können als Oberflächenstrukturen reizvolle, mikroskopisch sichtbare Interferenzmuster ausbilden. In der Materialwissenschaft, speziell bei der Untersuchung der physikalischen Eigenschaften von Waschmitteln (Tensiden)

Abb. 216. Objekt und Equipment von Abbildung 215. Auflicht-Dunkelfeld.

können die jeweiligen Interferenzmuster zur Analyse der Oberflächeneigenschaften genutzt werden. Jenseits wissenschaftlicher Fragestellungen ermöglichen diese Phänomene ästhetisch reizvolle Bildkompositionen.

Grundsätzlich kann ein dünner Seifenblasenfilm auf unterschiedliche Weise erzeugt werden. Die hier gezeigten Bilder sind so entstanden, dass ein handelsübliches Spülmittel mit etwas Wasser und einer winzigen Menge Glycerin (unter 10% Volumenanteil) versetzt wurde. Zur Erzeugung eines dünnen Tensid-Films kann beispielsweise eine etwa auf Objektträgergröße zurechtgeschnittene dünne Kunststoffplatte verwendet werden, welche mit einer runden, etwa 5, 10 oder 15 mm messenden Öffnung versehen wird. Es ist darauf zu achten, dass die Ränder der jeweiligen Öffnung möglichst glatt sind. Alternativ kann auch beispielsweise eine Einsteckblende oder ein Filterhalter verwendet werden, bei dem der gläserne Filtereinsatz entfernt wurde. Ein solcher Träger kann auf elegante Weise dadurch mit Seifenflüssigkeit benetzt werden, dass man einen hinreichend großen Tropfen der Lösung neben die Öffnung pipettiert und anschließend mit einem Objektträger nach Art eines Blutausstriches den Seifentropfen über die Öffnung ausstreicht. Nun wird der Träger mit dem dünnen Seifenblasenfilm auf den Objekttisch gebracht. Hier empfiehlt es sich, zum Beispiel ein geeignet dimensioniertes Uhrglas unterzulegen, damit der Träger etwas aufgebockt wird und die Öffnung allseitig von Luft umgeben bleibt. Der Boden unter dem Träger sollte zweckmäßigerweise mit zurechtgeschnittenem schwarzem Papier ausgelegt werden, oder man sollte den Kondensor am Mikroskop entfernen. Denn ein dunkler Untergrund verbessert den Bildkontrast der im Auflicht darzustellenden Interferenzmuster.

Sofern ein Auflicht-Mikroskop zur Verfügung steht, bietet es sich an, den Seifenblasenfilm im Auflicht-Hellfeld zu beleuchten. Hierbei wird er großflächig von Lichtstrahlen getroffen, welche je nach Geometrie und Brechkraft des Objektivs in variablen Einfallswinkeln auf den Film treffen. Im Auflicht-Hellfeld nehmen die achsenparallelen Mittelpunktstrahlen einen rechtwinkligen Weg, und das Beleuchtungslicht trifft umso schräger auf den Flüssigkeitsfilm, je weiter peripher es durch die Objektivlinsen verläuft.

Sofern kein Auflicht-Mikroskop zur Verfügung steht, kann versucht werden, mit einer möglichst hellen externen Lichtquelle eine geeignete Auflicht-Schrägbeleuchtung zu realisieren. Beobachtet wird zweckmäßigerweise mit schwach vergrößernden Objektiven von bis zu 10-facher Vergrößerung.

Da sich die jeweiligen Interferenzmuster dynamisch verändern, muss für scharfe Fotos hinreichend kurz belichtet werden. Auch dies setzt helle Lichtquellen voraus.

Die Abbildungen 217, 218, 219, 220 und 221 präsentieren einige Beispielfotos. Interessante und lebhaft gefärbte Interferenzmuster können meist schon nach wenigen Minuten beobachtet werden. Im weiteren Verlauf bilden sich dunkle bis schwarze Zonen aus, welche durch eine maximale lokale Ausdünnung der Schicht zustande kommen und meist rundlich begrenzt sind. Diese dünnen Zonen entstehen meist zuerst in der Mitte des Flüssigkeitsfilms und breiten sich von dort sukzessive nach peripher aus, wobei es zu zahlreichen Fragmentbildungen kommt.

Die zugrunde liegenden physikalischen bzw. wellenoptischen Phänomene, welche bei der Seifenblasenmikroskopie beobachtbar sind, sollen hier nur in Grundzügen dargestellt werden. Nach Literaturangaben liegt die Wanddicke einer frisch erzeugten Seifenblase bzw. eines frischen Seifenblasenfilms bei etwa einem Mikrometer oder etwas darunter. In dieser Phase sieht man zunächst keine oder nur sehr schwach angedeutete Interferenzen. Im

Abb. 217. Seifenblasenfilm mit einer einzelnen, maximal ausgedünnten schwarzen Zone in der Bildmitte, umgeben von Bereichen höherer, jedoch schwankender Schichtdicke. Auflicht-Hellfeld, Objektiv 10×.

Abb. 218. Situation von Abbildung 217, etwas späterer Aufnahmezeitpunkt, Vergrößerung der vorbeschriebenen schwarzen Zone, Objektiv 10×.

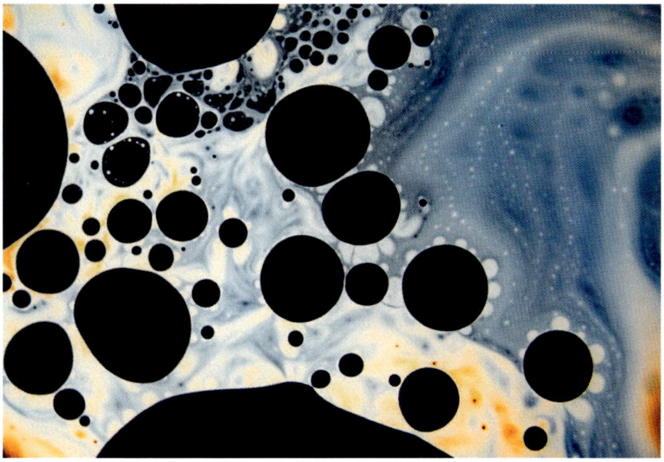

Abb. 219. Seifenblasenfilm im fortgeschrittenen Stadium mit zahlreichen maximal dünnen, kreisförmig begrenzten schwarzen Zonen, Objektiv 10×.

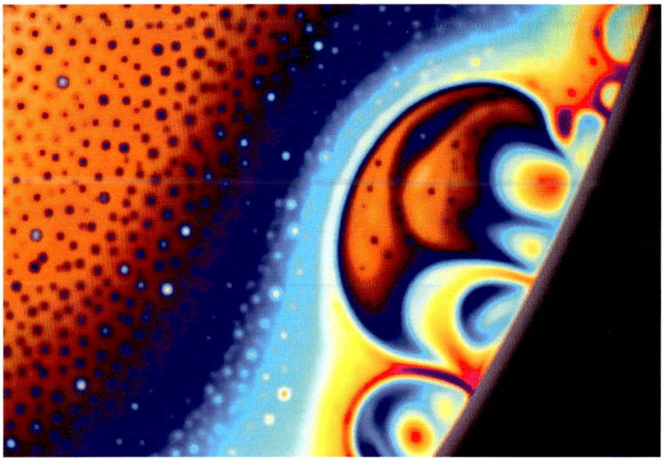

Abb. 220. Randbereich des Seifenblasenfilms, frühes Stadium, Objektiv 20×.

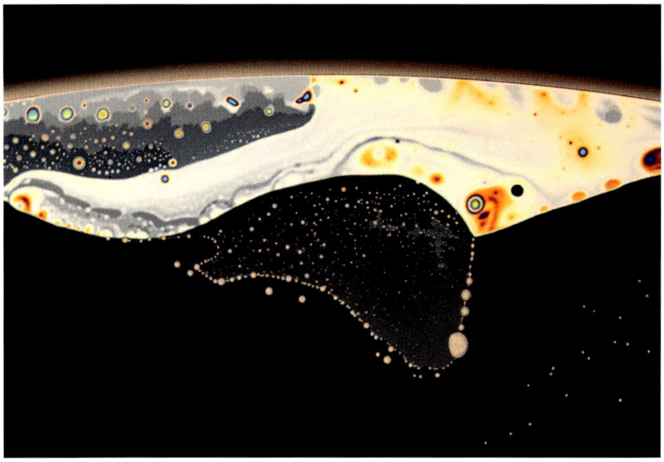

Abb. 221. Randbereich des Seifenblasenfilms in spätem Stadium, kurz vor dem Einreißen des Flüssigkeitsfilms, Objektiv 10×. Nahezu die gesamte zentrale Fläche des Film ist maximal dünn und erscheint daher schwarz, lediglich im peripheren Bereich finden sich noch dickere Zonen mit wechselnd ausgestalteten Interferenzmustern.

Laufe mehrerer Minuten wird der Tensid-Film zunehmend dünner, wobei aufgrund unterschiedlicher einwirkender physikalischer Kräfte die regionale Schichtdicke schwankt. Nun kommt es zu lebhaften, sich dynamisch verändernden Interferenzmustern, wobei die jeweiligen linearen Elemente bei Verwendung von weißem Licht in unterschiedlichen Farben aufleuchten. Bei einfarbigem (monochromatischem) Beleuchtungslicht ergeben sich hingegen lediglich im Wechsel aufeinanderfolgende helle und dunkle Interferenzlinien. Bei gleichbleibendem Brechungsindex – dies ist bei einer homogenen Tensidlösung der Fall – markieren die jeweiligen Interferenzlinien Zonen gleicher Schichtdicke. Aus dem jeweiligen Interferenzmuster kann folglich, sofern alle bildgebenden Rahmenbedingungen bekannt sind, auf das Ausmaß stattfindender Schichtdicken-Änderungen rückgeschlossen werden. Aus physikalischen Gründen können sich im weiteren Zeitverlauf, etwa bei Schichtdicken von 300 und später 50 nm, relativ stabile Zustände einstellen, welche über einige Minuten fortbestehen. Anschließend verdünnt sich die Schicht weiter, sodass es zuletzt bei maximaler Ausdünnung zu schwarzen Zonen kommt, in denen keine Interferenzlinien mehr zu erkennen sind. Schließlich reißen diese dünnen Zonen ein, sodass die Tensidschicht zerstört wird.

Die beobachtbaren Interferenzmuster kommen bei der hier skizzierten Versuchsanordnung dadurch zustande, dass ein Anteil der auftreffenden beleuchtenden Lichtbündel an der Oberfläche der Schicht reflektiert wird, während ein anderer Anteil der Strahlen durch die Schicht hindurch läuft, um schließlich an deren Unterseite reflektiert zu werden (Abb. 222). Beide, von der Ober- und Unterseite kommenden reflektierten Strahlen überlagern sich und bilden je nach stattgefundener Wegdifferenz bzw. Wellenverschiebung, d. h. entsprechend ihrem Gangunterschied, ein Interferenzmaximum oder Interferenzminimum aus. Der Gangunterschied ist hierbei abhängig von Dicke und Brechungsindex der transparenten Schicht sowie dem Einfallswinkel des beleuchtenden Strahlenbündels. Hinzu kommt, dass diejenigen Strahlen, welche am optisch dichteren Medium (hier: an der Oberseite des Films) reflektiert werden, einen zusätzlichen Phasensprung von einer halben Wellenlänge erfahren, weshalb sich der resultierende Gangunterschied noch um diese halbe Wellenlänge erhöht. Insofern wird der Gangunterschied auch von der Wellenlänge des verwendeten Lichts mitbestimmt.

Der jeweilige Gangunterschied muss kleiner als die Kohärenzlänge des Beleuchtungslichts sein. Unter Kohärenzlänge versteht man die Länge einer einzelnen Lichtwelle. Für weißes Licht kann eine

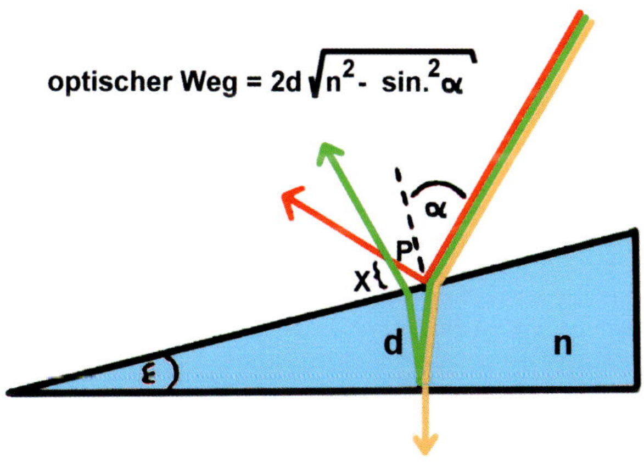

Abb. 222. Prinzip der Interferenzbildung an einem transparenten Keil mit dem Keilwinkel ε, dem Brechungsindex n und der lokalen Schichtdicke d. Die keilförmige Schicht wird im auffallenden Licht unter dem Einfallwinkel α beleuchtet. Reflexionen an der Keiloberseite (rot) und Keilunterseite (grün). Die reflektierten Teilstrahlen schneiden sich im Schnittpunkt P, der im Abstand X nahe der Keiloberfläche liegt. Das beobachtbare Interferenzmuster liegt in der Ebene von P. Bei senkrechtem Lichteinfall liegt P auf der Schichtoberfläche. Die optische Wegdifferenz, welche zum Gangunterschied führt, berechnet sich nach der angegebenen Formel. Wenn die beleuchtete keilförmige Schicht nicht einer Unterlage aufliegt, verläuft eine dritte Strahlenkomponente durch sie hindurch (oranger Teilstrahl). Daher ist es wichtig, dass in der beschriebenen Versuchsanordnung der Untergrund möglichst schwarz und nicht reflektierend ist, oder diese Strahlenkomponente nach Verlassen der Schicht „ins Leere" läuft. Ansonsten würden helle Störreflexionen die Interferenzmuster überstrahlen.

mittlere Kohärenzlänge von etwa 1 µm zugrunde gelegt werden. Weißlicht besteht demnach aus einer Vielzahl zusammenhängender Wellensegmente der vorgenannten mittleren Länge. Hieraus folgt, dass bei Beleuchtung mit weißem Licht nur dann Interferenzmuster entstehen können, wenn der Gangunterschied zwischen den interferierenden Strahlen unter 1 µm liegt. Die maximale Schichtdicke muss demzufolge unter 0,5 µm liegen, damit Interferenzen sichtbar werden können. Durch Verwendung von streng monochromatischem Licht, beispielsweise erzeugt mit einem 546 nm-Filter (Kennwellenlänge λ_0) von 14 nm Halbwertsbreite (λ_1 bis $\lambda_2 = \Delta\lambda$), kann die Kohärenzlänge auf etwa 21 µm angehoben werden (Abb. 223). Folglich können im monochromatischen Licht auch noch in etwas dickeren Schichten Interferenzen sichtbar sein. Für weitere Einzelheiten wird auf physikalische bzw. wellenoptische Literatur verwiesen.

Mikrofossilien

Mikroskopisch kleine „Fossilien“ findet man in jeder Schlammprobe, etwa die Schalen abgestorbener Kieselalgen, die seit ein paar Jahren dort liegen. Daneben gibt es Ablagerungen von Süßwasser- und Meeresdiatomeen, die aus dem Tertiär und aus den Eiszeiten stammen. Sie können Jahrmillionen alt und dabei verblüffend gut erhalten sein. Kleine Proben von Sanden, die besonders reich an zauberhaften fossilen Mikroformen sind, kann man kaufen; Adressen finden sich im Anhang.

Eine bekannte Lagerstätte ist der Kieselgur der Lüneburger Heide, der fast vollständig aus Diatomeenschalen besteht. Man verwendet ihn bei der Dynamitherstellung und als Füllmaterial. Auf natürlicher Kreide basierende alte (!) Kreidestifte, wie man sie aus dem früheren Schulunterricht kennt, bestehen aus anderen fossilen „Mikroskeletten“, den Foraminiferen (Kammerlingen), die allerdings überwiegend zerbrochen sind, sodass man nur deren Bruchstücke mikroskopieren kann. Moderne Kreiden sind hingegen industriell aus anderen Materialien gefertigt.

Weiter gibt es bekannte Lagerstätten der Kalkschalen von Foraminiferen (Meeressande gehören auch dazu), von Radiolarien (die schönsten aus Sedimenten von Barbados) und von Silicoflagellaten. Dazu kommen Kalkflagellaten, Reste von Kleintierpanzern, Hartteile (Sklerite) aus der

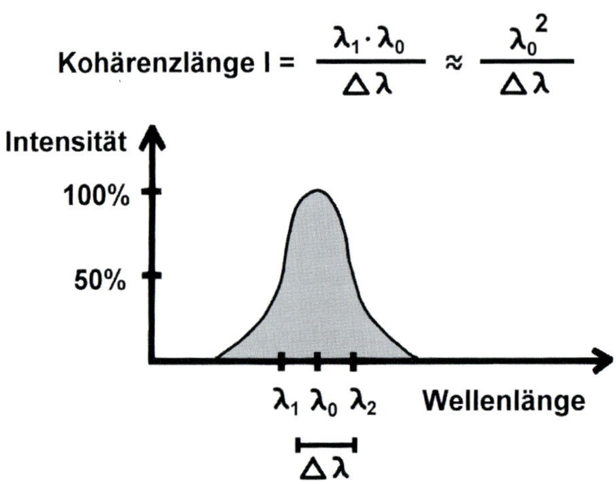

Abb. 223. Abhängigkeit der Kohärenzlänge von der Kennwellenlänge λ_0 und Halbwertsbreite ($\lambda_2 - \lambda_1 = \Delta\lambda$) des Beleuchtungslichts. Je schmaler die Bandbreite der Lichtquelle, desto größer ist die Kohärenzlänge.

Körperwand von Seegurken, Schwammnadeln und anderes mehr. All diese kann man durch Ausschlämmen solcher Ablagerungen gewinnen. Es gibt auch chemische Verfahren zum Herauslösen, doch sind diese mit Vorsicht anzuwenden (s. Bücher zur Mikropaläontologie im Literaturverzeichnis).

Wenn Mikrofossilien in Gesteinen eingeschlossen sind, bietet sich auch das Dünnschliffverfahren an.

Interessant kann ferner die Analyse von Braunkohle und von Torf sein. Im Torf findet man massenhaft Pollen („fossiler Blütenstaub"). Aus der **Pollenanalyse** hat man sehr genau die nacheiszeitlichen Klimaschwankungen in Mitteleuropa rekonstruieren können. Weiter erhalten sich im Torf sehr gut die Schalen der beschalten Amöben. Man kann damit ganz entsprechend eine **Rhizopodenanalyse** durchführen, wie das im Anhang zitierte Buch von Göke beschreibt.

Die Tafel von Abbildung 224 zeigt Skizzen von Foraminiferen, Radiolarien und Seegurken-Skleriten erzeugt durch „hartes Umkopieren" bzw. Gradationsänderung von Mikrofotos.

Speziell die bizarr geformten Radiolarien-Skelette haben in ihrer komplexen räumlichen Struktur schon frühzeitig zu sehr präzisen und gleichzeitig formvollendet ästhetischen Zeichnungen angeregt. Als Beispiel zeigt die Abbildung 225 einige ausgesuchte Darstellungen des Arztes und Naturforschers Ernst Haeckel (1834 – 1919), die seinem Werk „Kunstformen der Natur" (1904) entnommen sind.

Die Formenvielfalt der „Mikroskelette" von Radiolarien, Foraminiferen und Diatomeen veranschaulichen die Übersichten aus Legepräparaten in den Abbildungen 226 bis 228; Einzelansichten finden sich in den Abbildungen 229 bis 233, technische Angaben sind den Bildlegenden zu entnehmen. Die bizarren Formen animieren auch zu surrealistischen Science-Fiction-Interpretationen in Form von Table-top-Aufnahmen (inszenierte „Marslandung" in Abb. 234).

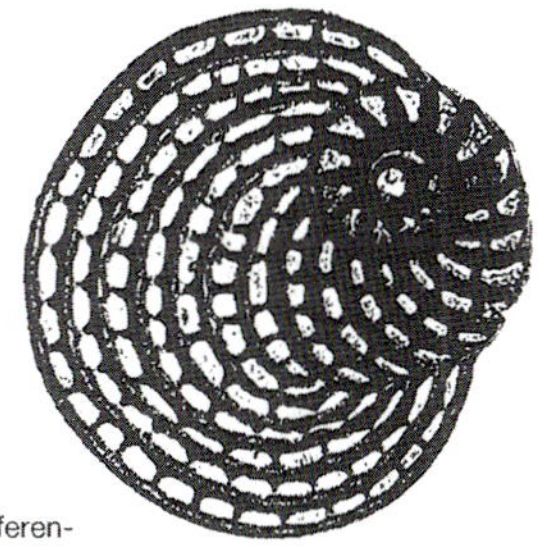

Fossiles Foraminiferen-Gehäuse: *Spirulina* spec.

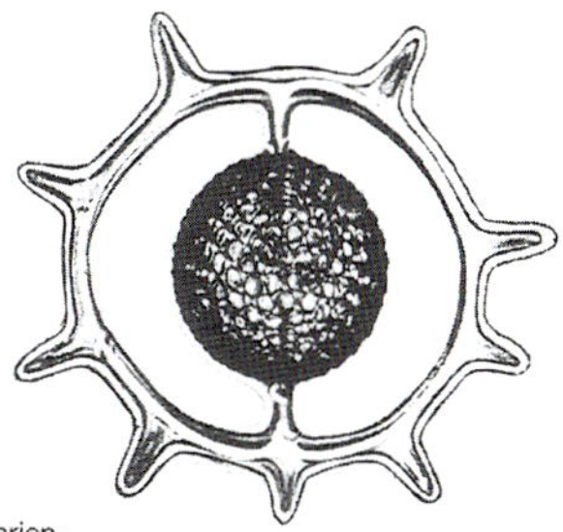

Fossiles Radiolarien-Skelett: *Saturnulus trochoides.*

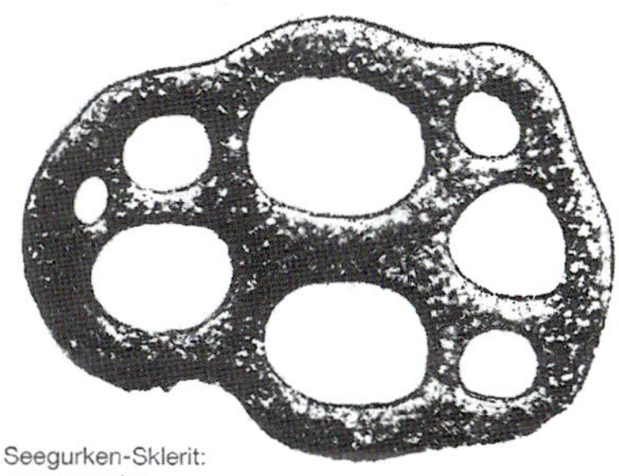

Fossiler Seegurken-Sklerit: *Calclamna germanica.*

Abb. 224. Harte Umkopien von Hellfeld-Aufnahmen fossilisierter Mikroorganismen. Oben; Foraminiferengehäuse (*Spirulina spec.*). Mitte: Radiolarienskelett (*Satumulus trochoides*). Unten: Seegurkensklerit (*Calclamna germanica*).

Nannofossilien

Die kleinsten fossilen Strukturen sind die sogenannten Nannofossilien (Grie-

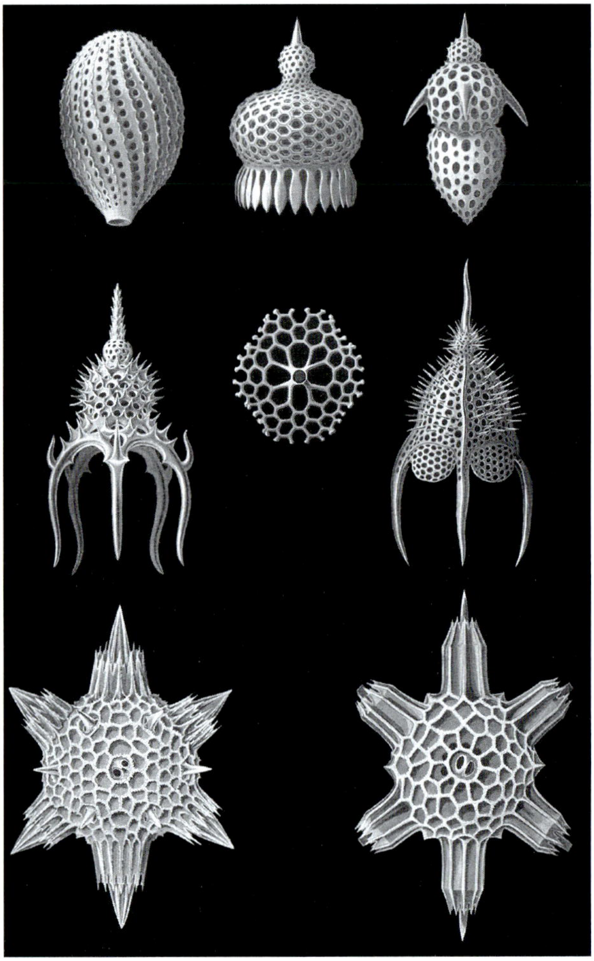

Abb. 225. Ausgesuchte Radiolarienskelette, arrangiert aus Bildtafeln von Ernst Haeckel, Kunstformen der Natur, 1904. Gemäß damaliger Namensgebung: *Crythoformis spiralis Haeckeli* (oben links), *Anthocyrcium campanula Haeckeli* (oben Mitte), *Lithornithium falco Haeckeli* (oben rechts), *Alacorys Bismarckii Haeckeli* (Mitte links), *Icosapsis elegans Haeckeli* (Mitte zentrisch), *Pterocanium trilobum Haeckeli* (Mitte rechts), *Hexaconus serratus Haeckeli* (unten links), *Hexacolpus nivalis Haeckeli* (unten rechts).

chisch: nannos = Zwerg). Es handelt sich um winzige Kalzitschalen von fossilen einzelligen Algen, welche aus bestimmten Sedimentgesteinen, z. B. des Alpenvorlandes, gewonnen werden können. Hierzu wird eine Sedimentprobe fein zerkleinert, anschließend in einem Wassertropfen auf einem Objektträger oder Deckglas aufgeschwemmt und nach der Lufttrocknung eingedeckt. Untersucht wird vorzugsweise mit 40 bis 100-fachen Objektiven, wegen des geringen Eigenkontrasts möglichst im Phasenkontrast, oder Interferenzkontrast. Mitunter leuchten die Objekte auch im polarisierten Licht bei gekreuzten Polarisatoren hell auf. Die Bildtafeln der Abbildungen 235 und 236 zeigen einige typische Formen dieser kunstvoll aufgebauten Strukturen im Licht- und Rasterelektronenmikroskop.

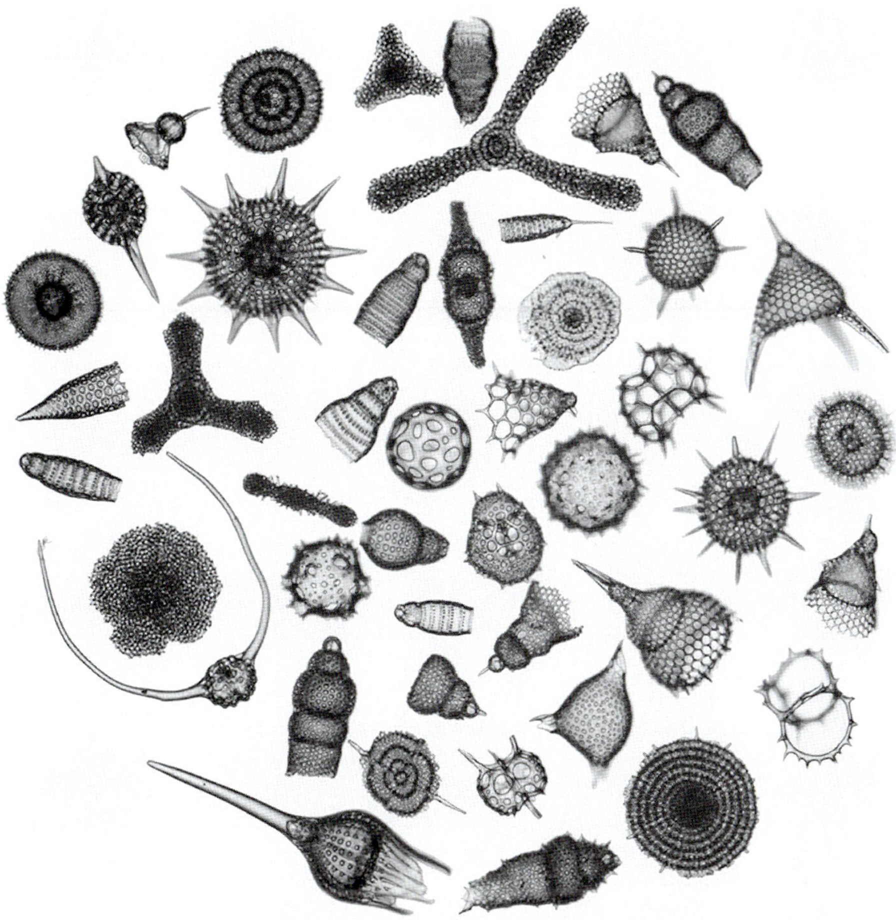

Abb. 226. Radiolarienskelette aus Barbados, Legepräparat, Übersichtsbild, Hellfeld

Abb. 227. Foraminiferenskelette, Legepräparat, Übersichtsbild, Hellfeld

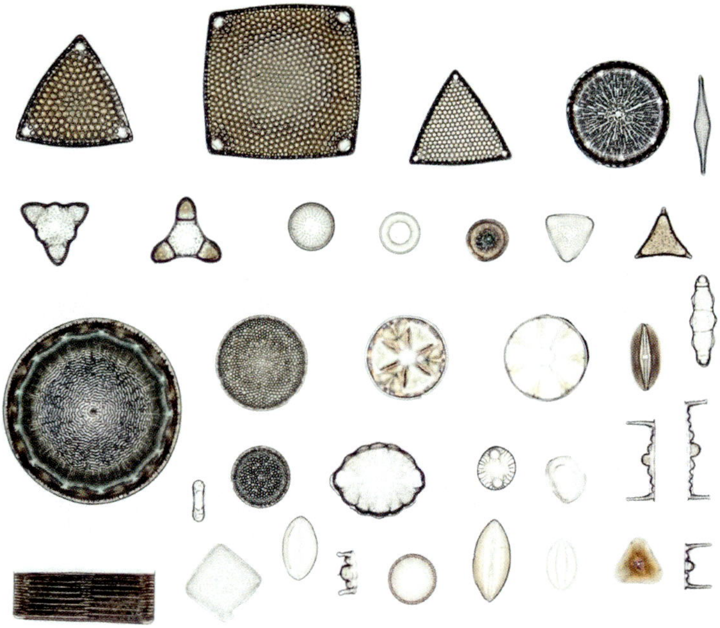

Abb. 228. Diatomeen, gelegte Typenplatte, Übersichtsbild, Hellfeld

Abb. 229. Foraminiferen, Einzelskelette, aufgenommen in unterschiedlichen Beleuchtungstechniken, von oben nach unten: Zeilen 1, 3 und 4: Auflicht, Zeile 2: Durchlicht-Polarisation

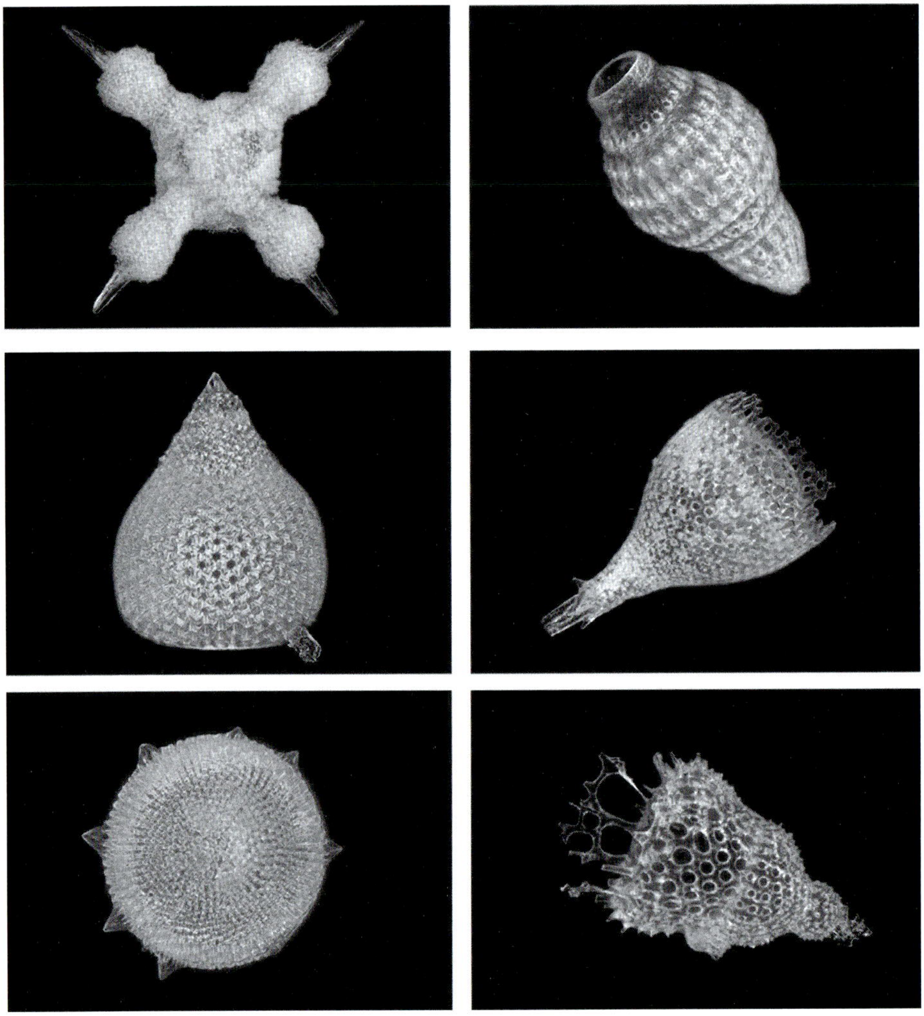

Abb. 230. Radiolarien, Einzelskelette im Auflicht-Dunkelfeld

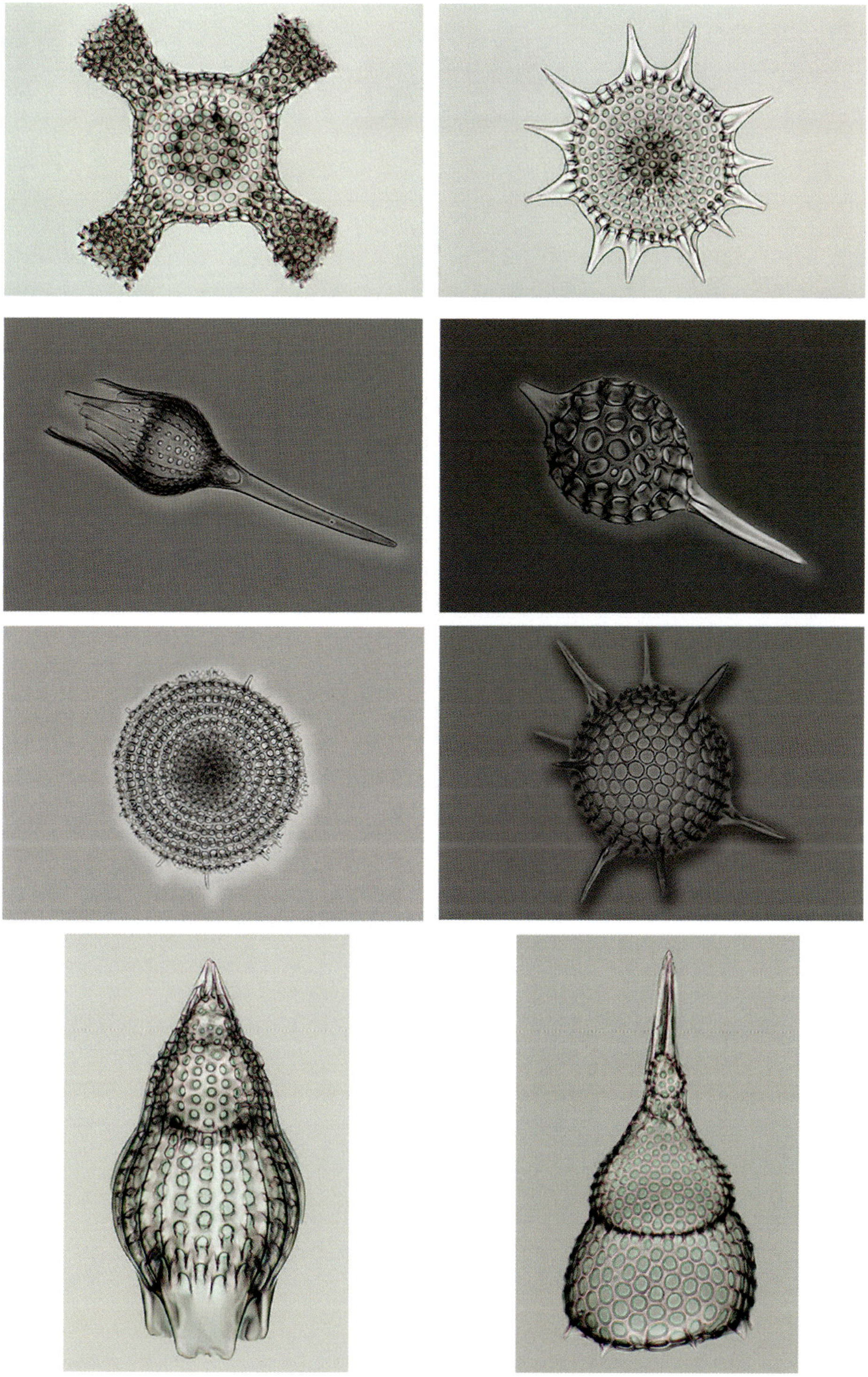

Abb. 231. Radiolarien, Einzelskelette im Durchlicht

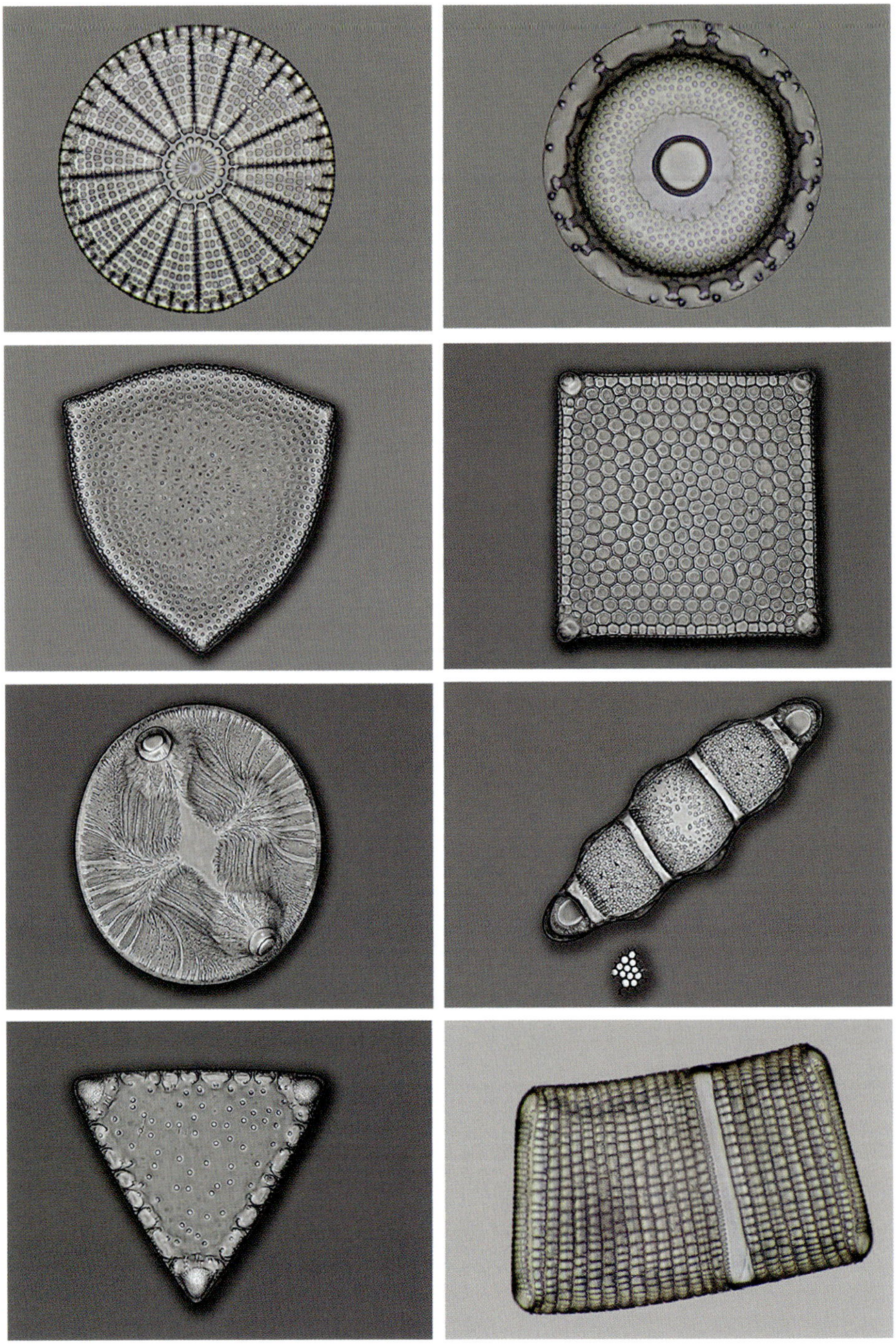

Abb. 232. Diatomeen, Einzelskelette im Durchlicht

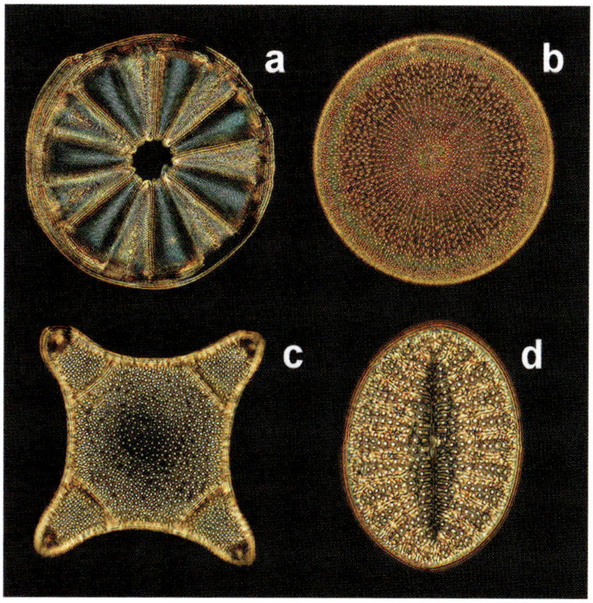

Abb. 233. Kieselalgenskelette in Legepräparat, Spiegelobjektiv 100×, axiales Dunkelfeld, digitales Arrangement von vier Objekten unterschiedlicher Größe (a: 0,11 mm, b und c: 0,10 mm, d: 0,05 mm).

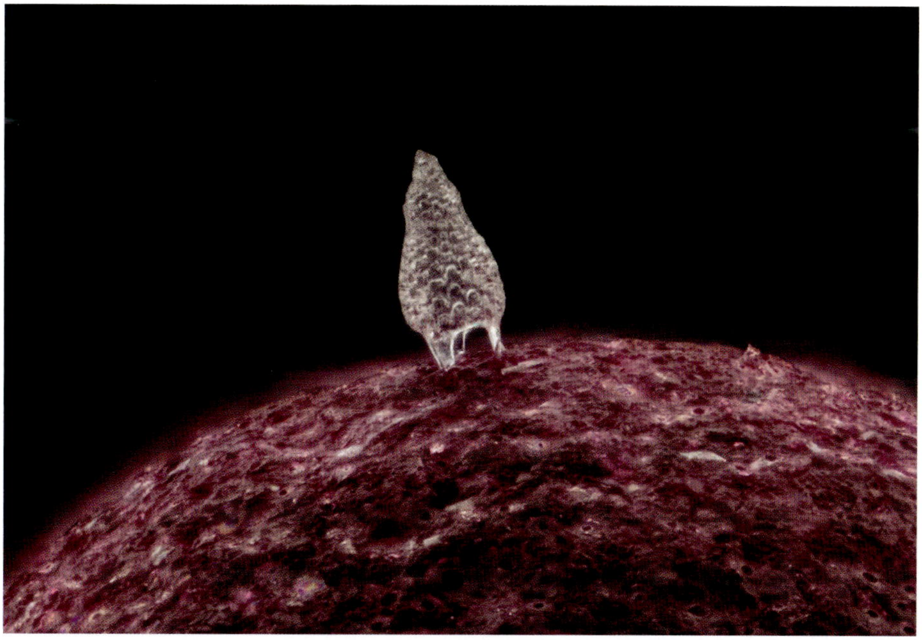

Abb. 234. „Marslandung", Radiolarie als „Mars-Landefähre" in bizarrer Landschaft mit dünner „Atmosphäre" am Horizont. (Arrangement: Ein einzelnes Radiolarien-Skelett wurde auf einen Streichholzkopf gesetzt und mit einem Lupenobjektiv in Stackingtechnik von der Seite fotografiert).

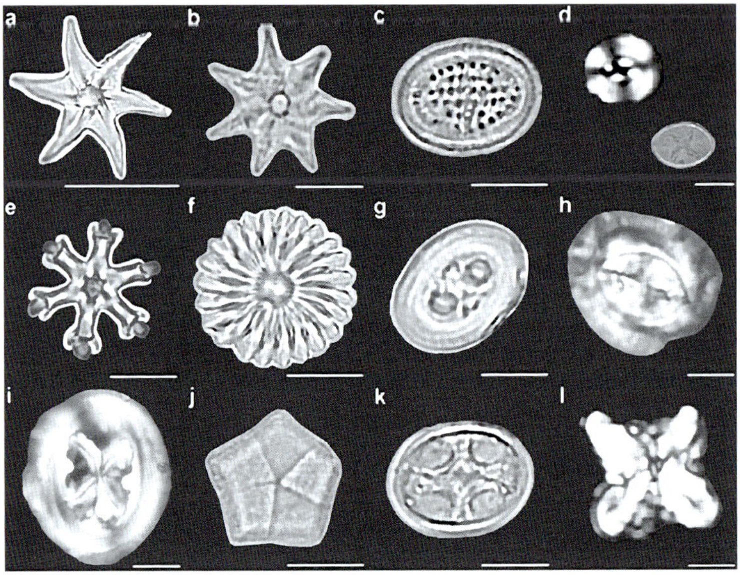

Abb. 235. Nannofossilien im Lichtmikroskop, Maßbalken: 2 µm. a: *Discoaster lodoensis*, b: *Discoaster mirus*, c: *Arkhangelskiella specillata*, d: *Watznaueria barnesae* und *Eiffelithus turriseiffeli*, e: *Discoaster surculus*, f: *Discoaster multiradiatus*, g: *Arkhangelskiella brooksii*, h: *Prinsius bisulcus*, i: *Chiasmolithus grandis*, j: *Braarudosphaera bigelowii*, k: *Eiffelithus eximius*, l: *Micula staurophora*. Fotos: Robert Sturm, Elsbethen, Österreich.

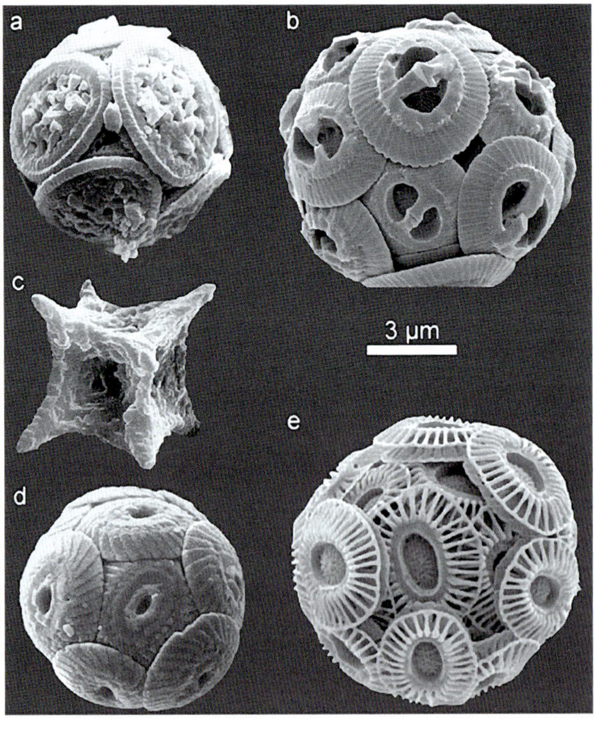

Abb. 236. Rasterelektronenmikroskopie ausgewählter Nannofossilien: a: *Arkhangelskiella specillata*, b: *Gephyrocapsa oceanica*, c: *Micula concava*, d: *Watznaueria barnesae*, e: *Emiliania huxleyi* .Fotos: Robert Sturm, Elsbethen, Österreich.

Metallische Schicht zur Abwehr
elektromagnetischer Strahlen

Foraminiferen-Schalen
(*Calcarina sp.*)

Sachwortregister

Abdruck 70, 141, 143
Abklatschpräparat 29, 64
Abschlussgewebe 57
Abstrichpräparat 23
Ackerwinde 59
Adenosintriphosphat (ATP) 2
Adventitia 114
Aecien 49
Äste 117, 120
Akrosporen 46
Aktin 5
Alaun 135
Aldosteron 118
Aleuronschicht 85
Algen 43, 44, 152
Algenbelag 93
Algensand 44
Algenschalen 44
Algenzellen 51
Alisma plantago 64
Alizarinrot 112
Alkohol 23, 27, 28, 30, 32, 96, 98, 126, 135
Alkoholreihe 30
Allium cepa 71, 80
Alveolen 120
Ammoniak 96
Amöben 151
Amphibien 99, 100
Angiospermen 52, 67, 69
Angiotensin 118
Anilinsulfat 20
Antheren 66, 68
Anulus 51, 111
Apfelbaum 67, 80
Apothecien 51
Aquarienmikroskop 93
Aquarium 93, 99
Arbeitsabstand 139, 140
Aristolochia 58
Arterien 6, 32
Ascorbinsäure 137
Ascus 51
Asparagin 49
Asseln 91
Assimilationsgewebe 65, 69, 72
Astrablau 20
Atemhöhle 9
Atemöffnungen 71
Atemröhre 24, 25
Atemtrakt 120
Atemwege 30
Äther 92, 93
Atmungskette 2
Aufhellpräparate 28
Auflicht 26, 43, 49, 70, 80, 98, 105, 141, 145, 146
Auflicht-Fluoreszenz 51, 78
Auflicht-Hellfeld 146
Auflicht-Mikroskop 146
Auflicht-Schrägbeleuchtung 146
Aufschlämmen 44
Auftrieb 11, 57, 80
Auftriebshilfen 64
Aufwuchs 44
Auge 21, 28, 32, 33, 124, 126
Augenanlagen 124
Augenbraue 34, 45
Augenhöhle 8, 124, 126
Augenhüllen 126

Augenkammer 126
Augenmuskeln 126
Auskeimen 68, 85
Ausläuferknollen 61
Ausscheidungs-Organell 45
Ausstrich 21, 23
– Präparate 21, 104
– Technik 103
– Verfahren 21
Axon 4, 124
Azan-Färbung 118

Bäckerhefe 45, 46
Bakterien 23, 27, 45
Banane 80
Bandscheiben 112
Barbados 44, 150
Bärentraube 63
Bärlappgewächse 51
Basalmembran 6
Bastring 11
Bastschicht 58
Bauchdecke 8
Bauchhöhle 123
Bauchmark 96, 98
Bauchmuskeln 104
Bauchschuppen 101
Baufett 8
Baum 33, 58, 61
Baumarten 74
Baumästchen 57
Baumflechten 51
Baumrinden 44
Becherflechten 43
Becherzellen 116
Bedecktsamer 52, 69
Bedecktsamige 67
Berberitze 49
Berberitzenblätter 49
Biegbarkeit 62
Biegespannung 62
Biegesteifigkeit 62
Biene 98
Bienenwachskerzen 95
Bindegewebe 6, 7, 8, 11, 58, 107, 109, 111, 113, 114, 116, 117, 122, 124
Binokular 93, 135
Binsen 77
Blattabdrücke 71
Blattadern 9, 63
Blattanlage 43, 65, 85
Blätter 1, 5, 8, 11, 32, 51, 53, 54, 55, 57, 63, 64, 65, 66, 70, 71, 72, 78
Blattgrün 3, 53
Blattoberfläche 43, 70
Blattquerschnitte 43, 72
Blattränder 63
Blattspreiten 77
Blattunterseite 9, 49, 71
Blaulicht-Anregung 43
Blut 21, 22, 117, 118, 120, 123, 124
Blutausstrich 22, 23, 103, 146
Blüte 32, 43, 53, 57, 58, 66, 68, 85
Blütenanlage 43
Blütenboden 66
Blütenformen 66
Blütenknospen 85
Blütenpflanzen 33, 43, 53, 57
Blütenscheibe 67
Blütenstände 67, 80
Blütenstaub 151
Blutgefäße 5, 6, 7, 109, 124
Blutgefäßschleifen 118
Blutgefäßschlingen 98
Blutgefäßsystem 96
Blutkapillaren 99
Blutkörperchen 21, 22, 23, 103, 104
Blutkreislauf 118
Blutparasiten 23
Blutplättchen 23, 104
Bluttropfen 103
Blutzellen 21, 103, 124
Bodenkleintiere 92
Bodenmilben 92
Bodenorganismen 91
Bohne 66
Boraginaceen 65

Borsten 29
Borstenhaare 65
Braunalgen 44
Braunkohle 151
Brechkraft 146
Brechungsindex 148, 149
Breitwegerich 59
Bremsen 109
Brennhaar 78
Brennhaare 65
Brennnessel 65, 66, 78
Brennspiritus 20, 77, 98
Bromeliaceen 65
Bronchien 5, 6, 120
Bronchiolen 120
Bronchuswand 120
Brunnenlebermooses 51
Brustdrüse 8
Brustwirbelsäule 111
Bryophyta 51
Bündelkambium 58

Caedax 44
Calcium 112
Carpelle 66
CD-Rohling 145
Cervixabstrich 23
Chironomus 24
Chitin 25, 28
Chitinpanzer 27, 28
Chitinspangen 29
Chloragog-Gewebe 96
Chloragog-Zellen 97
Chlorophyll 3, 5, 51, 53, 63
Chloroplasten 3, 4, 5, 8, 51, 63
Chromatin 2
Chromatingerüst 4
Chromatophoren 45
Chromessigsäure 21
Chromosomen 43
Cilien 21, 23
Coleoptile 68
Colon 116
Cuscuta europaea 61
Cuticula 64
Cutterklingen 20
Cutter-Messer 20
Cysten 98

Darm 5, 6, 7, 96, 98, 104, 117, 118
Darmwand 116
Darmzellen 98
Darmzotten 116
Dauerpräparate 21, 22, 23, 27, 30, 32, 34, 44, 49, 51, 68, 69, 85, 91, 101, 104, 126, 139, 141
Daunenfedern 101
Deckblätter 68
Deckfedern 101
Deckglas 21, 23, 24, 25, 26, 27, 29, 30, 32, 44, 46, 47, 51, 71, 77, 91, 97, 102, 103, 105, 135, 138, 139, 140, 152
Deckglasbeobachtungen 139
Deckglaskristallisation 137
Deckglassplitter 27
Dendriten 4, 124
Dentin 113
Dentinbildungsgewebe 113
Desoxyribonukleinsäure 2
Detritus 44
Diatomeen 34, 44, 45, 151
Diatomeen-Einschlussmittel 44
Diatomeenschalen 45, 150
DIC 145
Dickdarm 32, 116
Dickenwachstum 58, 62
Differentialfärbung 68
Dissepimente 96, 97
Dissescher Raum 117
DNA 2
Doppelfärbung 30
Doppelhohlkehlen-Messer 20
Dornen 65
Dreifachfärbung 32
Dreimasterblume 78
Drüse 7, 25, 115

Drüsenausführungsgang 7
Drüsenepitel 6
Drüsenepithelien 122
Drüsenepithelzellen 7
Drüsengewebe 122
Drüsenzellen 6, 7
Drusen 80
Dryopteris 51
Dunkelfeld 18, 28, 46, 78, 85, 91, 102, 103
Dünndarm 32, 115
Dünnschliffverfahren 151
Dünnschnitt 19, 85
Duodenum 115
Durchlasszellen 57
Durchlicht 44, 49, 70
Durchlicht-Fluoreszenz 43
Durchlicht-Polarisation 78
Durchlüftungsgewebe 77

Eiablage 94
Eidechse 101
Eier 98
Eierstock 98, 122, 123
Eihüllen 93
Eileiter 6, 123
Einbetten 28
Eindecken 32, 101
Eindeckmittel 27
Eindeckung 139
Einfärbung 135
Einkeimblättrige 63, 68
Einschlüsse 80, 135
Einschlussmittel 21, 23, 27, 44
Eireifung 123
Eisprung 123
Eiweiße 117
– Aufbau 2
Eizelle 66, 67, 123
Elaeagnaceen 65
Elaeagnus 78
Elektronenmikroskop 2, 6, 46
Elodea 85
Embryo 68, 111, 124
Embryologie 34
Embryonalanlage 67
Embryonalentwicklung 66
Embryonen 93, 104
Enddarm 114, 116
Endharn 118
Endodermis 11, 55, 56, 57, 59
Endodermiszellen 65
Endokard 6
Endoplasmatische Retikulum 2
Endosperm 68
Endothel 6, 7, 117
Endplatte 111, 112
Energiegewinnung 54
Entellan 47, 141, 143
Entwässerung 27, 28, 30
Enzym 2, 115
Eosin 30, 32
Epidermis 8, 11, 55, 56, 58, 59, 62, 63, 64, 65, 70, 71, 72, 106, 107
Epidermiszellen 63, 70
Epithel 6, 7, 8, 23, 102, 114, 123
Equisetadae 51
Erdalgen 44
Erdknollen 59
Erdsprossen 61
Erica 64
Erythrozyten 22, 23, 104, 124
Eukaryonten 45
Exodermis 57

Fadenpilze 45, 46, 49
Fadenwurm 92, 98
Fächerflügler 27
Färbemittel 112
Färben 21, 31
Farbkontrast 71, 102, 109, 112
Farbsinneswahrnehmung 126
Farbstoffe 21
Färbung 20, 30, 80
Färbungsmittel 34
Farn 11

Farnblatt 51
Farn 51
– Pflanzen 43, 51
– Sprossachse 52
Feder 26, 101
Feigenkaktus 80
Felsenspringer 94
Festigungsgewebe 52, 54, 74
Festigungsstränge 74
Fette 117
Fetteinschlüsse 46
Fettgewebe 7, 8, 106
Fettspeicher 8
Fetttropfen 8
Fettzellen 7, 8, 114
Fetus 124
Fibrillen 111
Fibroblasten 7
Filamente 68
Filamentum 66
Filicatae 51
Filtration 118
Finger 18, 20, 126
Fisch 99, 123
Fischhaut 100
Fischschuppen 100
Flächenträgheitsmoment 62, 74
Flachschnitt 68, 70
Flachwasser 64
Flechten 43, 51
Fleisch-Beschau 25
Fliegen 28, 91, 98, 109
Floh 26, 27
Flöhe 91
Flüssigkeitstransport 53
Flusskrebs 99
Follikel 122
Foraminiferen 34, 150, 151
Formaldehyd 30
Formalin 30
Formol 30, 98
Fortpflanzungskörper 51
Fortpflanzungsorte 57
Fossilien 150
Foveolae gastricae 115
Frauenhaarmoos 51
Freihandschnitte 18
Fremdgewebe 78
Frischpräparat 21, 46, 55
Frosch 93, 100
Froschlöffel 64
Frucht 43, 80
Fruchtblatt 67, 68
Fruchtblätter 66, 85
Früchte 67, 80
Fruchtknoten 43, 66, 67, 80
Fruchtkörper 49, 51
Fühler 28, 91

Gallenblase 6
Gallenflüssigkeit 118
Gallengang 117
Gallenkapillaren 117, 118
Gallenwege 6
Gallertkern 111
Ganglien 124
Gänseblümchen 58, 67, 68
– Blüte 66
Garnrollen-Mikrotom 20
Gartenschädlinge 98
Gartenschnecke 98
Gasaustausch 63, 120
Gaze 92
Gebärmutter 6
Gefäß 32, 44, 118
Gefäßbündel 11
Gefäßbündelscheide 11
Gefäßendothel 6
Gefäßschlingen 98
Gefriermikrotom 17
Gehörschnecke 32
Gelbflechte 51
Geldrollen 103
Germen 66
Geschlechtsorgane 96, 122
Geschmackspapillen 113, 114
Gesteine 145, 151

Gesteinsschliffe 135, 145
Getreide 77
Getreidekorn 67, 68, 80, 85
Gewebe 1, 6, 7, 8, 17, 24, 32, 56, 58, 62, 63, 80, 98, 106, 112
Gewebelehre 1, 53
Gewebeprobe 24, 98
Gewebeschnitte 2, 17
Gewebsblock 31
Giemsa-Lösung 23
Giftstachel 28
Giftstoffe 118
Glaskörper 124, 126
Glissonsche Trias 117
Glomerulum 118
Glukose 53
Glykogen 2, 54
Glykogensynthese 96
Golgi-Apparat 2, 45
Granula 2, 102
Granulosazellen 123
Granulozyten 23
Gräser 58, 63, 68
Grasfrosch 100
Grashalmschnitte 74
Gregarinen 98
Griffel 66, 67
Grillenmagen 28
Großhirn 124
Grünalgen 44
Grundgewebe 62, 63
Gymnospermae 52, 67, 68

Haar 1, 26, 28, 64, 65, 78, 80, 104, 105, 106
Haarbalg 105
Haarentwicklung 105
Haarmark 105, 107
Haaroberfläche 105
Haarpapille 107
Haarrinde 105
Haarschaft 104, 105, 107
Haarschopf 85
Haarwurzel 32, 106, 107
Haarzwiebel 107
Haeckel 151
Haematoxylin 30, 31
Haematoxylin-Eosin 30
Haftapparate 6
Halm 5, 43, 58
Halmschnitte 80
Hand 18, 31, 101
Handlupe 93
Handmikrotom 18, 19, 20, 32, 43, 91
Handschnitte 20
Handschwingen 101
Harn 118
Harnblase 6, 120
Harnleiter 6, 118
Harnstoff 96
Hartgewebe 69
Harzgänge 63, 65, 69
Hasel 67, 68
Hauptbronchien 120
Hausstaub 1
Haustorien 61, 62, 68
Haut 32, 56, 104, 106, 109, 112
Hautmuskulatur 109
Hautsinnesorgane 107
Häutung 94
Haverssche Kanäle 110
Hefezelle 46
Heidekraut 64
Hell-Dunkel-Wahrnehmung 126
Hellfeld 23, 46, 51, 52, 53, 71, 101, 110, 146
Herz 6, 32, 104
Herzendothel 6
Herzklappen 6
Herzmuskulatur 5
Heuschrecken 98
Hibiskus 80
Hilfszellen 72
Hinterleib 91
Hinterleibsanhänge 99
Hippuris 85
Hirn 104

Hirnstamm 124
Histologie 1, 6, 12, 20, 33, 34, 53, 104, 126
HistoPopart 104
Hoden 122
Hohlschliff-Objektträger 94
Hohlstängel 62
Holundermark 18, 43
Holunderstängel 18
Holz 6, 24, 43, 72, 74, 99
Holzablagerungen 72
Holzgewächse 85
Holzschnitte 74
Honigkraut 140
Hormondrüsen 7
Hormone 7, 118, 122
Hornhaut 124, 126
Hüllanlagen 49
Hüllschichten 59, 123
Hülsenfrüchtler 55
Hutlamellen 46
Hutpilze 46
Hyazinthe 56
Hydropteridae 51
Hyphe 46
Hypodermis 64, 65

Ileum 116
Infusorien 21, 23
Insekten 26, 27, 28, 66, 91, 92, 93, 98
Insektenflügel 26, 27
Insektenlarven 92
Insektenpräparate 28
Insektenteile 27, 28
Instrumente 96
Interferenzen 146, 150
Interferenzkontrast 25, 46, 103, 152
Interferenzlinien 148
Interferenzmaximum 149
Interferenzminimum 149
Interferenzmuster 145, 146, 148, 150
Interlobärarterien 117
Interlobärvenen 117
Interzellularraum 7
Invertierung 85
Ionenverteilung 57
Iris 124, 126
Iriswurzel 56

Jahresringe 99
Jahresringgrenzen 62
Jejunum 116
Jod-Jod-Kalium 20
Jungfisch 99

Käfer 92, 94
Kaliumchlorid 135
Kaliumeisenzyanid 137
Kalkflagellaten 150
Kalkschalen 150
Kalyptra 56
Kalzitschalen 152
Kalziumoxalatkristalle 80
Kambium 11, 58, 62
Kammerlinge 34, 150
Kanadabalsam 21, 44
Kantenkollenchym 62
Kapillaren 7, 100, 117, 122
Kapillarknäuel 118
Kapillarnetze 120
Karotten 19
Kartoffel 61
Kartoffelknolle 80
Kartoffelstärke 80
Kätzchen 67, 68
Katzenzunge 114
Kaulquappen 100
Kaumagen 28
Kehlkopf 120, 122
Keimblatt 68, 85
Keimhaube 68
Keimling 43, 85
Keimzellen 122
Kelch 66
Kelchblätter 66

Kerbel 59
Kernkörperchen 2, 4, 46
Kernmaterial 2
Kernmembran 2
Kernteilungsphasen 56, 80
Kerzenwachs 95
Kiefer 67
Kieferknochen 113
Kiefernadel 64
Kiemen 123
Kiemenbäumchen 100
Kieselalgen 34, 44, 45, 150
Kieselalgenpräparate 44
Kieselalgensand 44
Kieselgur 44, 150
Klappmappen 34
Klebepistole 18
Kleeseide 59, 61
Kleinhirn 124
Kleininsekten 92
Kleinlebewesen 92
Kleinstinsekten 94
Kleintiere 93, 98
Kleintierpanzer 150
Knickstabilität 77
Knochen 32, 109, 110, 111, 112
– -Bildung 112
– -Gewebe 111
– -Lamellen 111
– -Strahlen 99
– -Substanz 110
– -Zellen 111
Knöllchenbakterien 55
Knorpel 110, 111, 120
Knorpelfragmente 120
Knorpelgewebe 112
Knorpel-Knochen-Übergangszonen 32
Knorpelplättchen 120
Knorpelspangen 120
Knorpelzellen 112
Knospe 43, 85
Kohärenzlänge 149, 150
Kohlendioxid 3, 17, 53, 63, 120
Kohlenhydrate 117
Kohlrabi 61
Kollagen 7, 109, 111
– -Fasern 7, 107, 109
– -Fibrillen 111
Kollenchym 54
– -Parenchym-Zellen 62
Kollenchymring 11
Kollenchymzellen 54
Konidien 46
Königskerze 66
Köpfchenschimmel 46, 49
Kopfhaare 105
Kopfhaut 32
Kopulation 94
Korbblüter 80
Korea-Tanne 64
Korkplatte 95
Körnchen 2, 102
Körperkreislauf 117
Kossa 112
Krebstiere 91, 98
Kreide 150
Kristallausfällungen 138
Kristalle 24, 80, 137, 138, 139, 140
Kristallformen 137, 138
Kristallisation 26, 135, 140
Kronblätter 66
Kropf 96
Krötenlaich 93
Krypten 116
Küchenzwiebel 71, 80
Küken 126
Kugellinse 26
Kunstharz 27, 101
Kunstharzlack 26
Kunststoffwanne 95
Kurztriebe 61

Lack 29, 141, 143
– -Abschluss 28
– -Film 141
– -Schicht 143
Lagerstätte 150

Laich 93
Lamellenkörperchen 109
Landpflanze 9, 54
Landpilze 49
Längenwachstum 59
Längsmuskelschicht 114, 115
Längsschnitt 32, 43, 54, 56, 68, 74, 104, 107, 109, 111
Langtriebe 61
Lappenbronchus 120
Larven 91, 98
Larynx 120
Lateralherz 98
Laub 74
Laubblattanlagen 68
Laubmoose 51
Lavendelstängel 18
Lebendpräparat 49
Lebenduntersuchung 44
Leber 31, 32, 96, 104, 116, 117
– -Arterie 117
– -Läppchen 116, 117
– -Moose 51
– -Passage 117
– -Vene 117
– -Zellen 2, 117
– -Zellmembranen 117
– -Zellsäulen 117
Legepräparate 34, 45, 151
Leitbündel 8, 9, 12, 53, 54, 55, 56, 57, 58, 61, 62, 65, 69, 74
Leitgewebe 52, 58
Leitungsbahnen 61, 62
Leitungsgefäße 64
Leitungsgewebe 77
Leitungssysteme 57
Lepisma 26
Leukozyten 23, 103
Leydigsche Zwischenzellen 122
Liane 11
Lichenes 51
Lichtrezeptoren 126
Ligamentum 7
Lignin 11, 20
Linse 21, 126
Linsenanlage 124
Lipideinschlüsse 46
Lippe 109
Lippenblüten 66
Lösungsmittel 31, 32, 71, 143
Löwenzahn 58
Luftaustausch 51
Luftdukte 64
Lufteinschlüsse 45
Luftröhre 120, 122
Luftsäckchen 80
Lufttrocknung 152
Luftwege 23
Luftwiderstand 80
Luftwurzeln 55
Luftzufuhr 94
Lugolsche Lösung 20
Luminare 93
Lunge 104
Lungenbläschen 120
Lungenflügel 120
Lungenkapillaren 120
Lungenlappen 120
Lupenobjektive 93
Lurch 100
Lycopodiatae 51
Lymnaea 93
Lymphgefäße 122
Lymphozyten 23
Lymphraum 117
Lysosomen 2, 46

Magen 6, 115
Magen-Darm-Trakt 115
Magensäure 115
Magenschleimhaut 115
Magenwand 115
Magnesiumsulfat 135
Maiglöckchen 59
Malinol 21, 23, 27, 28, 32
Mallscher Raum 117
Marchantia 51
Margarinkristalle 114

Margerite 66
Mark 58, 105
Markparenchym 11
Markstrahlen 62
Materialwissenschaft 145
Maul 104
Maus 124
Mausembryo 32, 43, 104, 111, 124
May-Grünwald-Lösung 22
Meer 44
Meeresdiatomeen 150
Meeressand 150
Mehlkörper 85
Mehrzeller 91
Membranen 2, 6
Membranstapel 2
Menschenhaare 105
Metalloberflächen 145
Methylbenzoat 27, 28
Methylenblau 97
Methylgrünessigsäure 20
MgSO 49
Micrographia 26
Mikroaquarien 98
Mikrofossilien 135, 150, 151
Mikroorganismen 33, 43, 44, 49
Mikropaläontologie 151
Mikroskelette 150
Mikrotom 17, 19, 31
Mikrotommesser 18, 20
Mikrotomschnitt 43
Mikrotomtechnik 17
Mikrovilli 3, 117
Mineralien 135
Miniatur-Hautflügler 27
Miniatur-Kammern 94
Minitröpfchen 94
Minzen 59, 62
Mistel 61, 78
– -Drossel 78
– -Samen 78
Mitochondrien 2, 46
Mitteldarm 96
Möhre 55, 59
Monocotyledonen 68
Monocystis 98
Monozyten 23
Moosblättchen 51
Moose 43, 51
Moosklassen 51
Moos-Sporophyten 51
Moosstängelchen 52
Mücken 109
Mückenlarve 24
Mucor 49
Mund 120
– -Höhle 6, 7, 114
– -Schleimhaut 102, 113
– -Werkzeuge 28, 91, 98, 99
Muscheln 91
Muskel 4, 5, 32, 105, 109
– -Faser 5, 30, 114
– -Faserbündel 109
– -Fleisch 25
– -Magen 96
– -Schichten 114, 115
– -Stränge 109, 113, 114
– -Zelle 4, 5, 120
Muskulatur 113, 116, 120
Mutterkuchen 123
Mycel 46
Mycophyta 45
Mykorrhiza 55
Myofibrillen 109
Myosin 5
Myzel 49

Nackenband 7
Nacktsamer 52, 68
Nadel 5, 63, 64, 65, 68
Nadelbaum 63, 64, 68, 80
Nadelholz 74
Nagelbett 32
Nagelentstehung 32
Nagellack 141, 143
Nährlösung 47, 49
Nährstoffe 11, 53, 68
Nährstoffspeicher 68

Nannofossilien 151
Narbe 66, 67, 68
Narkotisieren 98
Nase 120
Natriumchlorid 135
Nebenblätter 63
Nebenniere 104
Nephridialorgane 97
Nephridium 97
Nerven 124
– -Bahnen 4
– -Fasern 109
– -Gewebe 124
– -System 96, 124
– -Zelle 4, 5, 124, 126
Netzhaut 124, 126
Neurit 4, 124
Neuron 4, 126
Neutralrot 137
Niere 30, 32, 104, 118
Nierenkörperchen 118
Nierenparenchym 118
Nucleolus 2, 46
Nucleus 2, 4, 46, 111
Nuphar 80

Oberhaut 64, 106, 107
Odontoblasten 113
Oleander 64
Ölimmersion 21, 23, 25
Ölweide 78
Opalblaulösung 21
Opuntia 80
Orbita 126
Organe 1, 4, 5, 6, 8, 12, 32, 43, 53, 96, 104, 124
Organelle 2, 3, 4, 46
Organschnitte 4
Organzellen 4
Ossifikation 111, 112
Osteone 110
Osteozyten 111
Östrogen 123
Ovarien 98
Oxalis 80

Palisadenparenchym 8, 63, 64, 72
Palisadenschicht 11
Pantoffeltierchen 21, 23
Papillen 114
Pappel 66
Paracetamol 135
Paraffinblock 31
Paramecien 21, 23
Parasiten 78, 91, 98
Parastichen 66, 67
Parenchym 54, 58, 63, 77
– -Gewebe 58
Parenchymzellen 62
Parmelia 51
Penicillium 46
Pepsin 115
Pepton 49
Perigon 66, 67, 68
Perikaryon 2, 4, 124
Peristomzähnen 51
Perizykel 11
Petalen 66
Petri-Schale 93
Pfahlwurzeln 54
Pfeifenstrauch 58, 62
Pfeiffenwinde 11, 58
Pferdeapfel 49
Pflanzen 17, 34, 43, 52, 53, 54, 55, 57, 63, 64, 66, 68, 72, 74, 78
– -Epithelien 8
– -Gewebe 8, 54, 74
– -Histologie 12, 52
– -Same 55
– -Schnitte 21
– -Stängel 74, 77
– -Teile 18, 19, 20
– -Welt 91
– -Wurzel 55, 78
– -Zelle 2, 3, 4, 5, 46
– -Zucker 137
Pfortader 117

Phasenkontrast 25, 46, 102, 103, 152
Phasensprung 149
Phloem 57, 58, 61, 62
Phloemgefäße 53, 54, 56, 58
Photare 93
Photosynthese 3, 5, 8, 53, 54, 63
– -Orte 57
Phycophyta 44
Pigmentierungen 100
Pillenwerfer 49
Pilobolus 49
Pilze 43, 45, 46, 49
Pilzfäden 46, 47
Pilzgeflecht 55
Pilzhyphen 51
Pilzsporen 47, 49
Pinsel 26, 29, 32
– -Schimmel 46
Pinus 80
Pinzette 71, 97, 98
Pipette 23, 44, 97, 98, 99
Plasma 30
– -Strömung 43, 51, 78
Plasmazellen 23, 102
Plattenepithel 6
Plazenta 123
Plazentazotten 124
Polarisation 78, 111
– -Einrichtung 80
Pollen 66, 80, 151
– -Analyse 151
– -Körner 67, 68, 80
– -Material 67
– -Schlauch 67
Polytrichum 51
Poren 2, 96
Präparatekästen 34
Präparatesammlung 34, 45
Präparation 21, 44, 53, 91, 94, 95, 96, 98, 126
Präparationstechniken 33
Präparationswerkzeuge 126
Präparierbecken 95, 96
Präpariergeräte 97
Präpariernadeln 24
Präparierschere 96
Präparierverfahren 1, 26
Primärharn 118
Primärwurzel 55
Protein 5
– -Synthese 2
Protoplasma 4
Protoplast 4, 8
Pseudotracheen 28
Pteridophyta 51
Pupille 126

Querscheidewände 58
Querschnitt 9, 33, 43, 51, 55, 56, 57, 59, 63, 64, 66, 67, 68, 70, 74, 77, 78, 110, 114, 120, 126
Querschnittsebene 111
Querstreifung 5, 109
Querwände 96
Quetschpräparat 24, 25, 80, 99

Rachenabstrich 23
Rachenblüten 66
Racheninfekt 23
Radicula 68
Radiolarien 34, 150, 151
Ranken 65
Rankensprosse 59
Rasierklinge 18, 31, 43, 91
Rasiermesser 20, 31, 43
Raspelzunge 98
Rattenembryonen 124
Rauhblattgewächse 65
Regenwurm 91, 95, 96, 98
Regenwurmpräparat 97
Reifung 111
Reinalkohol 98
Reinfarn 68
Reinkultur 44
Rektum 116
Renin 118

Reptilien 99, 101
Reservestoff 54
Reservesubstanzen 55
Reservezucker 54
Resorption 96, 116
Retikulum 2
Retina 126
Rezeptoren 126
Rhachis 63
Rhizodermis 55, 57
Rhizom 59
Rhizopodenanalyse 151
Ribosomen 2
Riesenchromosomen 24, 25
Rinde 55, 57, 58, 105
Rindenläuse 94
Rindenparenchym 11, 56, 59
Rindenschicht 11, 58
Rindenzellen 77
Rinderherz 30
Ringmuskelschicht 114
Robert Hooke 26
Roggen 43
Röhrenblüten 66
Rohrleitungssyteme 53
Rollblätter 64
Rosettensprosse 59
Rostpilze 49
Rotationsmikrotom 17
Rüben 55
Rücken 96
Rückenmark 104, 124
– -Querschnitt 124
– -Muskeln 104
Rückresorption 116
Ruß 95

Saccharose 49
Säuger 33, 102, 104, 109
Safranin 20
Sagittalschnitt 109
Sagrotan 126
Salatöl 19
Salomonssiegel 59
Salzdeostifte 135
Salzkristalle 1, 135
Salzsäure 115
Samen 66, 67, 78, 80
– -Anlagen 67, 80
– -Blasen 96
– -Kapseln 98
– -Leiter 6
– -Pflanzen 43, 68
– -Schale 85
Sauerklee 80
Sauerstoff 3, 53, 63, 120, 124
Saugeinrichtungen 61
Saugwurzel 78
Schaben 28
Schachtelhalmgewächse 51
Schachtelhalmquerschnitte 74
Schaft 58, 62, 104
Schale 45, 95, 150, 151
Schalen-Dauerpräparat 44
Schalenhäutchen 80
Schallplatten 145
Schaltkreis 145
Schaltlamellen 111
Scharbockskraut 55
Schauapparat 66
Scheibenblüten 66
Schilddrüse 122
Schilddrüsenhormone 122
Schildhaare 65, 78
Schimmelpilze 43, 46, 49
Schlammprobe 150
Schlange 101
Schlauchpilze 46
Schleifmittel 145
Schleimhaut 30, 114, 116, 120
– -Epithelien 23
– -Falten 115
– -Gewebe 6
Schleimsubstanzen 116
Schlittenmikrotom 17
Schlunddarm 96
Schmarotzer 62

Schmelz 113
– -Bildungsgewebe 113
– -Epithel 113
– -Pulpa 113
Schmetterling 26, 29
Schmetterlingsblüten 66
Schmetterlingsflügel 26, 29, 91
Schnabel 101
Schnecken 91, 93, 98, 126
Schneckenembryonen 93
Schneeflocken 141, 143
Schneekristall 141
– -Abdruck 143
Schneiden 18, 19, 20, 30, 59, 99
Schnelleinschlussmittel 47, 141
Schnellschnitt 17
Schnitte 1, 7, 9, 12, 18, 20, 31, 32, 43, 49, 51, 67, 68, 69, 74, 78, 80, 85, 104, 105, 106, 110, 114, 126
– -Bild 120, 122
– -Präparat 17, 18, 32, 43, 52, 104, 117, 120
– -Richtungen 74
– -Technik 1, 17
Schrägbeleuchtung 78
Schrägschnitt 107
Schuppen 26, 29, 30, 65, 78, 91, 99, 105
– -Panzer 101
Schutzschleime 115
Schwammerl 43, 49
Schwammgewebe 9, 63
Schwammnadeln 151
Schwammparenchym 63, 64, 72
Schwammschicht 11
Schwanzflosse 99
Schwarzkiefer 80
Schwefelblüte 80
Schweineleber 30
Schwertlilie 59
Schwimmblatt 9
Schwimmhaut 100
Schwimmschicht 11
Schwungfedern 101
Sediment 150
– -Gesteine 152
– -Probe 152
Seegurken 151
– -Sklerit 151
Seen 122
Sehnen 7, 109
Sehnerv 126
Seifenblasen 145, 146
– -Film 146
Seitenadern 63
Seitentriebe 59
Seitstrahlen 64
Sekret 7
Sekretionsorgane 29
Sepalen 66
Serienschnitte 17
Sertoli-Zellen 122
Siebrohre 54
Siebröhren 53
Silberfischchen 26
Silicoflagellaten 150
Sinkgeschwindigkeit 80
Sinnesorgane 32, 124
Sinusoide 117
Skelett 34, 151
– -Muskelfaser 4
– -Muskelzelle 5
– -Muskulatur 5, 109
Sklerenchym 54, 58
Sklerenchymfasern 62
Sklerenchymfaser-Zylinder 62
Sklerite 150
Skulpturierung 80
Sobel-Funktion 103
Sonnenblume 66
Spaltöffnungen 9, 11, 63, 64, 65, 69, 70, 71, 72
Spangen 120
Speichelbakterien 103
Speicheldrüsen 6, 24, 25
Speichelprobe 102, 103
Speicherblätter 61
Speicherfett 7, 8
Speichergewebe 55
Speicherorgane 54, 59

Speicherparenchym 55
Speicherstoffe 2, 59
Speiseröhre 6, 96, 98, 114
Spermatophyta 68
Spermien 98, 122
– -Suspension 98
Sphagnum 51
Spinnen 92
Spiritus 20
Spiritusbrenner 27
Spitzhornschnecke 93
Splintholzschicht 58
Sporangien 51
Sporangienträger 49
Sporangium 49
Sporen 46, 47, 49, 51
– -Behälter 51
– -Bildung 46, 49
– -Kapseln 51
– -Kopf 46
– -Tierchen 98
Sporocysten 98
Sporozoiten 98
Spreite 63
Springkraut 80
Springschwänze 92, 94
Spross 11, 53, 54, 55, 57, 58, 59, 61, 62, 63, 74, 77
– -Abkömmling 59
– -Achse 11, 52, 57, 58, 85
– -Dornen 61
– -Enden 63, 66
– -Gewebe 61
– -Innenseite 62
– -Knollen 61
– -Pilze 45
– -Vegetationskegel 68
Sprossung 46
Stabblätter 66
Stacheln 61
Stämmchen 58, 68
Stamina 66
Stamm 58
– -Hirn 124
– -Zellen 4
Ständerpilze 46
Stängel 6, 32, 33, 43, 58, 74, 77, 78
Stängelquerschnitte 69, 72
Stärke 20, 54, 55
Stärkekorn 80
Statolithenstärke 57
Staubbeutel 66
Staubblätter 66, 68, 80
Staubfaden 66
Staubfadenhaare 43, 78
Staubpartikel 138
Steckungswachstum 56
Steine 1, 44, 135
Steinobst 43
Stempel 66, 68
Sternparenchym 77
Stevia 137, 138, 140
Stickstoff 55
Stiel 63
Stigma 66
Stoffaufnahme 53
Stoffaustausch 55, 117
Stofftransport 8, 57
Stoffwechsel 1, 118
Stomata 9, 63
Strahlen 101, 149, 150
Strahlentierchen 34
Stratum granulosum 123
Sträucher 58
Stubenfliege 91
Stubenfliegenrüssel 28
Stützgewebe 57
Stützzellen 122
Stylus 66
Styropor 18
Subcutis 106
Substrat 46
Süßkraut 140
Süßstoff 140
Symbionten 55
Symbiose 55
Synzytiotrophoblast 124

Talgdrüsen 106
Tannenwedel 85
Tastkörperchen 32
Taubenkropf 66
Taubnessel 66
Taubnesselstängel 74
Teichrose 11, 80
Teichufer 44
Teilungsphasen 80
Tellerwurzeln 54
Tenside 145
Tensidschicht 148
Terpentin 71
– -Ersatz 29
– -Öl 32
Tesafilm 25
Testosteron 123
Thallus 51
Thrombozyten 23, 104
Tiefenschärfe 24
Tiefensensibilität 109
Tiere 23, 27, 33, 34, 53, 91, 92, 93, 94, 96, 98, 126
– -Entwicklung 93
– -Welt 91
Tinte 137
Tintenstift 97, 98
Tischmikrotom 19
Tochterzellen 46
Torf 151
Torfmoose 51
Totalpräparate 26
Trachea 120
Tracheen 24, 25
Tradescantia 43, 78
Transfusionsgewebe 65, 69
Transistoren 145
Traubenzucker 2, 3, 53, 54
Treibhausatmosphäre 49
Trichinen 25
Trichocysten 23
Triebe 68, 69
Trockenpräparat 26, 101
Trockenquetschpräparat 25
Tusche 23
– -Partikel 23
– -Präparate 23
Typenpräparate 45
Typhlosolis 96

Überfärbung 97
Ufer 91
Uhrglas 146
Uhrgläschen 32
Uhrschälchen 31
Unterhaut 106, 107, 109
– -Bindegewebe 105
– -Gewebe 109
Unterkiefer 112, 113
Unterlippe 112
Urinsekten 92
UV-Glaskleber 26, 138, 139, 140
UV-Licht 138, 139

Vagina 6
Vaginalabstrich 23
Vakuole 4, 46
van Leeuwenhoek, Antony 21, 26, 103
Vas 118
Vaseline 94
Vater-Pacinische Lamellenkörperchen 109
Vegetationskegel 68, 85
Venen 6, 32, 117
Venenklappen 6
Ventilklappen 98
Verdauungsdrüsen 7
Verdauungstrakt 114
Verdunstungsreduktion 72
Verknöcherung 32, 110, 111
Vermehrungskörper 43
Versilberung 112
Verstärkungseinrichtungen 62
Verstärkungselemente 120
Verstärkungsleisten 11
Verstärkungsstrukturen 8, 11, 53

Verstärkungswindungen 25
Versteifungsgewebe 62
Versteifungsspiralen 24
Vibrationssinneswahrnehmung 109
Villi 123
Viscum 61, 78
Vitamin 135, 137, 138, 139, 140
Vogel 25, 101
Vogelfeder 25, 26, 101
Vogelläuse 91
Vollschmarotzer 61
Vorderhornzellen 124

Wachs 30, 31, 95
Wachsschichten 8
Wachstum 49, 57
Wachstumsplatte 112
Wachstumsrichtung 107
Wachstumszone 58
Wachsüberzüge 63
Waldfarne 51
Waschmittel 145
Wasseraufnahme 51, 55, 65
Wasserdampf 63
Wasserfarne 51
Wasserleitung 62
Wasserleitungsgefäße 57
Wässern 32
Wasserpest 85
Wasserpflanze 64, 85
Wasserpilze 49
Wassersäcke 51
Wasserschnecken 93
Wasserschneckenlaich 93
Wasserschwertlilie 57
Wassertropfen 20, 23, 24, 33, 34, 46, 47, 51, 71, 91, 97, 99, 135, 137, 152
Wasserverlust 63, 64
Wasserwechsel 93
Wattetupfer 23
Weißdorn 61
Wellenlänge 149
Wellenverschiebung 149
Wimpertrichter 96, 97
Windespross 59, 62
Wirbelknorpel 111
Wirbelkörper 111
Wirbelsäule 104, 111
Wirbeltiere 126
Wirtsgewebe 61, 78
Wirtspflanze 49, 78
Wirtssproß 62
Wollfaden 94
Wollhaarbesatz 63
Wöltje-Lösung 49
Wurm 91, 96
– -Farn 51
Wurzel 6, 8, 11, 32, 33, 43, 53, 54, 55, 56, 57, 68, 77, 104
Wurzelanlage 68, 85
Wurzelhaare 55, 77
Wurzelhaube 56
Wurzelhaut 55
Wurzelknollen 55
Wurzelmeristem 56
Wurzelpilze 55
Wurzelscheide 68, 105, 107
Wurzelspitze 56, 57
Wurzelzellen 56

Xerophyten 64
Xylem 53, 54, 57, 58, 61, 62
Xylemgefäße 53, 56, 58, 62
Xylol 28, 32, 141

Zahn 112
– -Anlage 32, 112, 113
– -Bein 113
– -Fleisch 113
– -Papille 113
Zapfen 126
Zellatmung 2, 46
Zelldifferenzierung 4

Zelle 1, 2, 3, 4, 5, 6, 7, 9, 11, 21, 23, 51, 52, 54, 55, 56, 57, 58, 62, 63, 64, 69, 72, 74, 78, 80, 98, 102, 113, 122, 123
Zelleinschlüsse 80
Zellflüssigkeit 2, 4, 46
Zellkern 2, 4, 5, 7, 8, 20, 30, 32, 46, 71, 80, 102, 104, 107, 124
Zell-Lehre 1
Zell-Leib 2, 4, 8, 124
Zellmembran 2, 3, 5, 20, 46
Zellorganelle 2, 4
Zellquerschnitt 5
Zellschicht 6, 11, 51, 109
Zellskelett 2
Zellstrukturen 30
Zellulose 2
Zellverband 1, 7, 118
Zellverdauung 2
Zellwand 2, 3, 4, 11, 20, 46, 57, 58, 62, 71, 80
Zellzwischenraum 7
Zentralader 63
Zentralmark 62
Zentralvenen 117
Zentralzylinder 11, 56, 57, 59
Zimmerpflanzen 78
Zitrone 58
Zoologie 32
Zotten 116, 123, 124
Zucker 1
Zuckerleitungsbahnen 78
Zunge 104, 113, 114
Zungengrund-Muskulatur 113
Zungenschleimhaut 113
Zuwachsringe 99
Zweifachfärbung 112
Zweig 43, 58, 62, 69
Zweikeimblättrige 63
Zwiebel 61, 71, 104
– -Blättchen 78
– -Schalen 43
– -Schalenhäutchen 78
– -Schicht 71
Zwischenbündelkambium 58
Zwischenwirt 49
Zwischenzellen 122
Zwittrige 66
Zwölffingerdarm 115
Zylinderepithel 6
Zytologie 1, 2, 12
Zytoplasma 2, 46
Zytoskelett 2
Zytotrophoblast 124

Anhang

Mikroskopische Präparate

Bresser GmbH, Gutenbergstraße 2, 46414 Rhede

Geosec Slides, Gesteinsschliffe, 1 Harden's Gap, South Ormsby, Louth, Lincs, LN11 8RE, England.

Johannes Lieder, Solitudeallee 59, 71636 Ludwigsburg.

Klaus D, Kemp, Microlife Services, Diatomeen, Blautannen, Wickham Way, East Brent, Somerset, TA9 4JB, England.

Microthek GmbH, Mikroskope Mikrotome Mikropräparate, Heinrich-Plett-Straße 26, 22609 Hamburg.

Mikrodias (Originalaufnahmen und Diareihen)

Johannes Lieder, Solitudeallee 59, 71636 Ludwigsburg.

Literatur

Präparatorische Techniken und „Rezepte"

Kremer B. Das große Kosmos-Buch der Mikroskopie. Stuttgart: Franckh Kosmos Verlag; 2020.

Histologie der Tiere und des Menschen

Bargmann W. Histologie und mikroskopische Anatomie des Menschen. Stuttgart: Thieme, 1988.

Baumhoer D, Steinbrück I, Götz W. Kurzlehrbuch Histologie. München: Urban & Fischer; 2003.

Bucher O, Wartenberg H. Cytologie, Histologie und mikroskopische Anatomie des Menschen. Bern: Hans Huber; 1997.

Currau R, Crochler J. Atlas der Histopathologie. Berlin: Springer; 2000.

Danzer A. Fortpflanzung, Entwicklung, Entwicklungsphysiologie. Biologische Arbeitsbücher 6. Heidelberg: Quelle und Meyer; 1991.

Dorn A. Histologie. Lehrbuch für die Medizinische Fachschulausbildung. Berlin: VEB Verlag Volk und Gesundheit, 1988.

Fiedler K, Lieder J. Taschenatlas der Histologie für Mediziner und Biologen. Stuttgart: Kosmos; 1973.

Fioroni P. Einführung in die Embryologie. München: BLV Verlagsgesellschaft; 1973.

Hewitson TD, Darby IA. Histology Protocols. Berlin: Springer; 2010.

Junqueira L, Carneiro J. Histologie. Berlin: Springer; 2004.

Kühnel W. Taschenatlas Histologie. Stuttgart: Thieme; 2004.

Leonhardt H. (1974): Histologie, Zytologie und Mikroanatomie des Menschen. Stuttgart: Thieme; 1974.

Lüllmann-Rauch R. Taschenlehrbuch Histologie. Stuttgart: Thieme; 2015.

Sandritter W (ed). Histopathology. USA: Pmph; 1989.

Stöhr P, Möllendorf W. Lehrbuch der Histologie und der mikroskopischen Anatomie des Menschen. Jena: VEB G. Fischer; 1969.

Streble H, Bäuerle A. Histologie der Tiere. Ein Farbatlas. Heidelberg: Spektrum Akad. Verlag; 2007.

Tackmann W. Repetitorium der Histologie. 1. Teil: Zell- und Gewebelehre. Berlin: Auxilium Repetitorium; 1994.

Tackmann W. Repetitorium der Histologie (1994). 2. Teil: Organe und Systeme. Berlin: Auxilium Repetitorium; 1994.

Ukfig N. Kurzlehrbuch Histologie. Stuttgart: Thieme; 2013.

Welsch W. Lehrbuch der Histologie. München: Urban & Fischer/Elsevier; 2003.

Pflanzenanatomie

Aichele D, Schwegler HW. Unsere Moos- und Farnpflanzen. Stuttgart; Kosmos; 1984.

Bowes BG. Farbatlas der Pflanzenanatomie. Formen, Gewebe, Strukturen. Berlin: Parey; 2001.

Bracegirdle B, Miles PH. An atlas of plant structure, Vol. 1 und 2. London: Heinemann; 1980.
Braune W, Lehman A, Taubert H. Praktikum der Morphologie und Entwicklungsgeschichte der Pflanzen. Stuttgart: G. Fischer; 1976.
Erb B, Matheis W. Pilzmikroskopie. Stuttgart: Kosmos; 1982.
Esau K. Pflanzenanatomie. Stuttgart: G. Fischer; 1969.
Evert RF. Esaus Pflanzenanatomie. Berlin: De Gruyter; 2009.
Escherich W. Funktionelle Pflanzenanatomie. Berlin: Springer; 1995.
Escherich W. Strasburger's Kleines Botanisches Praktikum für Anfänger. Stuttgart: G. Fischer; 1976.
Gerlach D. Botanische Mikrotechnik. Stuttgart: Thieme; 1977.
Gerlach D, Lieder J. Taschenatlas zur Pflanzenanatomie. Der mikroskopische Bau der Blütenpflanzen. Stuttgart: Kosmos; 1979.
Gerlach D, Lieder J. Anatomie der blütenlosen Pflanzen. Bakterien, Algen, Pflanzen, Pilze, Flechten, Moose und Farnpflanzen in 128 Farbfotos. Stuttgart: Kosmos; 1990.
Günning B, Steer M. Bildatlas zur Biologie der Pflanzenzelle. Stuttgart: G. Fischer; 1996.
Jahns HM. Farne, Moose, Flechten Mittel-, Nord- und Westeuropas. München: BLV VErlagsgesellschaft; 1995.
Kaussmann B, Schiewer U. Funktionelle Morphologie und Anatomie der Pflanzen. Stuttgart: G. Fischer; 1989.
Lüttge U, Kluge M, Thiel G. Botanik. Die umfassende Biologie der Pflanzen. Weinheim: Wiley-VCH; 2010.
Nultsch W. Mikroskopisch-botanisches Praktikum für Anfänger. Thieme, Stuttgart: Thieme; 2001.
Schmeil O. Lehrbuch der Botanik. 26. Aufl. Leipzig: Quelle & Meyer; 1910.
Schorr E. Pflanzen unter dem Mikroskop. Stuttgart: Schroedel; 1991.
Seybold S. Die Flora Deutschlands und der angrenzenden Länder. Wiebelsheim: Quelle & Meyer; 2011.
Schweingruber F, Börner A, Schulze E-D. Atlas of stem anatomy in herbs, shrubs and trees, Band 1 und 2. Heidelberg: Springer; 2011 und 2013.
Shuttlerworth FS, Zim HS. Blütenlose Pflanzen. Farne, Moose, Pilze, Algen. Bunte Delphinbücherei, Nr. 21. Stuttgart: Delphin-Verlag; 1970.
Sitte P, Weiler EW et al. Strasburger, Lehrbuch der Botanik für Hochschulen. Heidelberg: Spektrum; 2002.
Weiß I. Grundriß der Botanik. 3. Aufl. München: Wiss. Verlag E. Wolff; 1900.

Anmerkungen zu den botanischen Lehrbüchern

Speziell der Atlas zur Pflanzenanatomie von Schweingruber et al. zeigt in hervorragender Qualität anhand von 120 Familien die anatomischen Standards und Besonderheiten von über 3.000 Pflanzen auf. Alle Bilder bzw. Präparate sind einheitlich in Etzold FCA Färbung präsentiert, sodass eine gute Vergleichbarkeit gegeben ist. Weiterhin enthalten die angegebenen Praktikumsbücher von Gerlach und Nultsch auch viele einfache Rezepte zur Pflanzenpräparation, die teils in Schritt für Schritt Anweisungen beschrieben werden.

Tierpräparation

Renner M. (1984): Leitfaden für das Zoologische Praktikum. Stuttgart: G. Fischer; 1984.

Mikropaläontologie

Göke G. Methoden der Mikropaläontologie. Stuttgart: Kosmos; 1963.
Vangerow EF. Mikropaläontologie für Jedermann. Stuttgart: Kosmos; 1981.

Chemikalien und Laborbedarf

Bresser GmbH, Gutenbergstr. 2, 46414 Rhede.
Carl Roth, Schoemperlenstr. 1-5, 76185 Karlsruhe.
Waldeck-Chroma GmbH, Havixbecker Straße 62, 48161 Münster.

Mineralien und (Mikro)Fossilien

Dr. F. Krantz
Rheinisches Mineralien-Kontor GmbH & Co. KG
Fraunhoferstraße 7, 53121 Bonn
Tel. 0228/98865-0, info@krantz-online.de
www.krantz-online.de